図面のポイントがわかる

実践！機械製図

第3版

藤本 元　御牧 拓郎　松村 恵理子　植松 育三
髙谷 芳明　山田 真作　鍋倉 正和　共著

Practice Mechanical Drawing

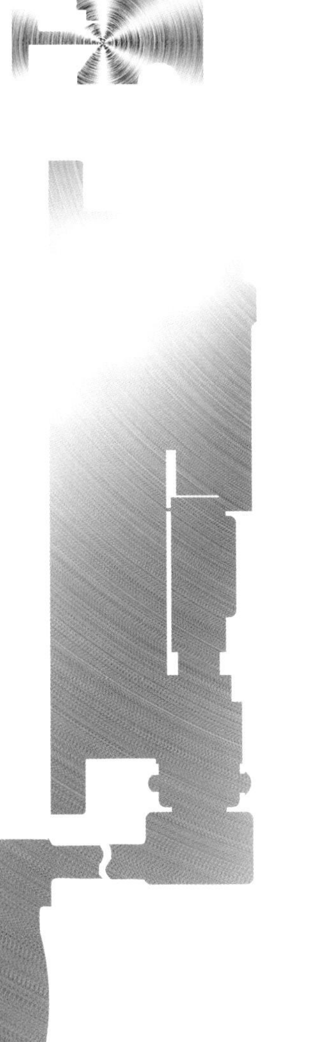

森北出版

図面のポイントがわかる

実践! 機械製図

第3版

藤本 元　御牧 拓郎　松村 恵理子　植松 育三
髙谷 芳明　山田 真作　鍋倉 正和　共著

Practice Mechanical Drawing

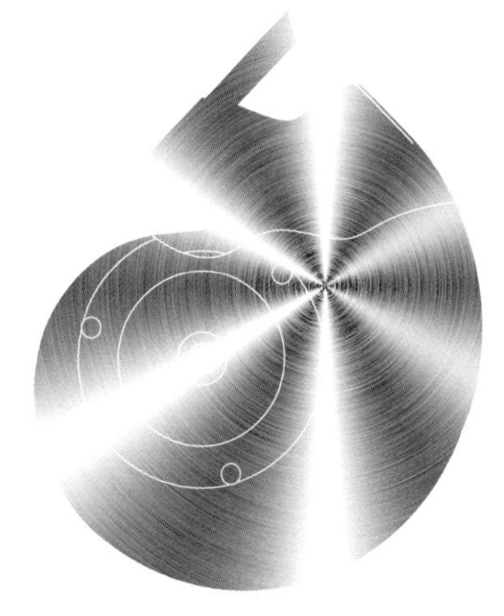

森北出版

第3版 まえがき

「学校で機械製図の勉強をしたのに，現場に出たら知らないことがたくさんあった」という話をよく聞きます．現場での図面には，製品を完成させるためのノウハウをすべて盛り込むことが必要です．その内容は多岐にわたり，とても学校での数年間では学びきれません．そこで，少しでも現場の製図を知ってもらうために本書を執筆しました．

近年，世界基準に変更されたことを意味する，「製品の幾何特性仕様（GPS）— Giometrical Product Specifications」と冠された JIS 規格が増加しています．2016 年に JIS B 0401 が「寸法公差及びはめあいの方式」から「サイズ公差，サイズ差及びはめあいの基礎」に変更され，同 2016 年に JIS B 0420-1 が，2020 年に JIS B 0420-2 と-3 が新たに制定され，これまで日本で使用されてきた「寸法公差」による「寸法」や「角度」の「あいまいさ」をなくす内容に改正されました．

また，JIS B 0024-2019 では，図面内に「GPS 指定演算子の指示欄」を設けることで，国際基準で描いているという「明確な図示の原則」も図られました．

製図の根本というべき「JIS B 0001　機械製図」も 2019 年に 10 年ぶりに改正され，製図記号の使い方が広がりました．

これらの一連の改正をまとめると，「寸法公差とともに，特定部分のみに幾何公差を記入」していた日本の製図法が，「サイズ，サイズ公差＋幾何公差」で「あいまいさ」をなくした世界基準の製図法に変更されたことを意味しています．

本書第 3 版では下記の工夫をしています．勉強中の学生諸君や初級者から熟練者まで幅広くご活用いただき，皆様の役に立つことを願っております．

・新しい世界基準を説明し，その製図法で描いています．
・正しい図面と誤った図面を比較しています．
・ねじや表面性状は旧規格と現規格の比較表を掲載しており，実務的に有効に活用できます．
・部品図と組立図の組合せやデータを豊富に掲載しており，資料集としても活用できます．
・できるだけ 1 項目 1 ページにまとめたので，復習に最適です．

なお，製図の基礎的なことについては，別著『初心者のための機械製図（第 5 版）』（森北出版）をご覧ください．

最後に，貴重な資料の掲載をご承諾くださいました各企業および関係者各位，さらには，参考とさせていただきました文献の著者・出版社各位に厚く御礼申し上げます．

2022 年 9 月

著者一同

目　次

製図の手順

1章 → 2章 → 3章 → 1章

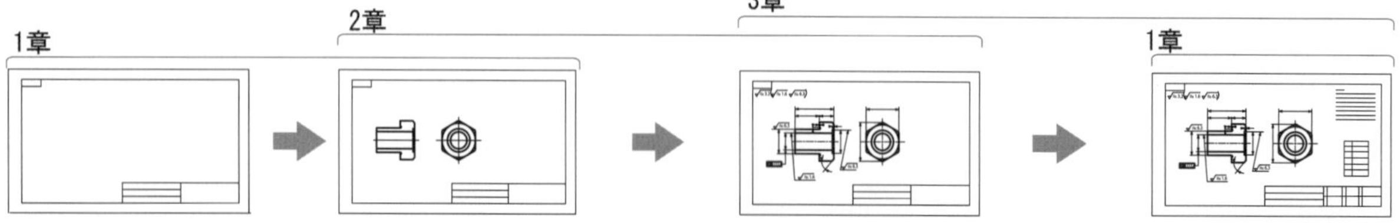

① 図面サイズを選ぶ
② 図面の倍率を選ぶ
③ 正面図を選び，図面を描く
④ 寸法数値を記入する
⑤ 寸法公差，幾何公差を記入する
⑥ 表面性状を記入する
⑦ 溶接記号などを記入する
⑧ 注記・部品欄・GPS指定演算子を記入する
⑨ 表題欄を記入する

第1部 基礎編

第1章
図面の正しい体裁

製図では，部品や製品の形を表すこと，線を引くこと，寸法を記入することなどももちろん重要であるが，何より描いた図が正式な体裁に整っている必要がある．

本章では，現場で使える図面にするための決まりを学ぶ．

本章の目次

1.1 JIS 規格の図面の体裁

1.1.1 世界で通用する図面の体裁

欄の種類と記入法

・JIS では製図用紙の大きさ，表題欄の書式，用紙に図枠を設けることなどが規定されている．

・**GPS 指定演算子欄を記載することで，世界で通用する図面になる（詳細は第 3 章）．**

・本書の表題欄は学校で使用する様式で統一する．一般的な図面だが，詳細は企業によって異なる．

・図枠がない図面も，応急的に現場で製品を製作する場合などで限定的に使われるが，正式には認められない．

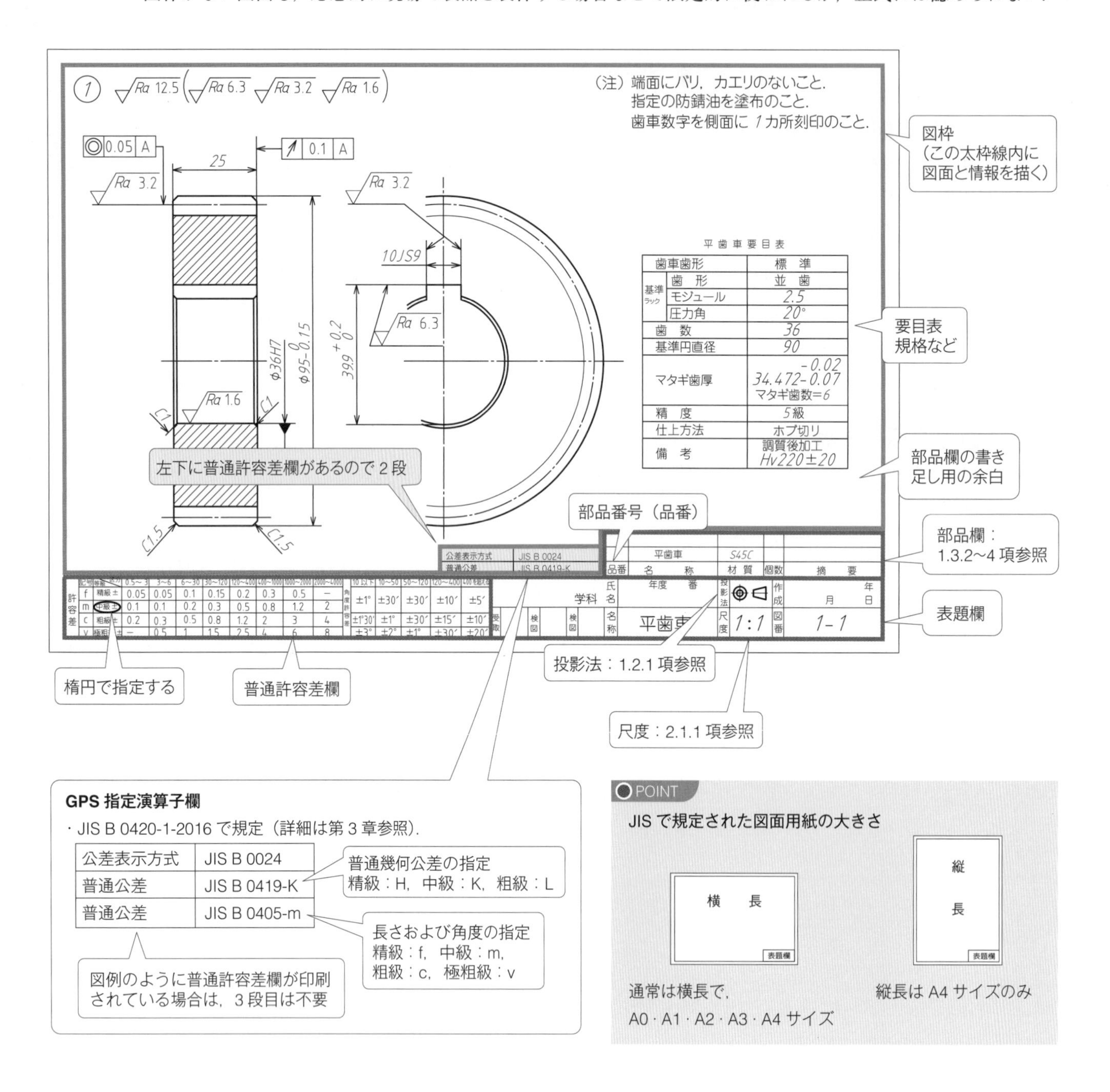

1.1 JIS 規格の図面の体裁

1.1.2 世界に共通する図面の構成要素

情報は，所定の位置に所定の形式で記入する．これにより，他部署が見たとき，担当者が変わったときでも理解しやすく，見逃しが少なくなる．また，問題が起こった際にも確認しやすくなる．

適切な図面　すべての情報は，図枠の中にバランスよく配置する．

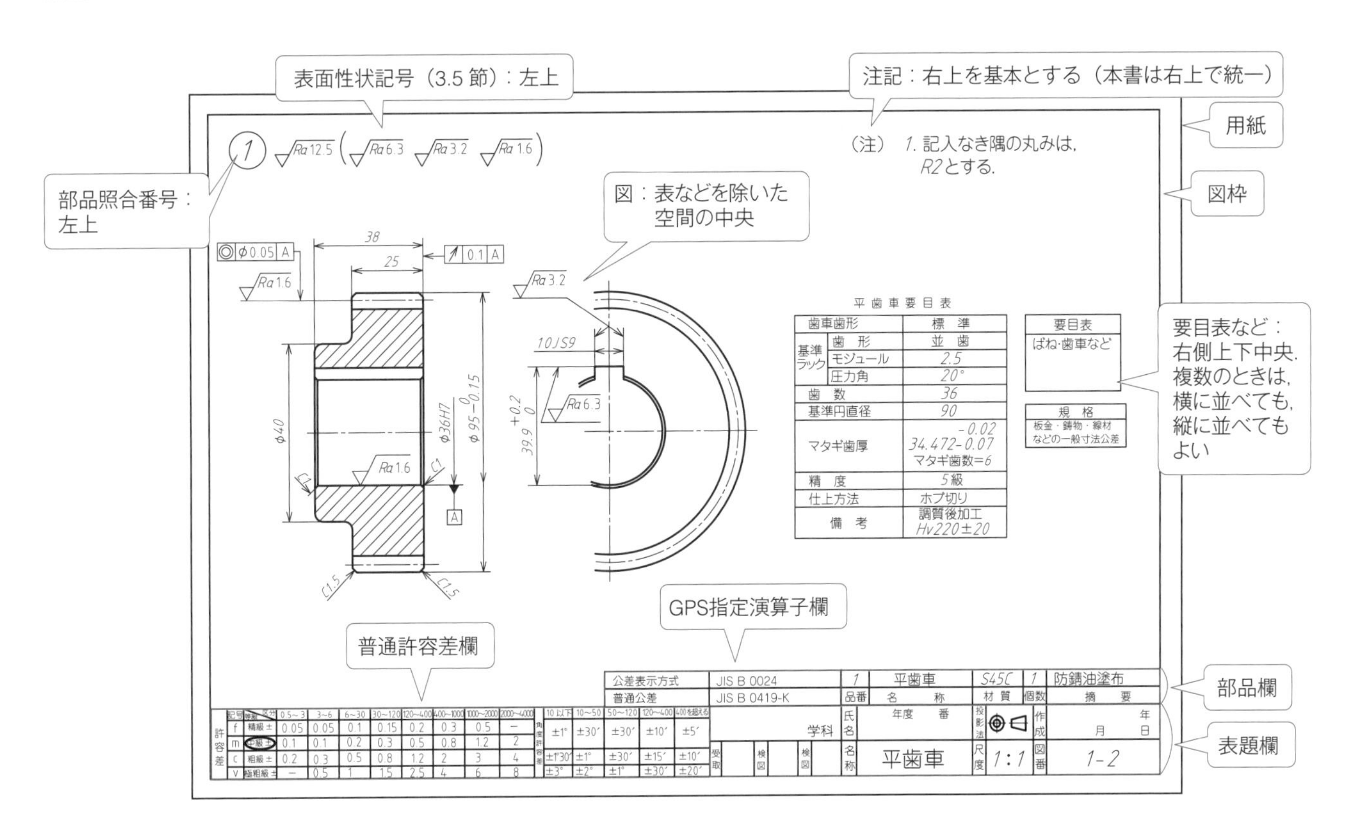

不適切な図面　図面や寸法や注記のたとえ一部でも図枠にかかってはいけない（図面は描き直すこと）．

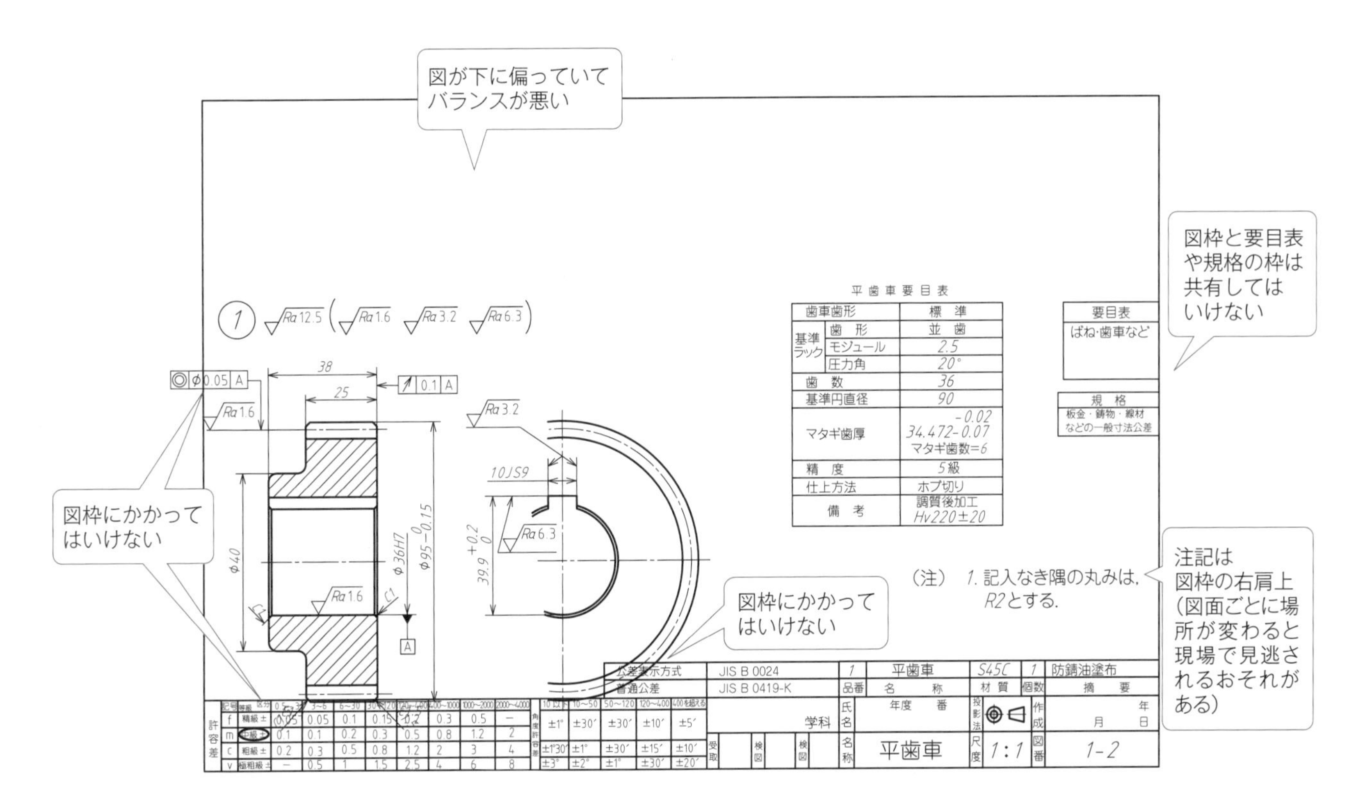

1.2 投影の種類と作図のコツ

1.2.1 第三角法の描き方

第三角法の正しい投影図

図面の投影の基本は，大多数の国で使われている第三角法である．

表題欄には必ず投影法を明記する．第三角法が基本だが，特殊な業界や海外では第一角法が使われていることがあり，JIS もその使用を認めている．

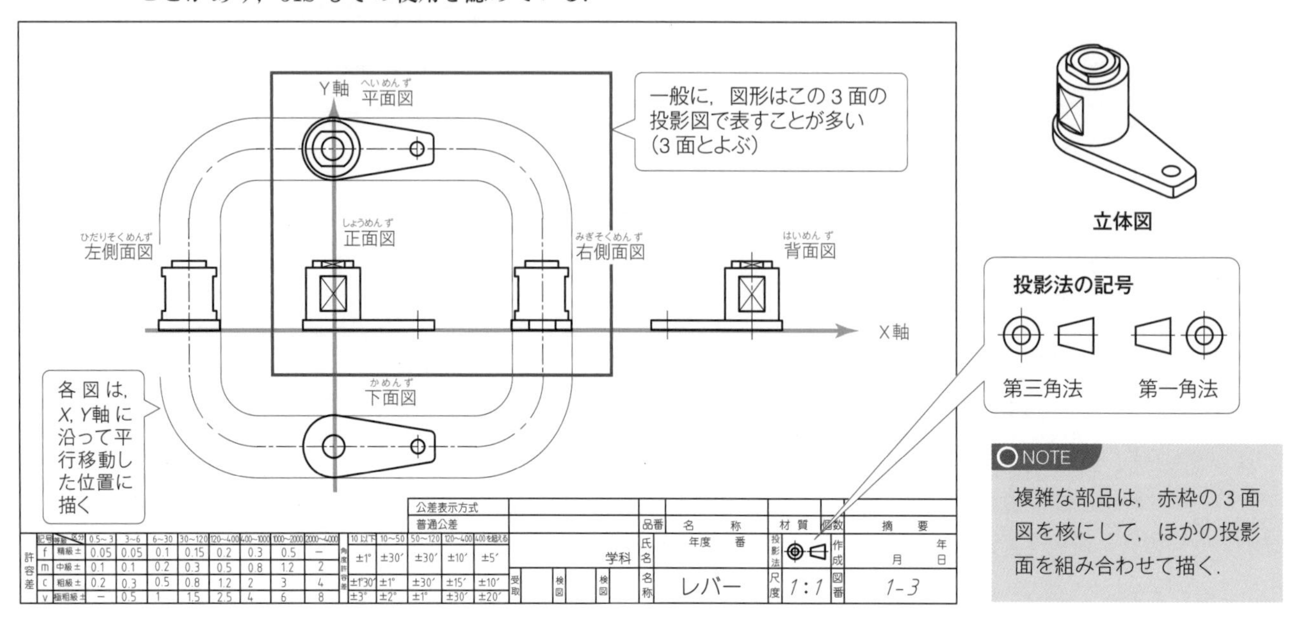

NOTE

複雑な部品は，赤枠の３面図を核にして，ほかの投影面を組み合わせて描く．

正面図の選び方

正面図は，形状，特徴や機能をもっともよく表し，加工情報が一番多い面にする．
一方，JIS に明記されていない慣習もある．

正面図の選び方の慣習 1（安定感が大切）

正面図の選択は，**JIS に規定があるわけではない**ので，下記 A，B，C はどれも間違いではない．ただし，図枠とのバランス，形状のわかりやすさから，実際には A で描かれる．

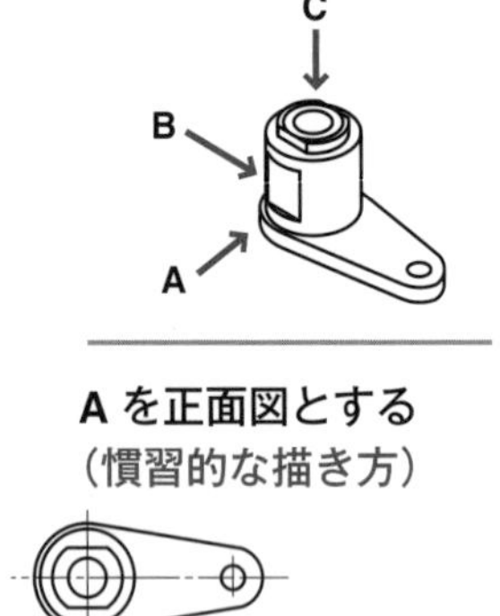

A を正面図とする（慣習的な描き方）

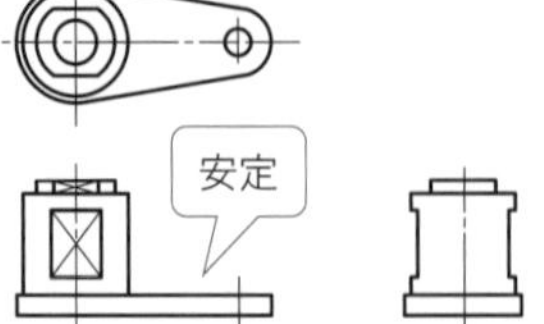

B を正面図とする

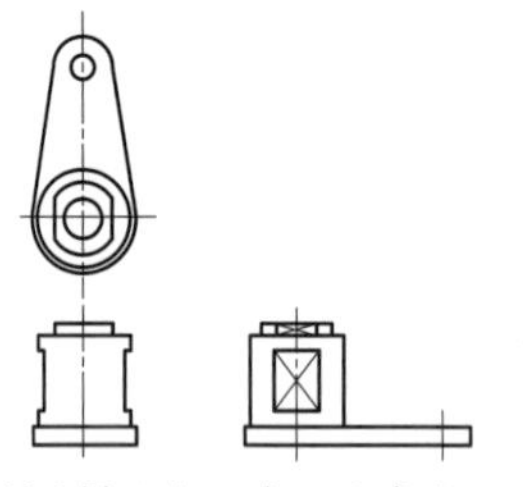

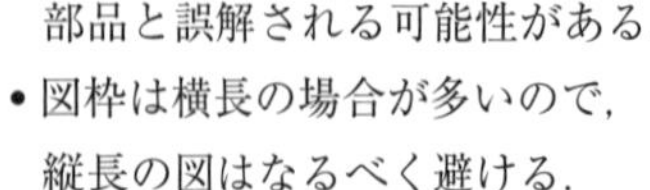

- 正面図だけ見ると，右のような部品と誤解される可能性がある．
- 図枠は横長の場合が多いので，縦長の図はなるべく避ける．

C を正面図とする

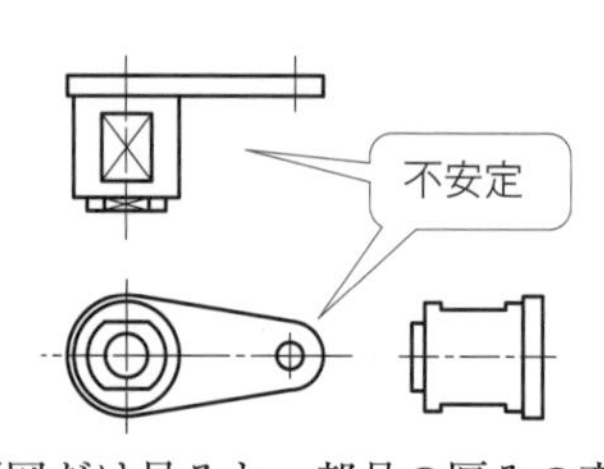

- 正面図だけ見ると，部品の厚みの変化がわからない．
- 平面図が不安定に見える．

正面図の選び方の慣習 2（正面図が決まっている部品）

フランジや歯車は，必ず軸に直角な方向から見た図を正面図とする．

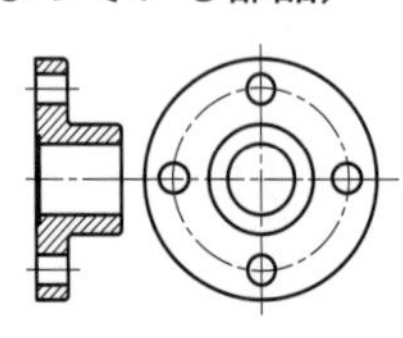

(a) フランジ

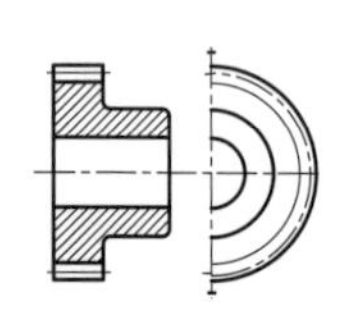

(b) 歯車

1.2　投影の種類と作図のコツ

1.2.2　2 次元図面と 3 次元図面

2 次元図と 3 次元図

平面図からただちに立体図を描けるようになってほしい．

2 次元図（平面図面）

必要なすべての情報を記入できる．

最小限の投影面で必要な情報を入れるのが製図の基本なので，2 面図や 1 面図で描いてもよい．

3 次元図（立体図面）

等角投影法などで描く．

形状がよくわかるので，カタログ作成に用いられる．

ただし，裏側の情報を記入できない．

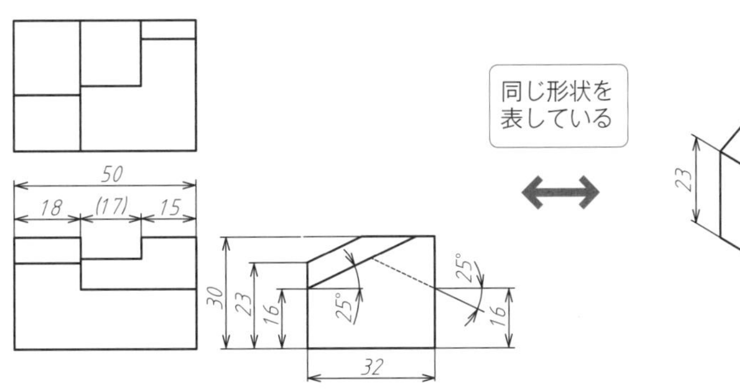

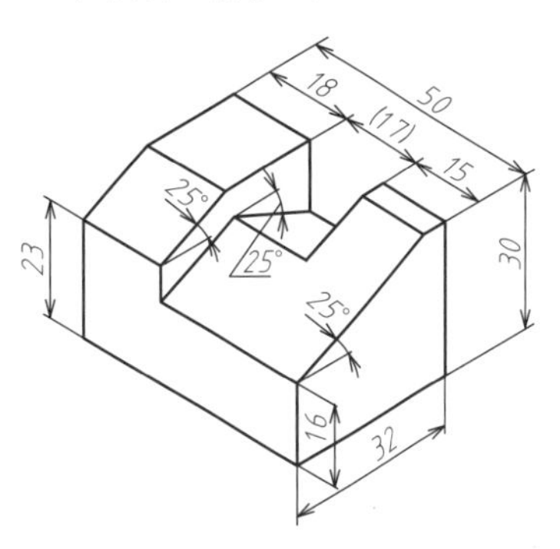

1 面図で表現できる部品の例

厚みの変化がない部品

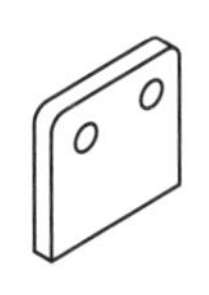

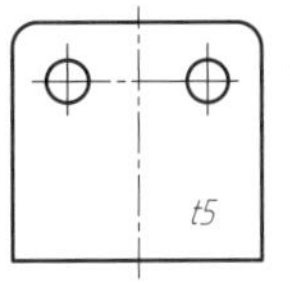

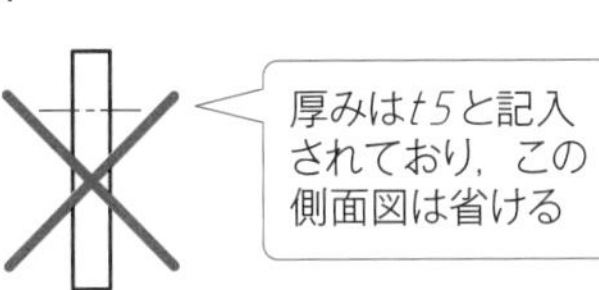

同心円状の部品

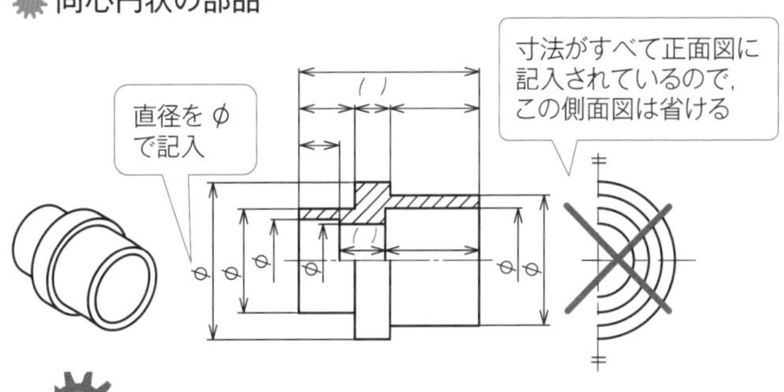

2 面図で表現できる部品の例

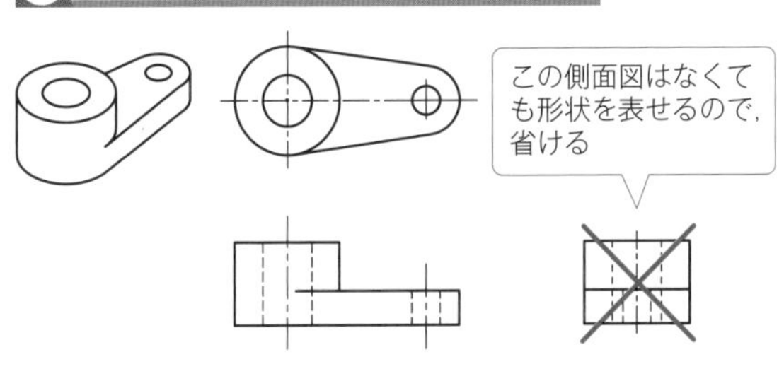

3 面図で表現できる部品の例

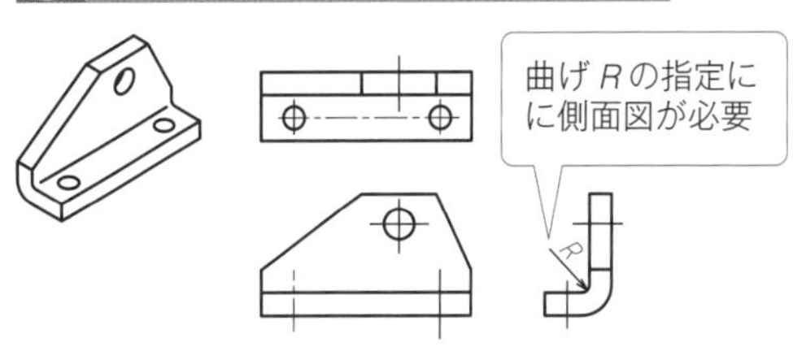

3 次元図の使い方と注意点

3 次元図は CAD で簡単に描けるので，参考図として貼り付けることもある．

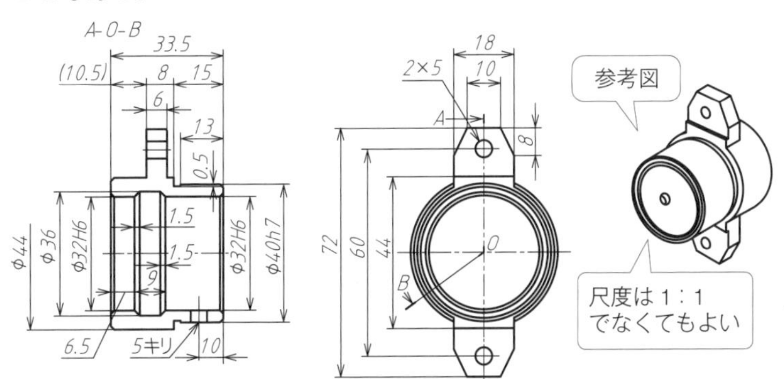

3 次元図の寸法は，見えている面と同じ方向に寸法線を引き出して寸法を書く．

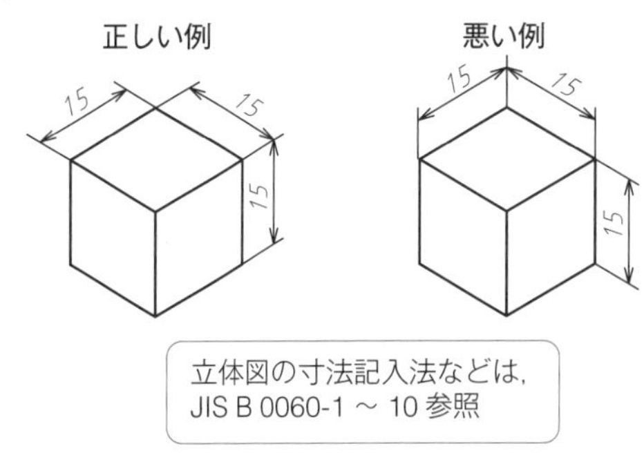

1.3 図面の種類と体裁

1.3.1 図面の種類と構成

図面の種類

総組立図：すべての部品の相互関係を示したもの．組立作業やカタログ作成に用いる．

部分組立図：構造の一部を詳しく示したもの．総組立図だけでは細部の構造が理解しにくい複雑な製品に用いる．

部品図：部品だけを描いたもの．

単純なもの

単純な製品なら，部品図だけで済む．

完成品

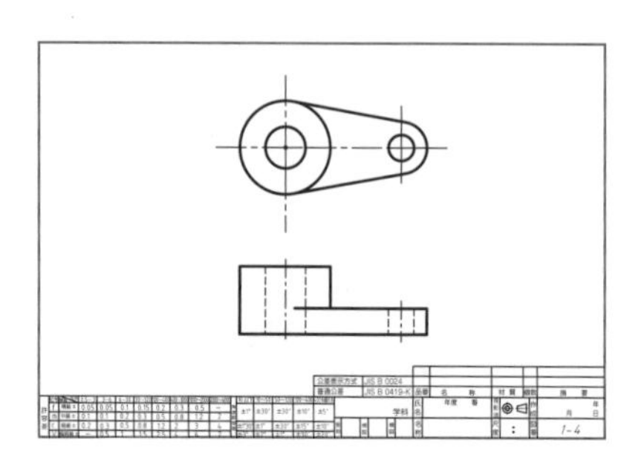

複雑なもの

製品が複雑になるほど，部品図や部分組立図の枚数が増える．

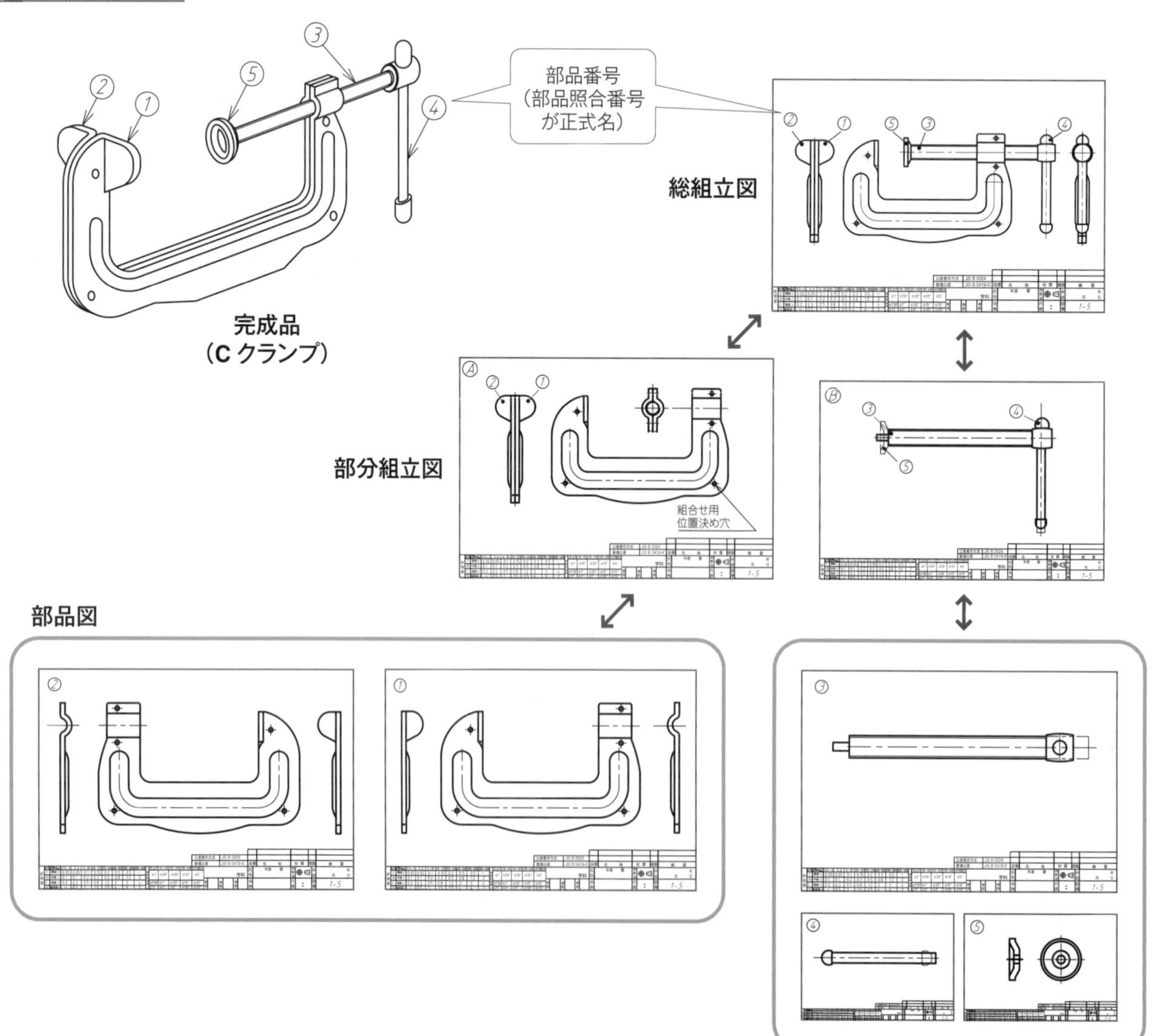

1.3 図面の種類と体裁

1.3.2 部品図・組立図の種類

どの種類の図面も同じ体裁で描くことで，図面を読みとる人の見落としや誤解を防げる．

図面の呼び方

一品一葉の図面：1 枚の紙に，一つの部品や組立図を描く場合．
多品一葉の図面：1 枚の紙に，複数の部品や組立図を描く場合．
一品多葉の図面：複数枚の紙に，一つの部品や組立図を描く場合．

POINT

- 多品一葉の図面は，同じ図番の末尾に，-1, -2, …などをつけて関連づける．
- 多品一葉の使い方の注意はp.10参照．

総組立図と部分組立図の体裁

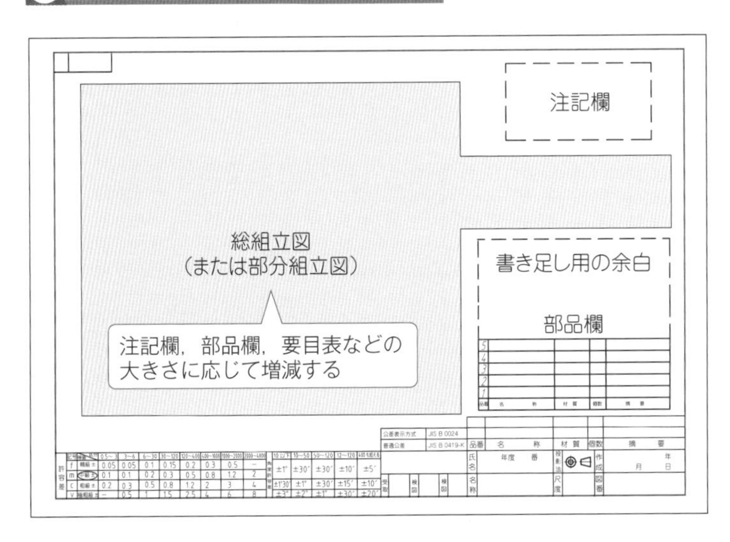

NOTE

要目表の例

平歯車要目表

歯車歯形		標　準
基準ラック	歯　形	並　歯
	モジュール	2.5
	圧力角	20°
歯　数		36
基準円直径		90
マタギ歯厚		34.472 -0.02 -0.07 マタギ歯数＝6
精　度		5級
仕上方法		ホブ切り
備　考		調質後加工 Hv220±20

規格の例

容器試験は，以下の圧力で行う．

漏れ試験圧力	2.3 MPa
気密試験圧力	2.8 MPa
耐圧試験圧力	4.4 MPa

NOTE

原図　現在承認されている図を原図とよぶ．

部品図の体裁

多品一葉図の場合（p.10 参照）

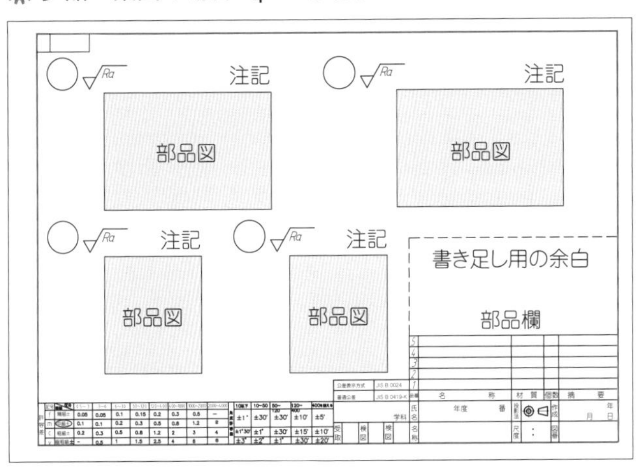

一品一葉図の場合（p.10 参照）

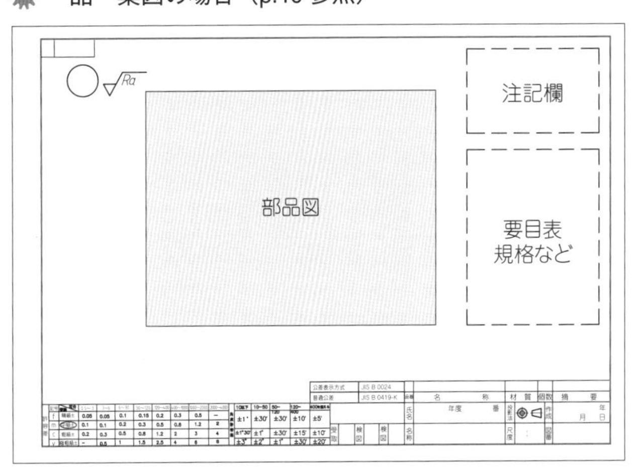

NOTE

部品欄の描き方

①総組立図および部分組立図では，部品欄を図枠より浮かせて図の右側に描くことを第一に心掛ける（p.8，9 参照）．
②総組立図や部品組立図，多品一葉部品図でも部品覧を浮かすスペースがないときは，図枠に接してもよい（例：図 6.1 など）．
③部品番号は，下の欄から順に 1，2，…と記入する．最上欄の上は書き足せるように余白を設ける．
④図の右，右下にスペースがない場合は，部品欄を図面の右上に描く．この場合は，部品番号は上の欄から順に 1, 2, …と記入し，最下欄の下は書き足せるように余白を設ける（右図を参照）．

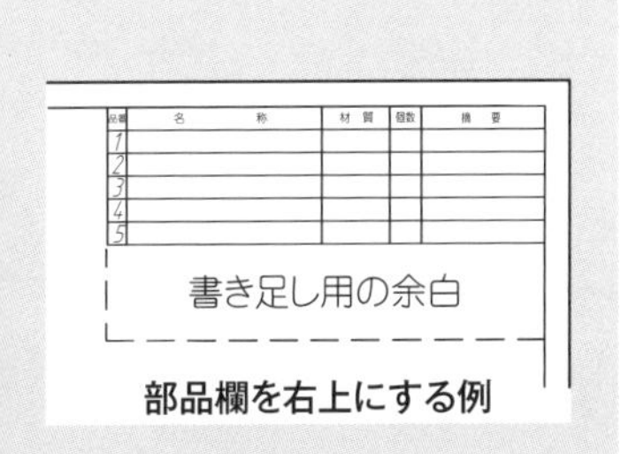

部品欄を右上にする例

1.3 図面の種類と体裁

1.3.3 総組立図の例

総組立図の例

・総組立図には，標準部品（p.42 参照）を含むすべての部品を描く．

・組立図は，部品相互の関連と構造，全体の大きさ，代表的な機能などがわかるもの（これを購入した使用者に必要な寸法）を記入する．

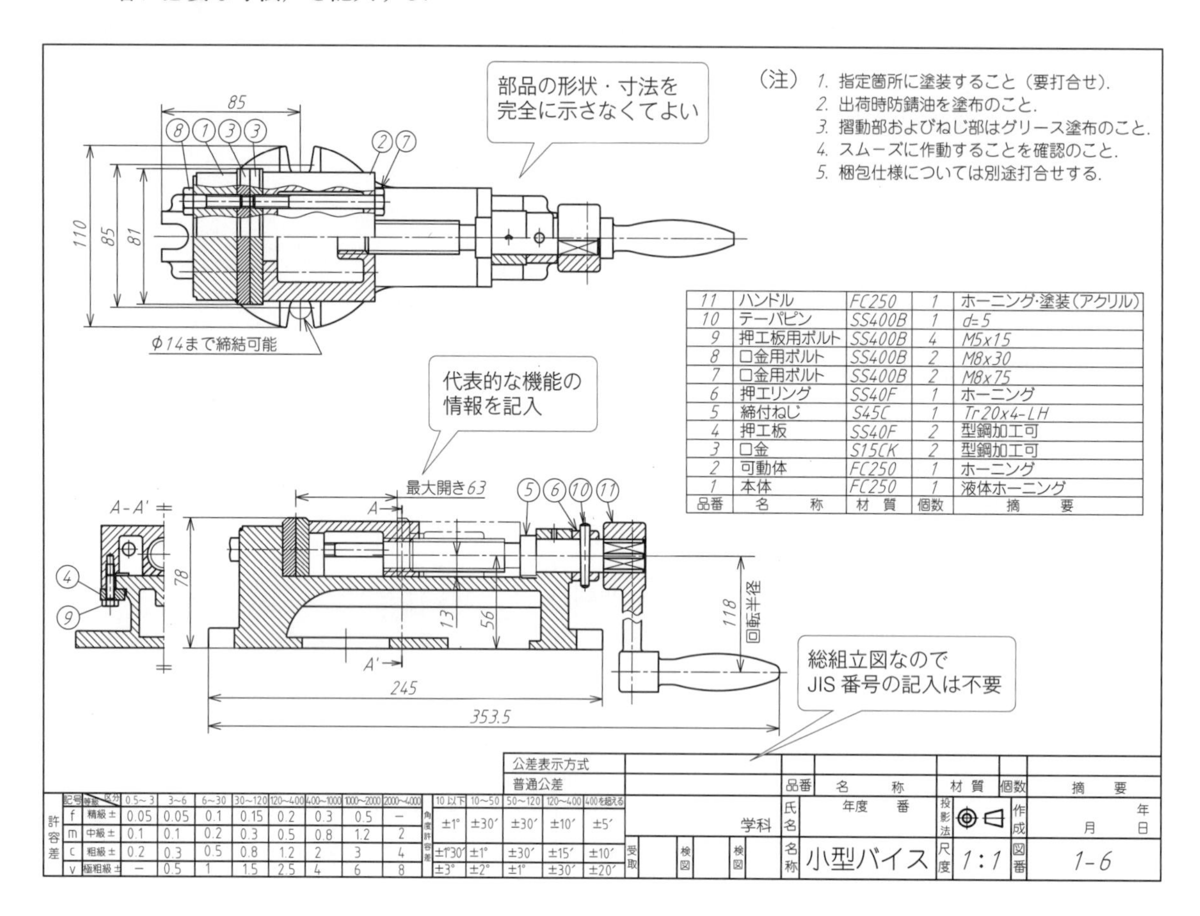

・機械の構造が中心線について対称である場合は，その中心部で内部の構造を片側断面か全断面（2.4.2 項参照）にすると，各部品の取り付け位置や関連機能を表しやすい．

・かくれ線は基本的には省略する．

部品（照合）番号の描き方

・総組立図，部分組立図，部品図の同じ部品には，共通の部品（照合）番号をつける．

・番号は図面の端から順に並べるのではなく，機能グループごとに並べる．

・グループの違いを強調するため，①，②，③，…，51，52，53，…のように番号を大きくとばしてもよい．

・部品の表面に矢印で結ぶか部品の内部に黒ゴマで結ぶ．矢印と黒ゴマが混ざってもかまわない．

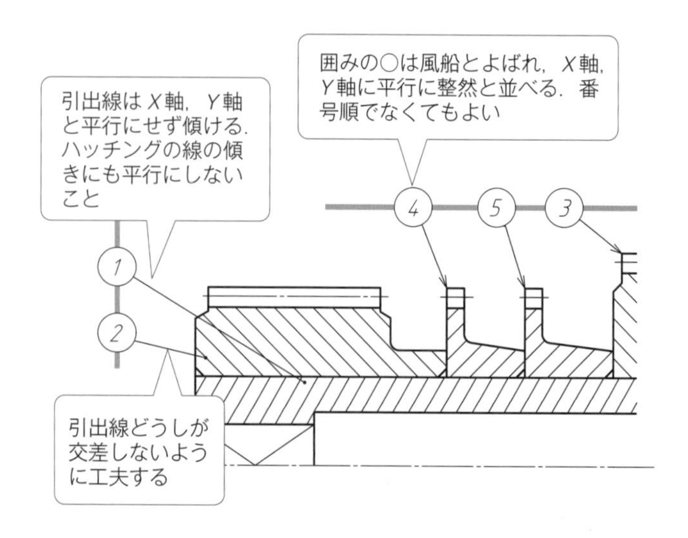

1.3 図面の種類と体裁

1.3.4 部分組立図の例

部分組立図の例

・部分組立図では，装置や機械の一部の組立図として，部品相互の局所的な関連性を示す．

・描き方は総組立図とほぼ同じだが，組立に関する注意事項や製作上の注意点などを詳細に指示することが多い．

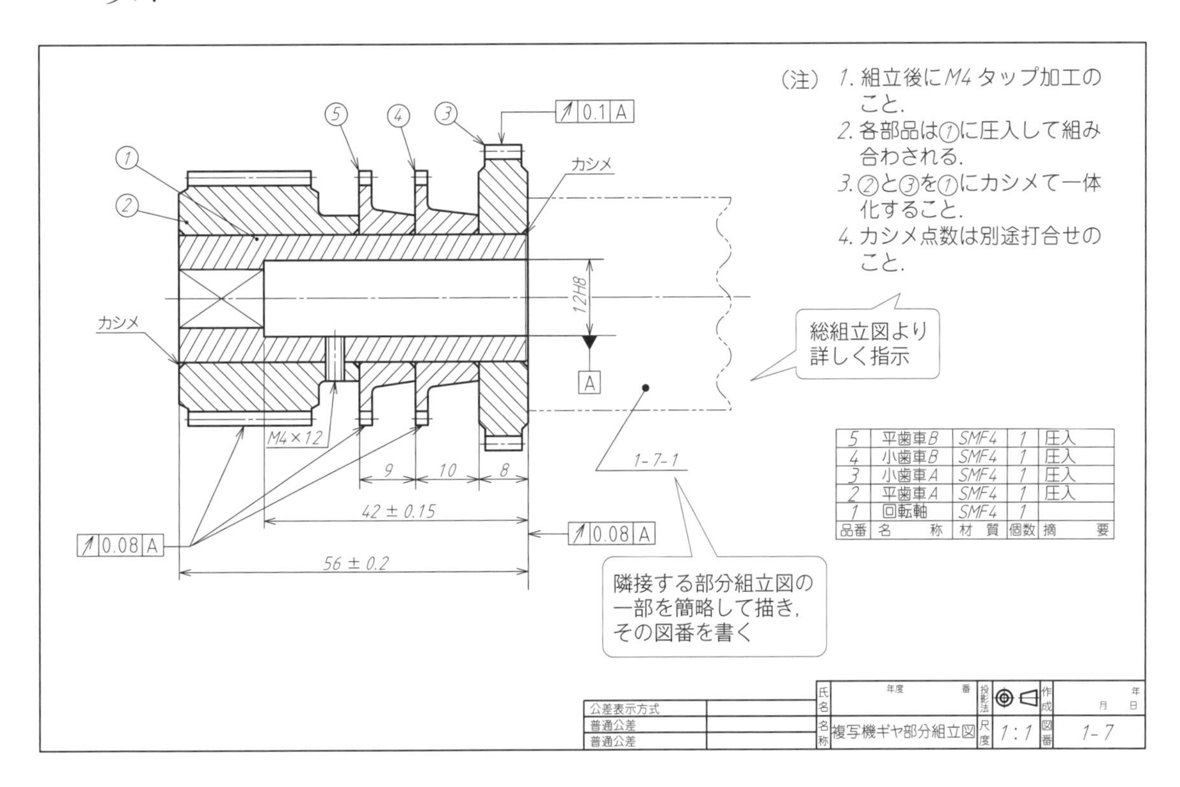

1.3　図面の種類と体裁

1.3.5　部品図の例

部品図では，その部品の形状，寸法，公差，材料，加工方法，製作数，留意事項など，作業者が実際に製作するのに必要な情報を詳細に示す．

一品一葉の図例

・図面や部品を管理しやすいため，企業では一品一葉が普通である．

・図面の枚数は増えるが，必要に応じて最小限の図面だけを使うことができる．

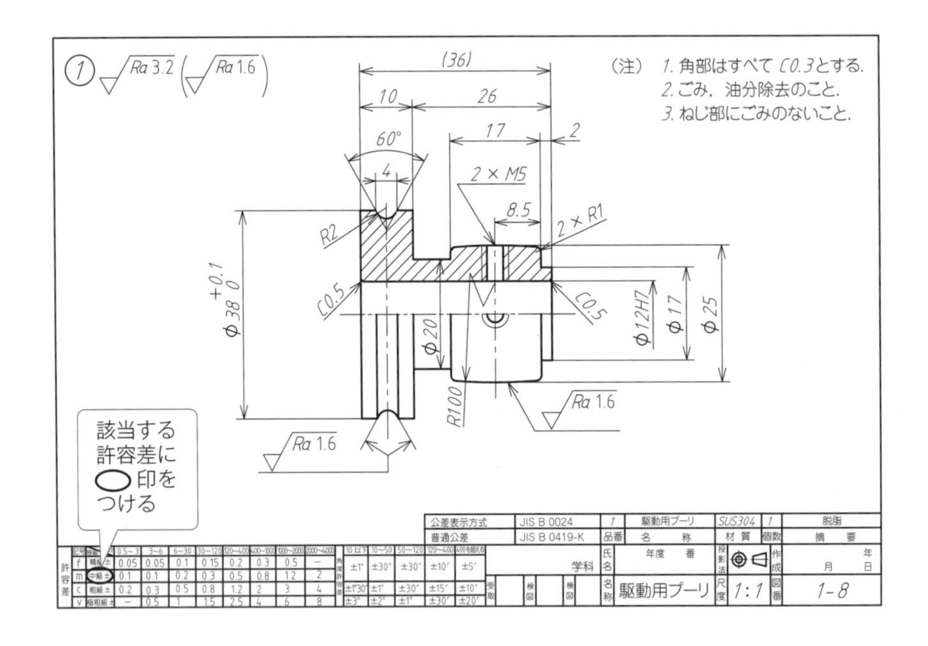

多品一葉の図例

・学校教育では，部品管理の必要がなく紙面も節約できるので，多品一葉にすることが多い．

・部品の相関関係がわかりやすいので，微小な部品を取り扱う企業（たとえば時計製造業）で用いられることもある．

・それぞれの部品は独立して成立するように描く．

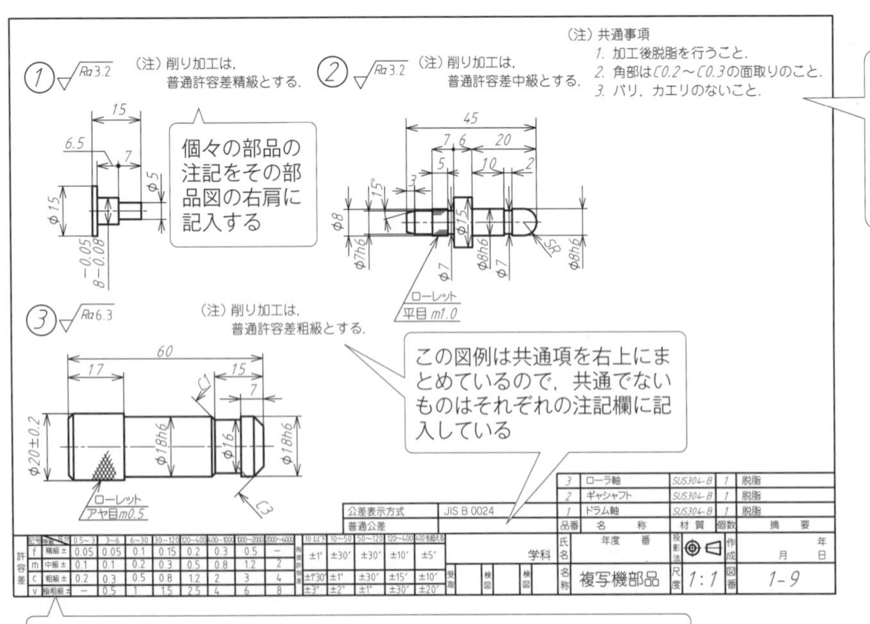

POINT

・バランスよく配置する．

・関連する部品は近くにまとめる．

・組立順に中心線を合わせて描くほうが望ましい．

第2章
図面を描くときに注意すること

「製造者に設計者の意図を正確に伝える」図面を描くには，線の太さなどの基礎的なことから，加工法を考慮した寸法表記などの専門的なことまで，幅広い知識が必要になる．

本章では，最低限知っておくべきことや，間違いやすいことを重点的に解説する．

なお，ここでは，読者の混乱を避けるために，「寸法」は，サイズ用かサイズ公差用か幾何公差用かをあえて問わずに説明する．これらの使い分け方は第3章で述べる．

本章の目次

2.1 基本事項

2.1.1 線の種類と太さ

線の種類および用途

製図用の線は，用途（役割や意味）によって使い分ける．線の種類は実線，破線，一点鎖線，二点鎖線，三点鎖線の 5 種類で，太さは細線，太線，極太線の 3 種類である．ただし，三点鎖線を使用するのは非常に特殊なケースである．

線の太さの比は JIS では細線：太線：極太線＝ 1：2：4 とされているが，実際はそれよりも図の中で太さの判別がつくことのほうが重要である．

線の名称	線の種類		線の用途
外形線	太い実線		対象物の見える部分の形状を表すのに用いる.
寸法線	細い実線		寸法を記入するのに用いる.
寸法補助線			寸法を記入するために図形から引き出すのに用いる.
引出線			記述・記号などを示すために図形から引き出すのに用いる.
回転断面線			図形内にその部分の切り口を 90°回転して表すのに用いる.
中心線			図形に中心線を簡略化して表すのに用いる.
水準面線			水面，液面などの位置を表すのに用いる.
かくれ線	細い破線または 太い破線		対象物の見えない部分の形状を表すのに用いる.
ミシン目線	跳び破線		布，皮，シート材の縫い目を表すのに用いる.
連結線	点線		制御機器の内部リンク，開閉機器の連動動作などを表すのに用いる.
中心線	細い一点鎖線		a) 図形の中心を表すのに用いる. b) 中心が移動する中心軌道を表すのに用いる.
基準線			とくに位置決定のよりどころであることを明示するのに用いる.
ピッチ線			繰返し図形のピッチをとる基準を表すのに用いる.
特殊指定線	太い一点鎖線		特殊な加工を施す部分など特別な要求事項を適用すべき範囲を表すのに用いる.
想像線	細い二点鎖線		a) 隣接部分を参考に表すのに用いる. b) 工具，治具などの位置を参考に示すのに用いる. c) 可動部分を，移動中の特定の位置または移動の限界の位置で表すのに用いる. d) 加工前または加工後の形状を表すのに用いる. e) 繰返しを示すのに用いる. f) 図示された断面の手前にある部分を表すのに用いる.
重心線			断面の重心を重ねた線を表すのに用いる.
光軸線			レンズを通過する光軸を示す線を表すのに用いる.
パイプライン 配線 囲い込み線	一点短鎖線		水，油，蒸気，上・下水道などの配管経路を表すのに用いる.
	二点短鎖線		
	三点短鎖線		
	一点長鎖線		水，油，蒸気，電源部，増幅部などを区別するのに，線で囲んで，ある機能を示すのに用いる.
	二点長鎖線		
	三点長鎖線		
	一点二短鎖線		
	二点二短鎖線		水，油，蒸気などの配管経路を表すのに用いる.
	三点二短鎖線		
破断線	不規則な波形の細い実線またはジグザグ線		対象物の一部を破った境界，または一部を取り去った境界を表すのに用いる.
切断線	細い一点鎖線で，端部および方向の変わる部分を太くした線		断面図を描く場合，その断面位置を対応する図に表すのに用いる.
ハッチング線	細い実線で，規則的に並べたもの		図形の限定された特定の部分をほかの部分と区別するのに用いる．たとえば，断面図の切り口を示す.
特殊な用途の線	細い実線		a) 外形線およびかくれ線の延長を表すのに用いる. b) 平面であることを X 字状の 2 本の線で示すのに用いる. c) 位置を明示または説明するのに用いる.
	極太の実線		圧延鋼板，ガラスなど薄肉部の単線図示をするのに用いる.

よく使う線種

ほとんどの図面は，右記の 5 種類の線だけで描ける．

名　称	用　途	例
太　線	外形線	
細　線	寸法線 寸法補助線	
細い一点鎖線	中心線	
細い破線	かくれ線	
細い二点鎖線	想像線	

2.1 基本事項

2.1.2 線の描き方

正しい図例

線を使い分けると，製造者にはっきり伝わる．

・どの種類の線も一定の太さで，濃淡のムラがないように鮮明に引く．

・外形線がくっきりと目立つように描く．

・正しい線で図面を描けば，一目で品物のイメージを伝えることができる．

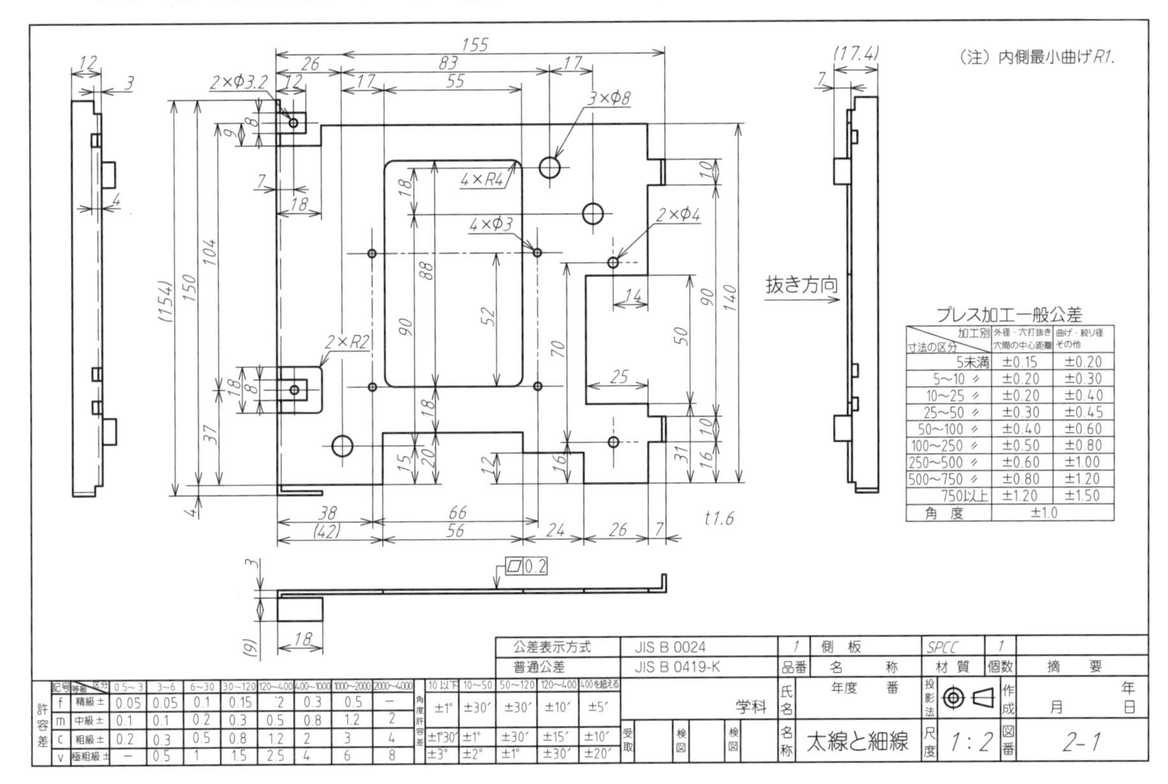

誤った図例

何を製作してほしいのか製造者に伝わらない．

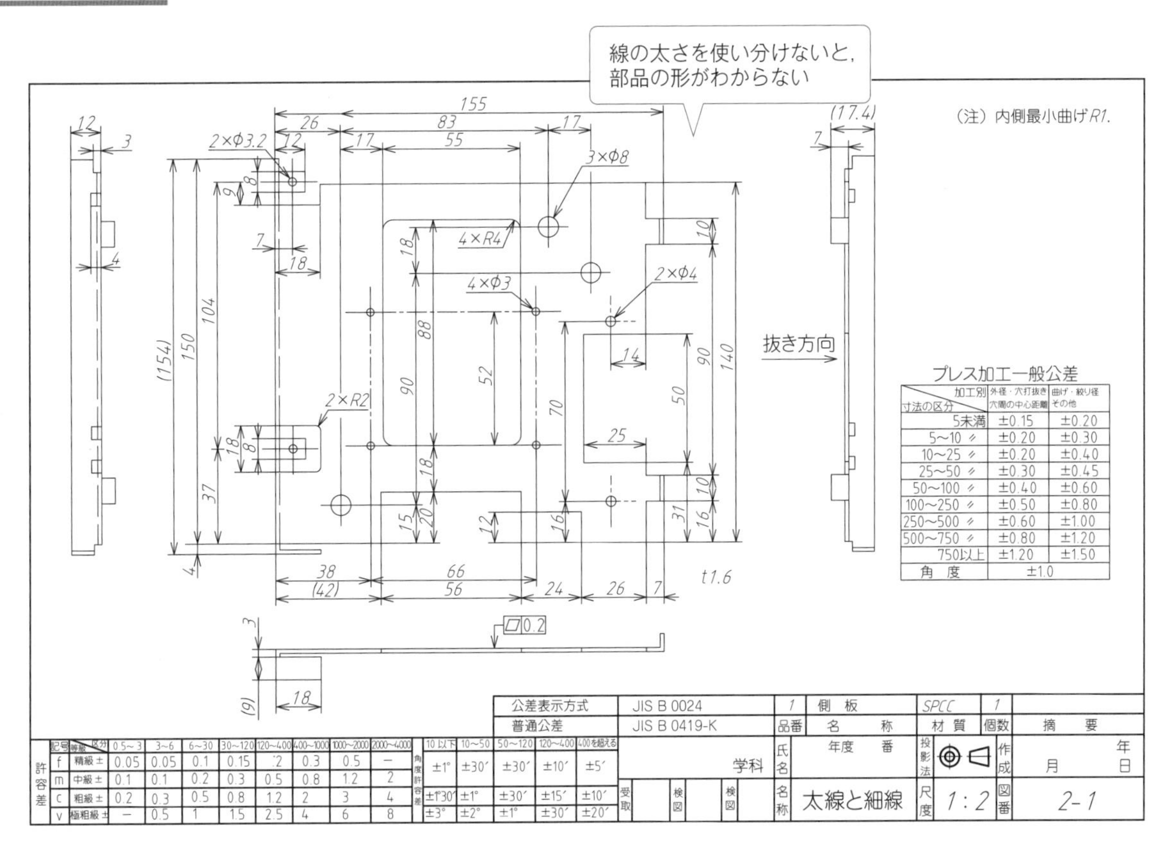

2.1 基本事項

2.1.3 文字の書き方

文字の種類

書体についてもJISに規定がある．図面の中だけでなく，注記や表題欄の文字もこの原則に従う．

- 機械製図では，B形直立体，またはB形斜体を使うようにJIS Z 8313で規定されている．
- 文字の高さの標準値は，2.5，3.5，5，7，10 mm．
- 手描き図面では，すでにJISでは廃止されたJ形斜体が使われることも多い．また，日本で長らく製図用文字として用いられてきたため，この書体による図面が現在でも多く残っている．
- CAD製図もパソコンのフォントでも可としているのでJ形書体に近い．
- 同文の中で，固有名詞以外ではひらがなとカタカナを混用してはいけない．

B形書体	J形書体
文字高さ 5mm	文字高さ 5mm
12345678910	1234567890
ABCDEFGHIJKLMN	A B C D E F G H I J
OPQRSTUVWXYZ	K L M N O P Q R
abcdefghijklmn	S T U V W X Y Z
opqrstuvwxyz	

直立体　斜体

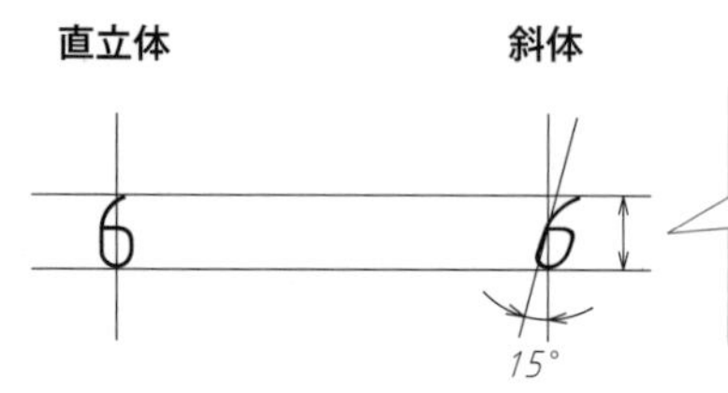

文字の高さは，3.5 mm，5 mm，7 mmのいずれかを用いる．
手描き図面では5 mm，CADでは3.5 mmが多い．

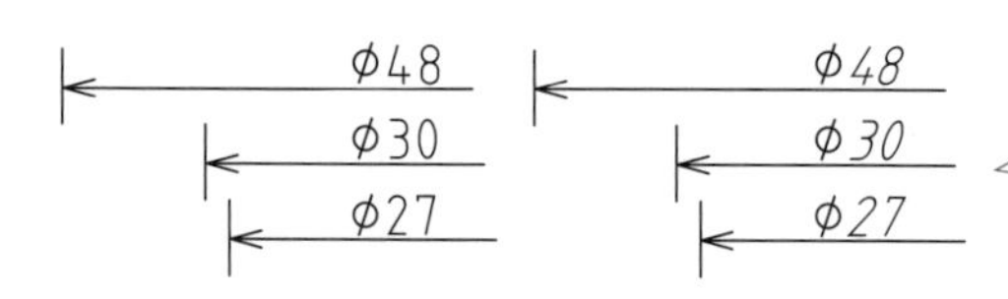

どちらでもよいが，一つの図面内で，直立体と斜体を混用してはいけない（本書はB形斜体で統一）

機械製図で用いる書体

種　類	書　体	例
漢字・かな	直立体	高さ
ラテン文字・数字	斜体	*Aa123*
記号	直立体	×÷

ひらがなは個人差が大きいため，**手描き図面ではカタカナを使うことが多い**（本書はひらがなで統一）

文字の記入例

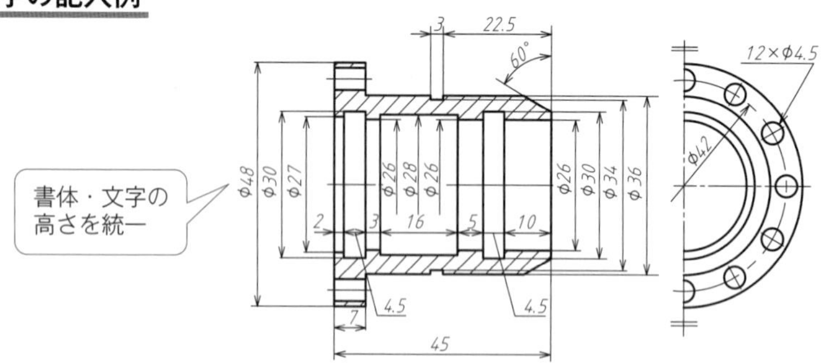

書体・文字の高さを統一

POINT

表面性状や幾何公差（第3章）も寸法と同じ大きさ，書体で描く．ただし，表面性状の数値は立体にすることと決められている．

Ra 6.3

誤読を防ぐ書き方

数字の7は下記のようにはっきり書く．

7　7

1と間違いやすいので，下記は使用しない．

7

正しい記入例

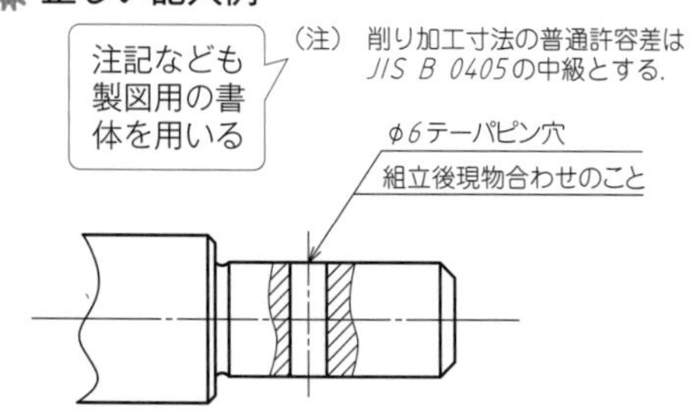

注記なども製図用の書体を用いる

誤った記入例

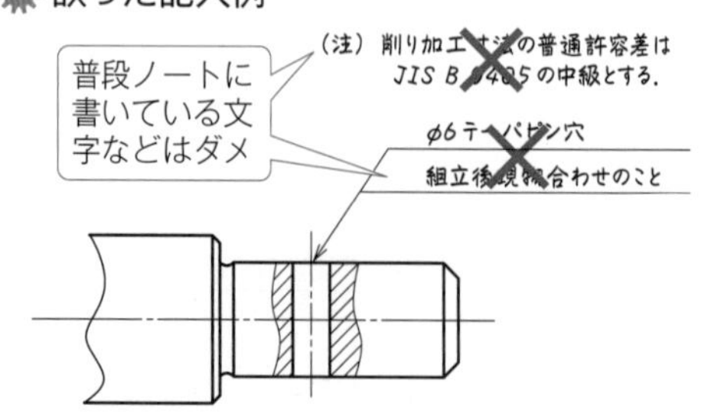

普段ノートに書いている文字などはダメ

2.1 基本事項

2.1.4 尺度の選び方

尺度の種類

尺度は現尺，倍尺，縮尺の 3 種類に分かれる．

現尺(げんしゃく)：現物と図面の図の大きさが等しいもの．通常は現尺で描くことが多く，初心者はこの尺度で現物の大きさの感覚を学ぶとよい．

倍尺(ばいしゃく)：図の大きさが現物より大きいもの．時計などの微小部品に用いられる．

縮尺(しゅくしゃく)：図の大きさが現物より小さいもの．橋や船などの大型のものに用いられる．

図面は必ず下記の尺度で描く．

尺度の種類	尺　度
現　尺	1:1
倍　尺	50:1 20:1 10:1 5:1 2:1
縮　尺	1:2 1:5 1:10 1:20 1:50 1:100 1:200 1:500 1:1000 1:10000

正しい図面

寸法や文字は，尺度によらず同じ大きさに統一する．

下記の 3 図は同じ部品の図面で，尺度を変えて描いている．

現尺（1：1）

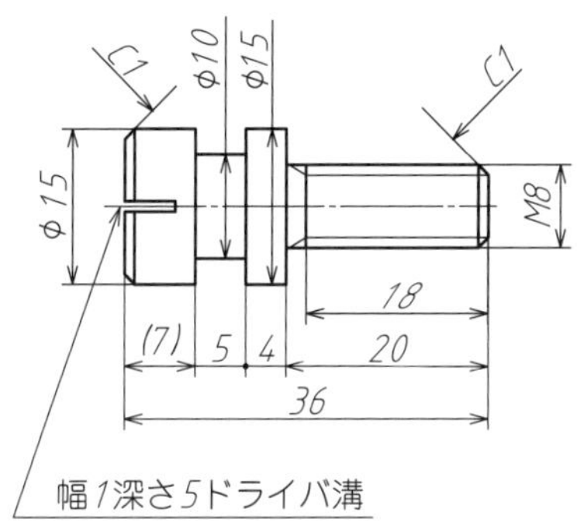

倍尺（2：1）

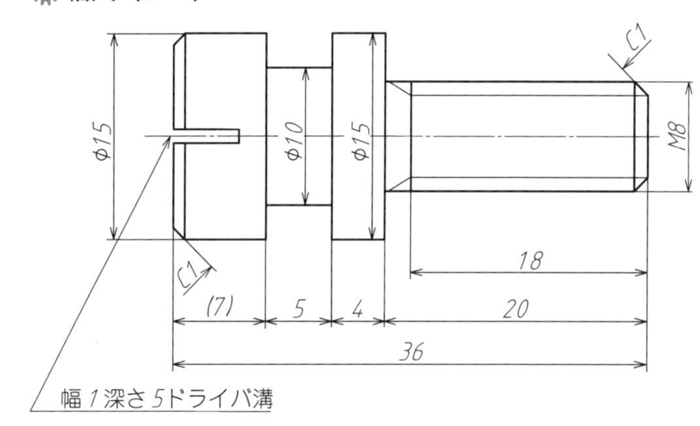

縮尺（1：2）

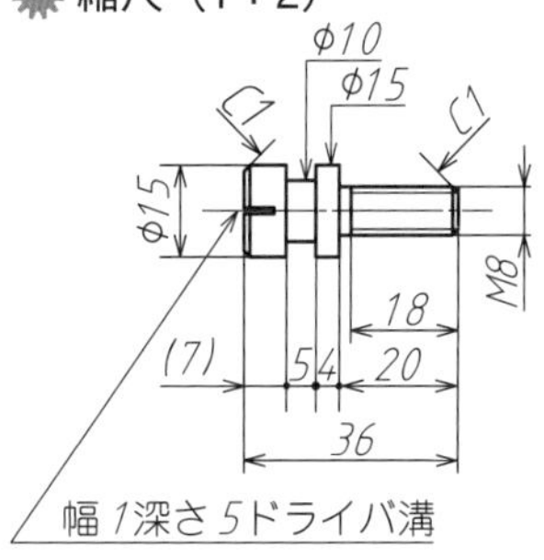

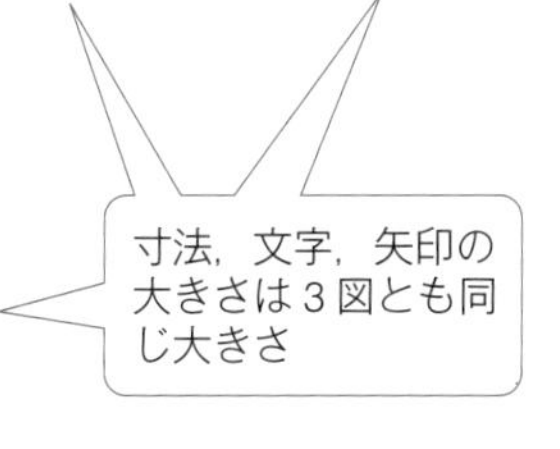

誤った図面

図面の尺度が変わっても，実際の部品の大きさが変わるわけではないので，**寸法の大きさを変えてはいけない．**

縮尺（1：2）　倍尺（2：1）

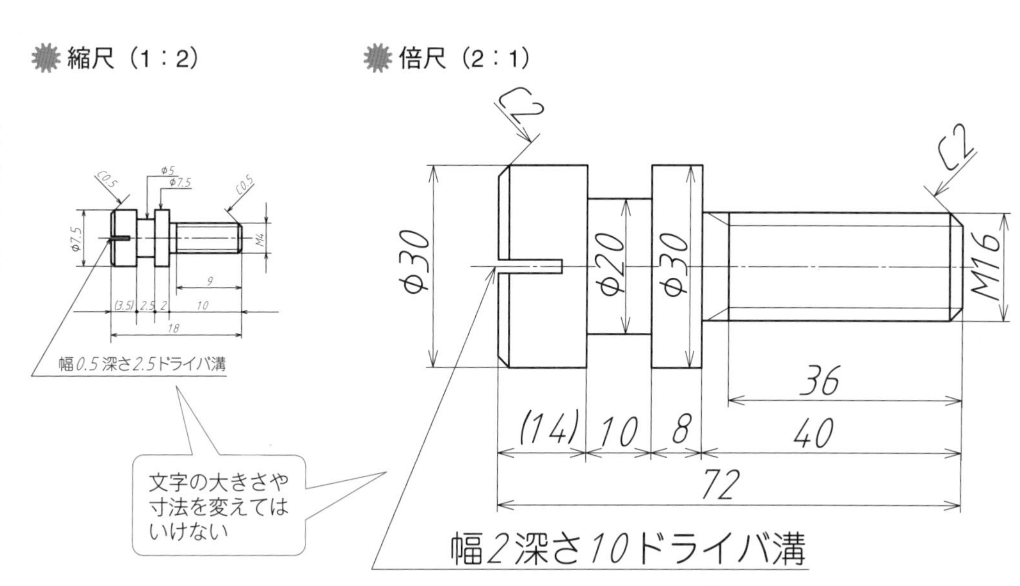

2.2 寸法の記入法

2.2.1 寸法記入の基本（1）

寸法記入の原則

寸法は，図形のすべての要素の「位置」と「大きさ（角度）」が定まるように記入する.

文字の種類，大きさを統一する ……①

長さ寸法値は mm で表し，単位は書かない

寸法や寸法線が図枠にかからないようにする

寸法は外形線や寸法線に重ねない ……②

寸法線は中心線上に重ねない ……③

外形線と寸法補助線は離さない ……④

外形線の近くから値の小さい順に記入し，寸法線と交わらせない ……⑤

寸法は寸法線の中央に，寸法線から0.5mm 程度離す ……⑥

寸法補助線は寸法線より2～3mm 長くとる ……⑦

外形線にもっとも近い寸法線は 10～12mm 離す. 2 本目の寸法線からは 8～10mm の等間隔にとる ……⑧

60　50　25　20　(17)　120°　15　26　32　12

寸法は図面の下側もしくは右側から読める向きにする

①～⑧の誤り例は p.18 を参照

NOTE

修正に手間がかかるため，CAD では下記の記法も認められる.

寸法線を中断して数値を書く

←20→

30° 黒塗り矢印. この矢印は ISO 規格にも掲載されている

狭い場所への寸法記入

正しい記入例

寸法補助線や引出線を工夫して，広い場所で記入する.

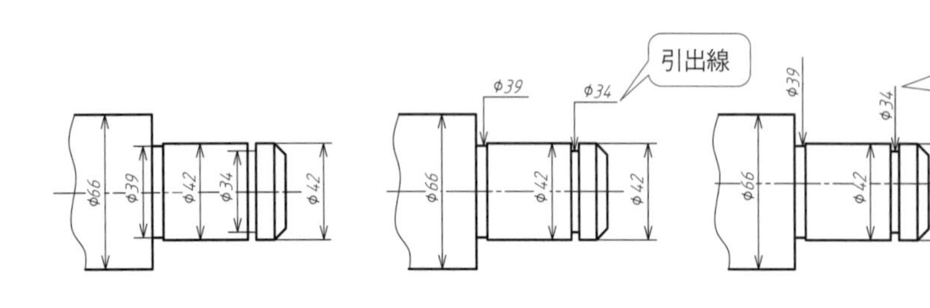

誤った記入例

小さな文字で記入したり，外形線と交わってしまっている.

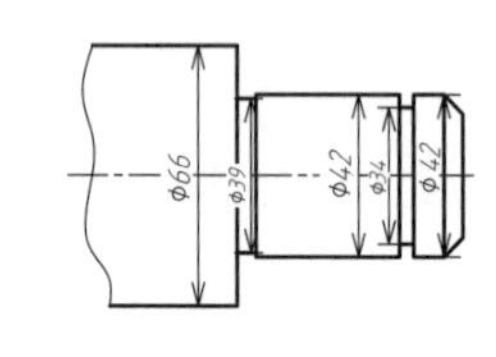

その他の記入法

端末記号の描き方

寸法線の端末記号には通常矢印を用いるが，スペースがないときは斜線または黒丸を使う．矢印は，下記のようにバランスよく描く.

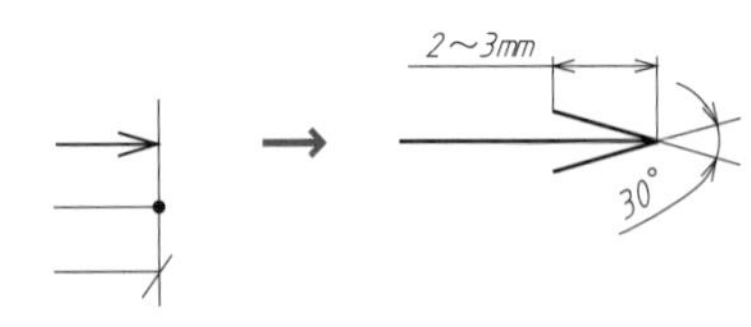

誤った記入例

矢じりの角度は開きすぎない

寸法線に対し均等の角度に

寸法補助線に一致させる

片矢での寸法表示

片側省略図や片側断面図のように，矢印のもう一方を指示できない場合には寸法線は片矢で描く.

寸法線は中心線を越えなくてもよいが（JIS B 0001），3 mm 程度越えて描いたほうがわかりやすい.

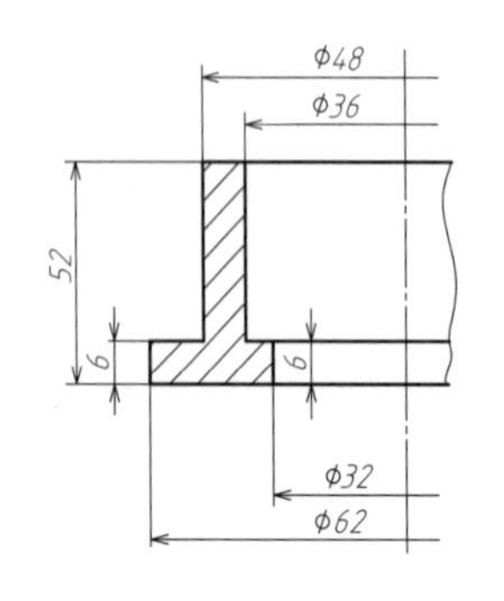

直径の示し方（p.17 の表参照）

下記のときはφをつける（本書では統一してつける）.

・直径であることが視覚的にわからない場合（側面図，一部省略した図など）.

・引出線で寸法を記入する場合.

下記のときはφをつけない.

・直径であることが視覚的に明らかな場合.

・加工法を併記した場合（キリ，リーマなど）.

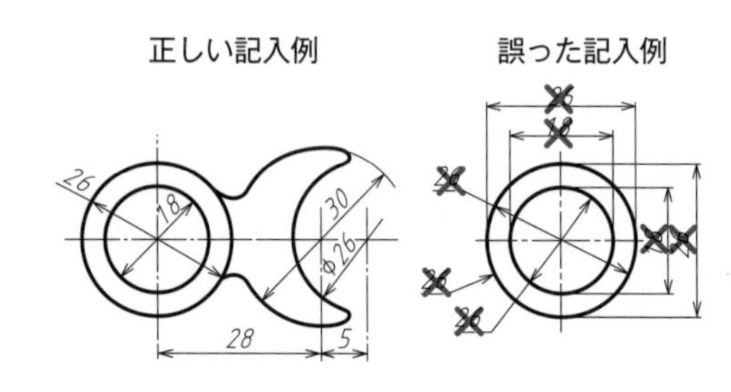

2.2 寸法の記入法

2.2.2 寸法記入の基本（2）

寸法補助記号で形状を表す

記号はすべて細線で描く．

記号 / 呼び方 / 意味	図例
φ / “まる”または“ふぁい” / 180°を超える円弧の直径または円の直径	明らかに直径であるときは，φ はいらない．（CAD では通常入っており，あえて取らなくてもよい）
Sφ / “えすまる”または“えすふぁい” / 180°を超える球の円弧の直径または球の直径	Sφ16
□ / “かく” / 正方形の辺の長さ	一辺に書けばよい　□6　6　□を用いないことも多い
R / “あーる” / 半径	長穴の端の丸みは(R)でも(R5)でも可．ただし，キー溝は CAD の場合も含めて常に(R)
CR / “しーあーる” / コントロール半径	CR30
SR / “えすあーる” / 球半径	SR12　SR90　50　(SR)でも(SR4)でも可．CAD は寸法が入る

記号 / 呼び方 / 意味	図例
⌒ / “えんこ” / 円弧の長さ	記号は数値の前でも上でも可　⌒40　40
C / “しー” / 45°の面取り	C2
＾ / “えんすい” / 円すい（台）状の面取り	＾120°　＾φ10×120°
t / “てぃー” / 厚さ	t0.7
⌴ / “ざぐり” “ふかざぐり” / ざぐり（黒皮を少し削りとるものも含む），深ざぐり	9キリ⌴φ14↧7　9キリは深ざぐり記号の前でも上でも可．引出線の矢じりの先は，内円からでも外円からでも可
∨ / “さらざぐり” / 皿ざぐり	7キリ ∨φ8×90°　7キリは深ざぐり記号の前でも上でも可．引出線の矢じりの先は，内円からでも外円からでも可
↧ / “あなふかさ” / 穴深さ	φ8↧15

NOTE

45°の面取り記号 C は ISO では規定されていない．また，正方形の辺の記号など，以前は太線だったものもすべて細線になった．

複数の要素の寸法を指定する方法

寸法の頭に 2× などと書く．

昔の図面では 2本× と書かれているものもある．

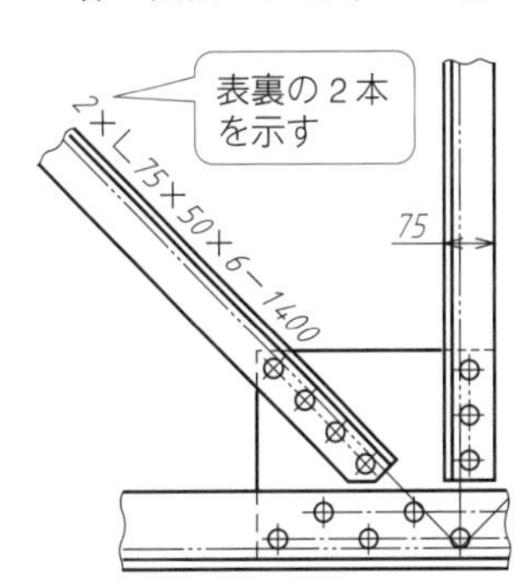

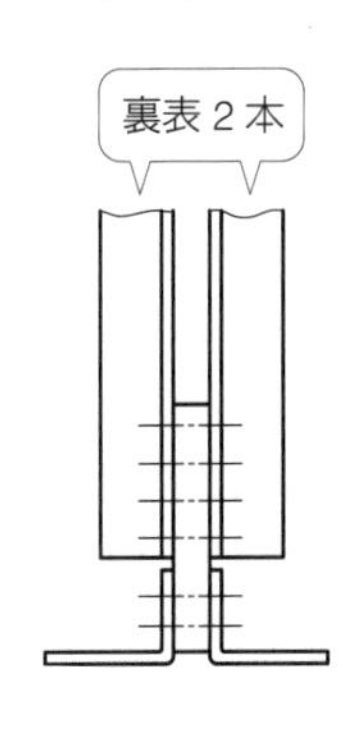

引出線・参照線を形状を表す線から引き出す場合

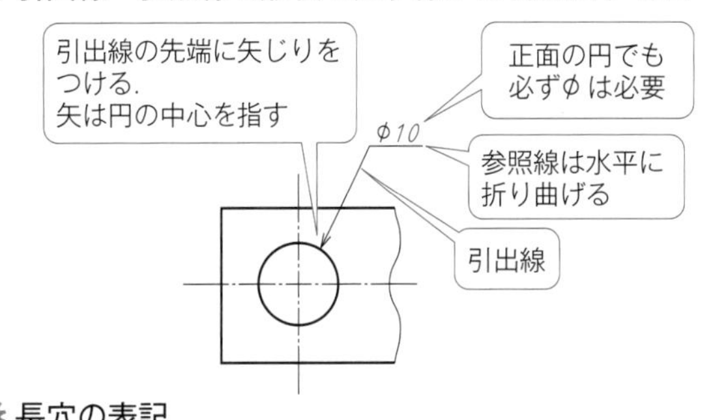

長穴の表記

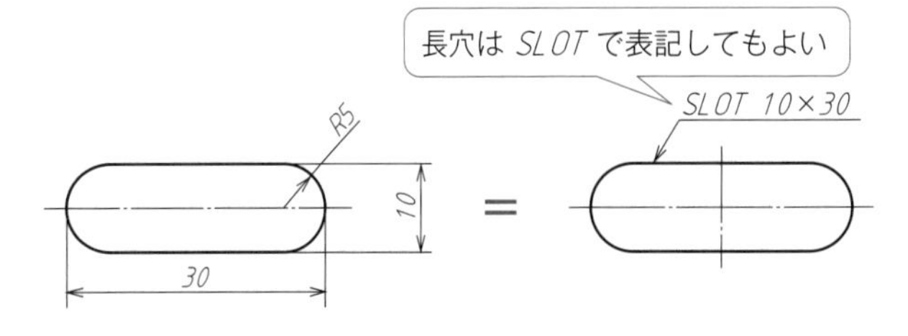

2.2 寸法の記入法

2.2.3 寸法記入の基本（3）

定められた決まりに則って描かれた図面には，整然としていて意図が伝わりやすい.

正しい図例

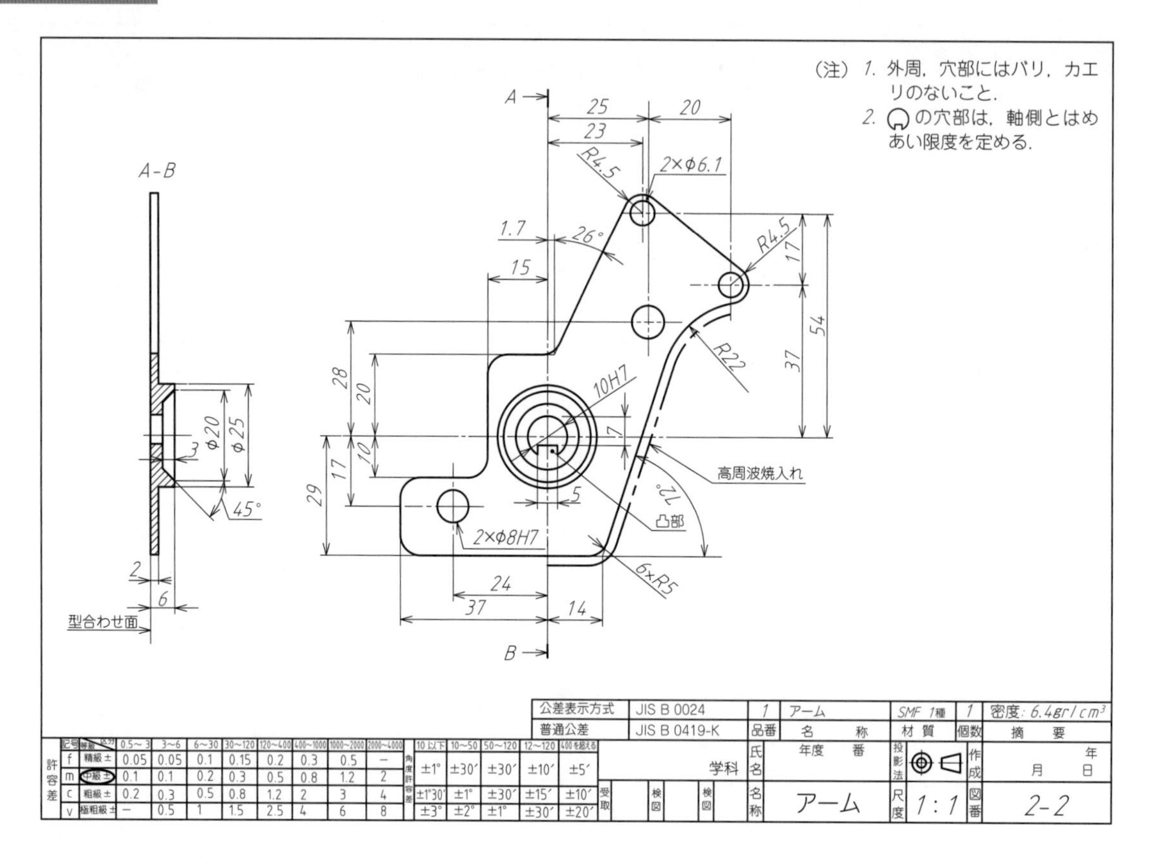

記号	等級	0.5～3	3～6	6～30	30～120	120～400	400～1000	1000～2000	2000～4000
f	精級±	0.05	0.05	0.1	0.15	0.2	0.3	0.5	–
m	中級±	0.1	0.1	0.2	0.3	0.5	0.8	1.2	2
c	粗級±	0.2	0.3	0.5	0.8	1.2	2	3	4
v	極粗級±	–	0.5	1	1.5	2.5	4	6	8

10以下	10～50	50～120	12～120	400を超える
±1°	±30′	±30′	±10′	±5′
±1°30′	±1°	±30′	±15′	±10′
±3°	±2°	±1°	±30′	±20′

誤った図例

p.16 を参照して，①～⑧で何が間違っているか，確認してほしい.

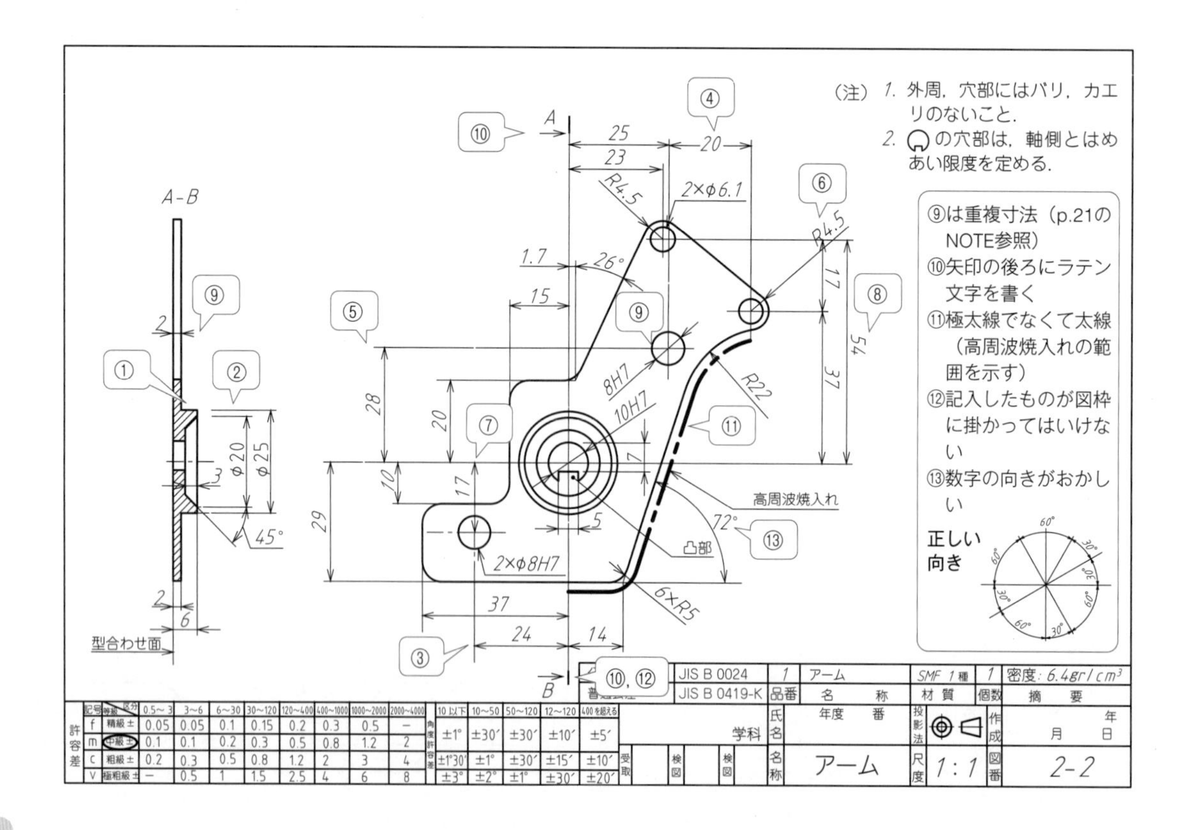

記号	等級	0.5～3	3～6	6～30	30～120	120～400	400～1000	1000～2000	2000～4000
f	精級±	0.05	0.05	0.1	0.15	0.2	0.3	0.5	–
m	中級±	0.1	0.1	0.2	0.3	0.5	0.8	1.2	2
c	粗級±	0.2	0.3	0.5	0.8	1.2	2	3	4
v	極粗級±	–	0.5	1	1.5	2.5	4	6	8

10以下	10～50	50～120	12～120	400を超える
±1°	±30′	±30′	±10′	±5′
±1°30′	±1°	±30′	±15′	±10′
±3°	±2°	±1°	±30′	±20′

2.2 寸法の記入法

2.2.4 情報が多い面を正面図にする

正しい図例

・加工の情報が一番多い形状面を正面図に選び，この図に寸法を集中して記入する．

・どの投影面を正面図に選ぶかは，設計者が判断する．

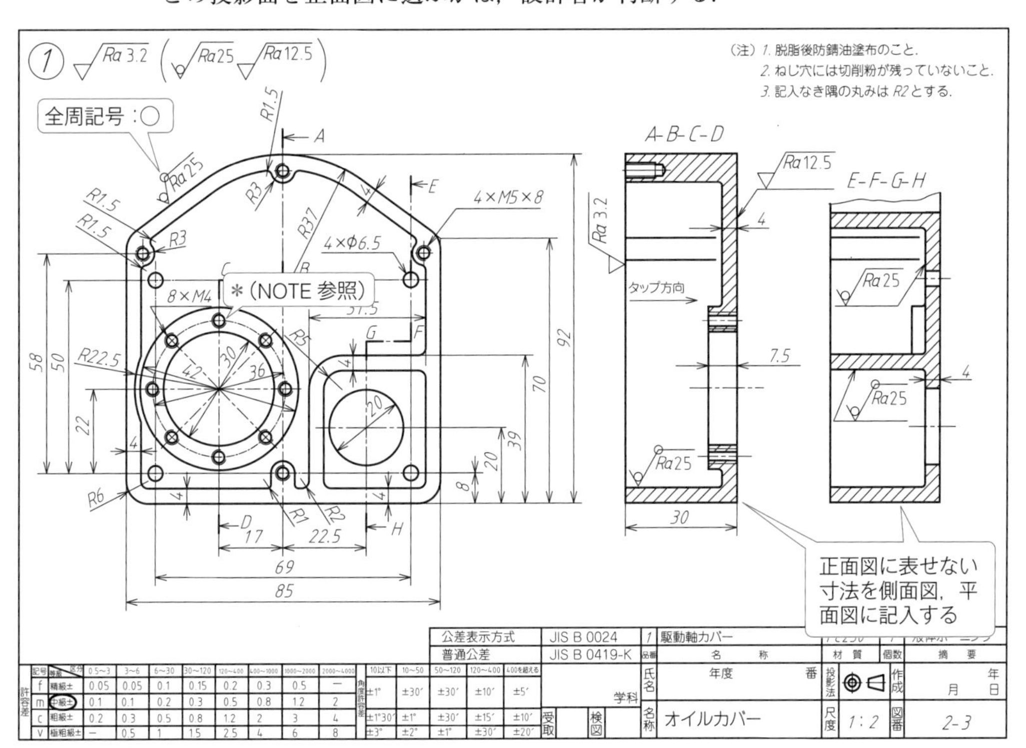

NOTE

解説

＊は，穴，ねじの円形状配列で，30°，45°，60°，90°，120° の場合，角度は記入しなくてよい．ただし，位置度公差を記入したときを除く（第3章）．

読みにくい図例

・情報が分散していると読みにくい．

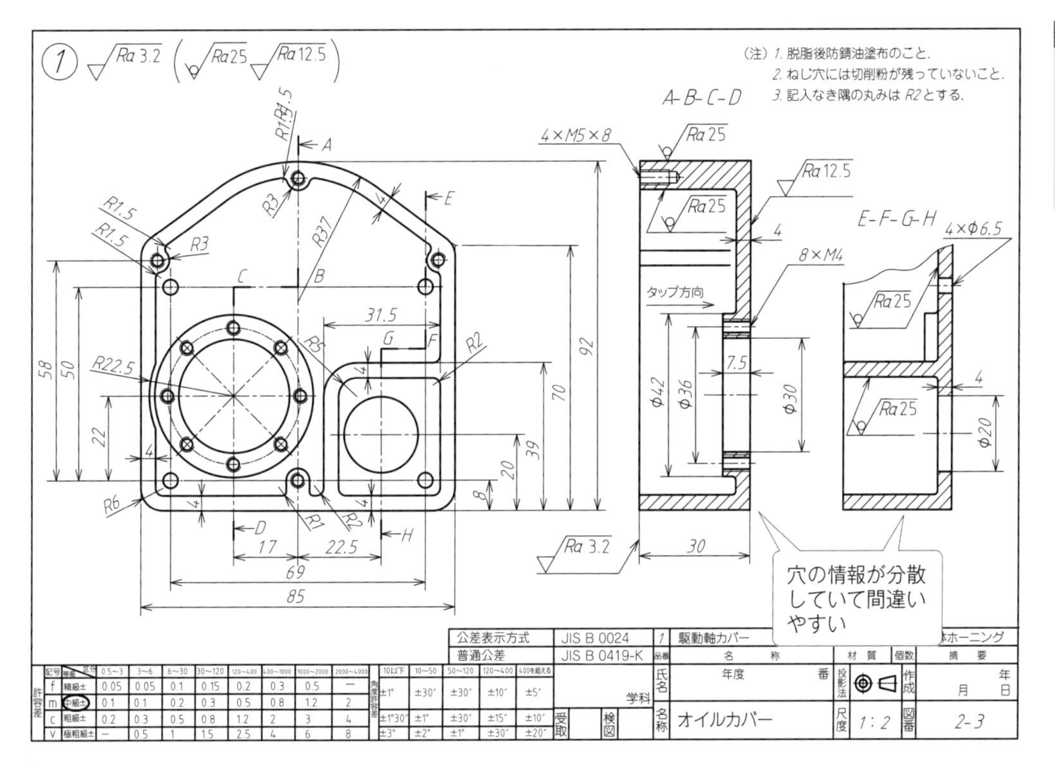

NOTE

図面を読む

図面の内容を理解していく作業を「図面を読む」という．

2.2 寸法の記入法

2.2.5 基準位置を決めて寸法を記入する

基準位置とは，機能上その部品の基準（面）となる場所で，図面に寸法を記入するうえでスタートとなる位置のことである．部品完成後の計測作業や機械組立作業の基準位置となる．

基準位置の例

下の（a）～（c）の図面は，形は同じであるが，寸法の入れ方で設計者の意図を製作者に伝えている．

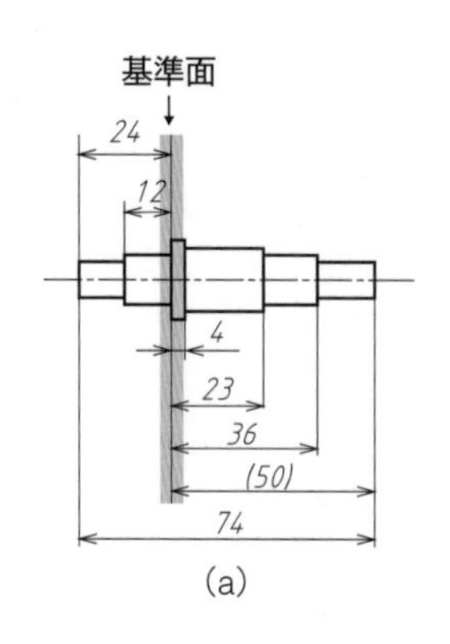

(a)

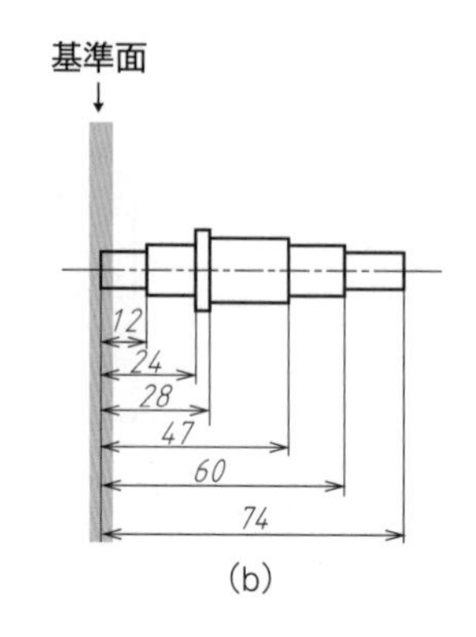

(b)

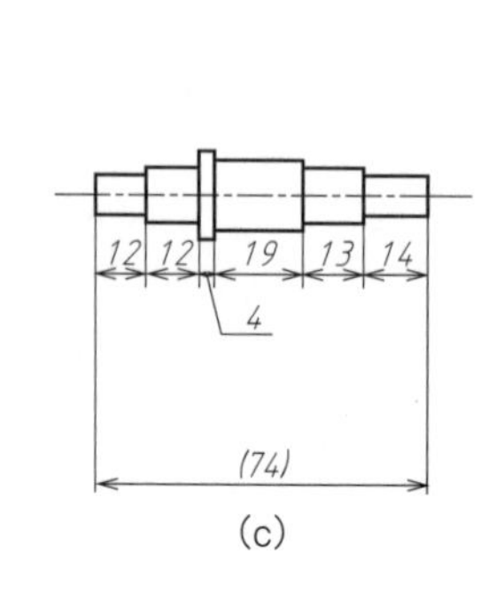

(c)

中心線

中心線は，物体の中心位置を示す線で，実物では見えない架空の線である．円・球・円柱状の物体の中心や，対称形の物体の対称線に使われる．

中心線を使って，穴やねじの位置指定をする場合

穴やねじの加工は中心を起点とするので，このように中心線を使って位置を指定する．

中心線を使わないで，穴やねじの位置指定をする場合

加工しにくいので，通常，このような描き方はしない．端から円周までの距離がとくに重要な場合のみ使用する（最小実体公差の考え方に注意（第3章））．

中心線を基準位置として使用する場合

軸や対称形の物体では，中心線が基準位置となる．

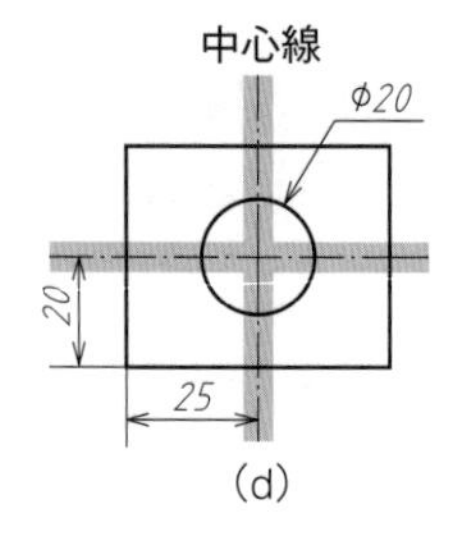

(d)

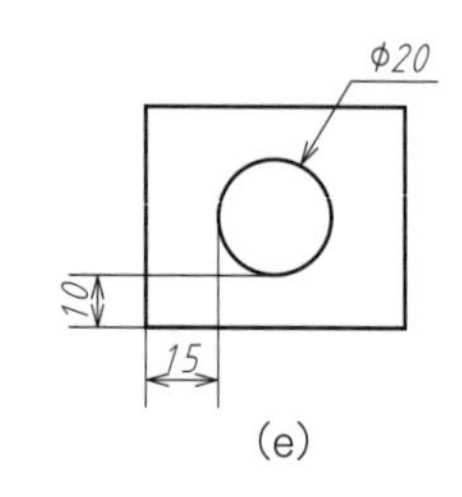

(e)

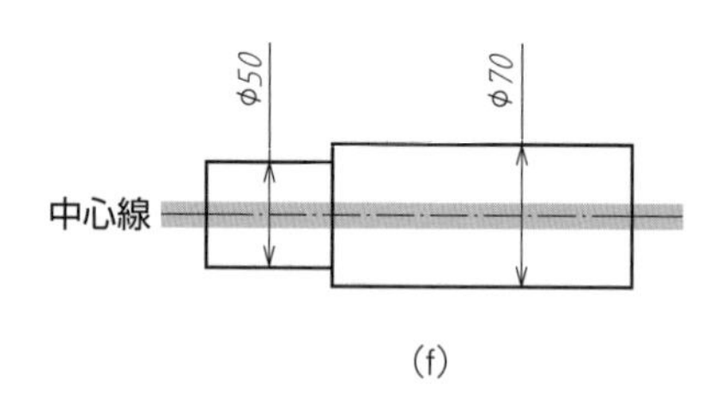

(f)

振り分け寸法

中心線を対称形の基準位置としたい場合の寸法は，中心線をまたいで（g）のように描く．これを振り分け寸法とよび，基準位置は中央の中心線となる（（f）も同じ）．（h）は基準位置が端面にある場合の記入の仕方で，中央の中心線は単なる位置を示すとみなされる．

幾何公差を記入するとき，注意して使い分ける（第3章）．

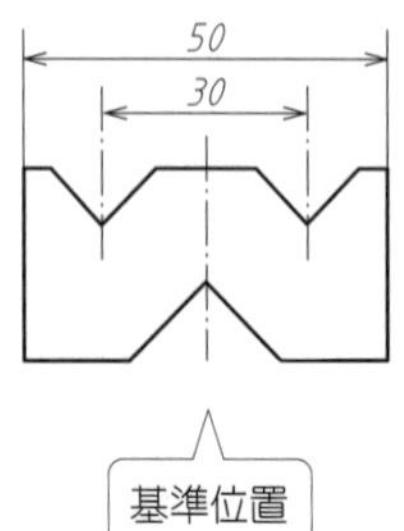

（g）振り分け寸法の場合

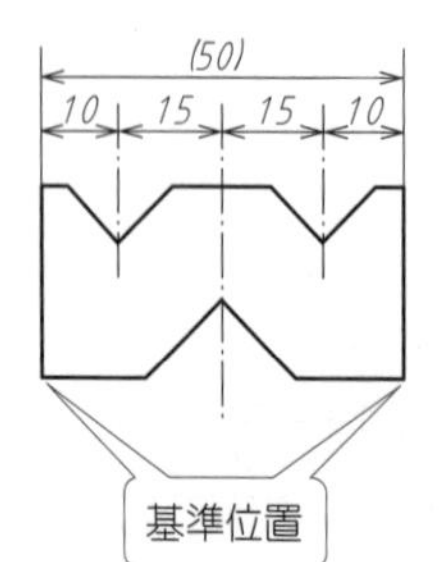

（h）振り分け寸法にしない場合

（ ）カッコ寸法

図面内の寸法であっても，（ ）をつけると，その寸法の許容差にしばられない寸法になる．寸法許容差（サイズ交差）の累積が問題になるときに（p.22），合計寸法許容差との矛盾を解消するのに用いる（これを，**参考寸法**とよぶ．（c）も同じ）．

JISには「（ ）は検査の対象にしない」と書かれている．

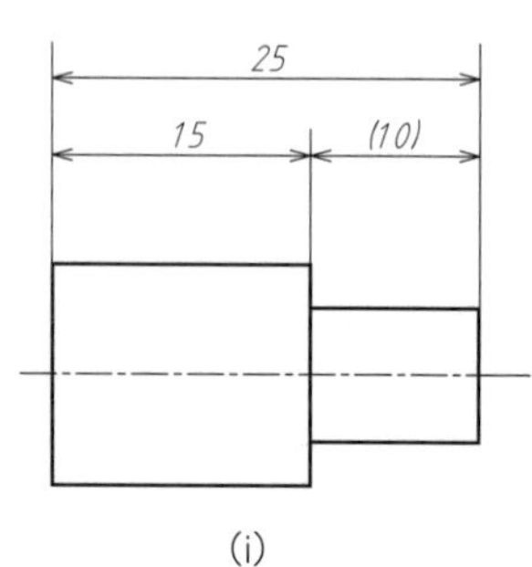

(i)

2.2 寸法の記入法

2.2.6 寸法記入の具体例

実際の図面では，相互の関係性，重要度を考慮して，もっとも合理的な寸法記入法を選択する必要がある．

正しい図例

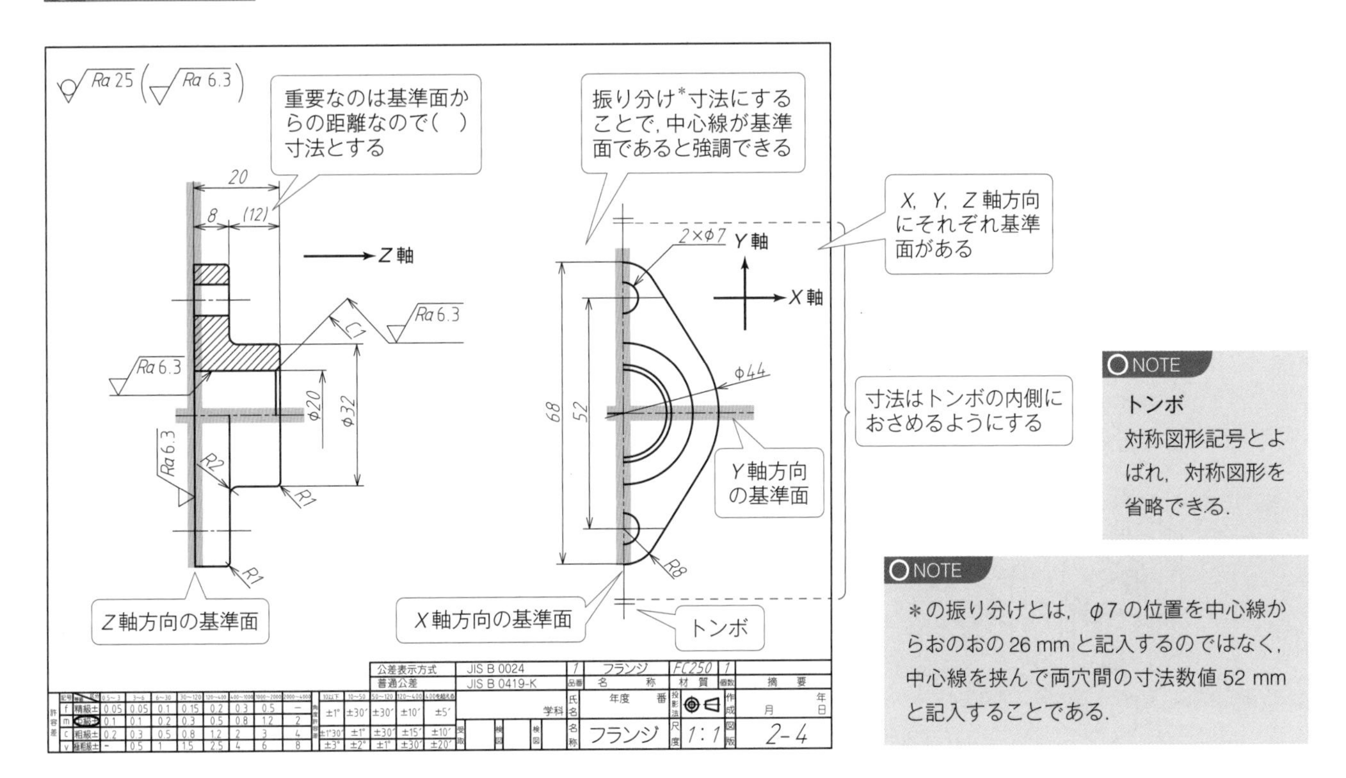

NOTE

トンボ

対称図形記号とよばれ，対称図形を省略できる．

NOTE

＊の振り分けとは，φ7 の位置を中心線からおのおの 26 mm と記入するのではなく，中心線を挟んで両穴間の寸法数値 52 mm と記入することである．

基準のはっきりしない図例

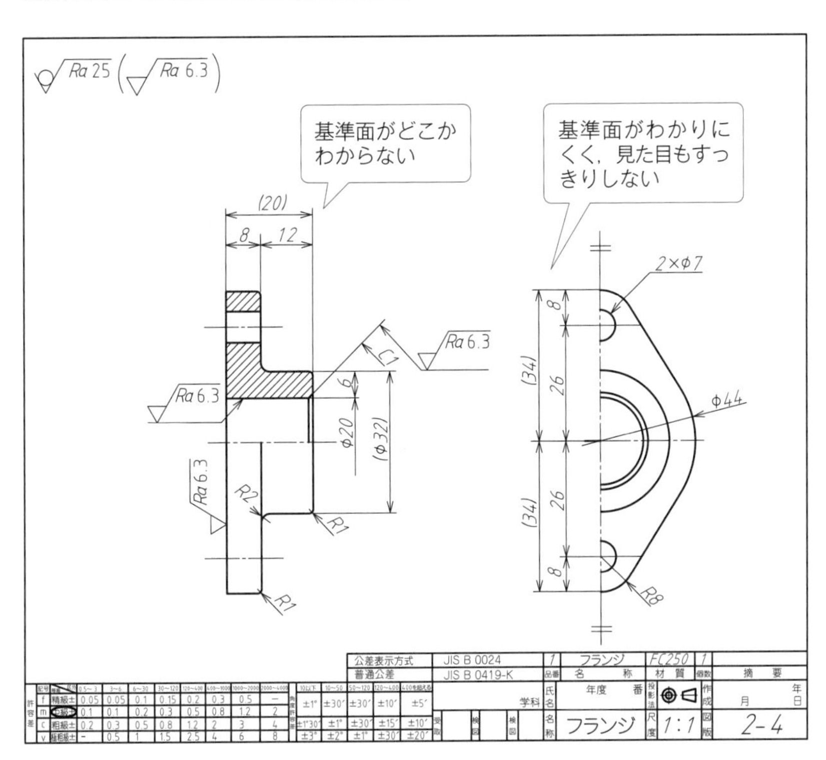

NOTE

重複寸法

寸法は，重複記入を避ける．ただし，一品多様図で，重複寸法があったほうが理解しやすい場合は，記入してもよい．また，A0，A1，A2 などの用紙サイズが大きい複雑な図面の一品一葉図でも，使ってもかまわない．

たとえば，下図のように重複するいくつかの寸法数値の前に黒丸をつけ，重複寸法を意味する記号であると注記する．

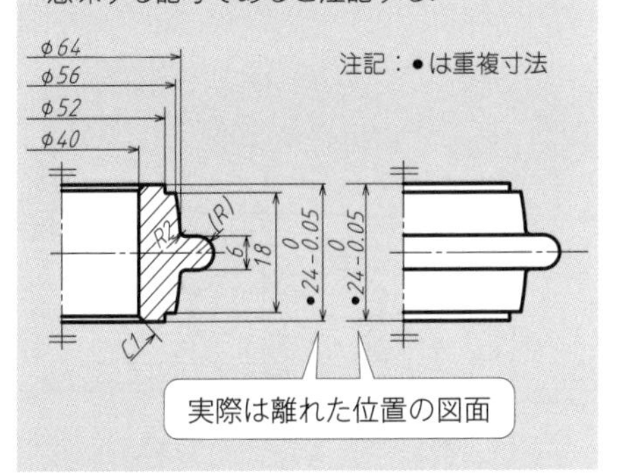

2.2　寸法の記入法

2.2.7　寸法の許容差の決め方

機械加工するものには寸法の公差のばらつきの範囲（＝サイズ交差（第３章））があり，電気部品でもその規格には許容個差（幅のこと）が認められている．このため，個々の部品や素材に規格が決められていても，組立てられた製品としての性能は必ずしも同じではなく，ばらつきがでてくる（もちろん，これはあらかじめ認定された性能許容差内のばらつきである）．

したがって，図面で寸法のばらつきの範囲を決める場合には（規格表は第３章参照），性能，生産性といった技術的な検討に加えて，おのおのの部材のそれぞれの公差や個差が，組み合わされて製品になったときにどのように影響するかを十分考慮する．そして，基準面や公差を決めてから設計する必要がある．

ここでは普通許容差（第３章参照）を中級として説明する．

> **NOTE**
> 許容差は誤差ではなく個差である．
> 個差：ある影響を避けるための限界値
> 誤差：真の値と測定値との差（くい違い）

参考例：摺動機構

（a）のように，中央の長い台形ねじの両端を軸受で支え，台形ねじを回転させることにより，アームががたつきなく左右にスムーズに摺動する精密な機構を実現するには，機能に影響する重要部品の許容差をどのように設定すればよいかを考える．以下，摺動板Ａで説明する．

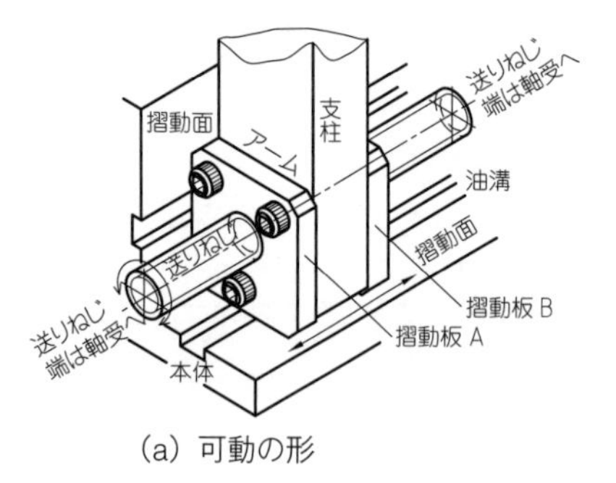

（a）可動の形

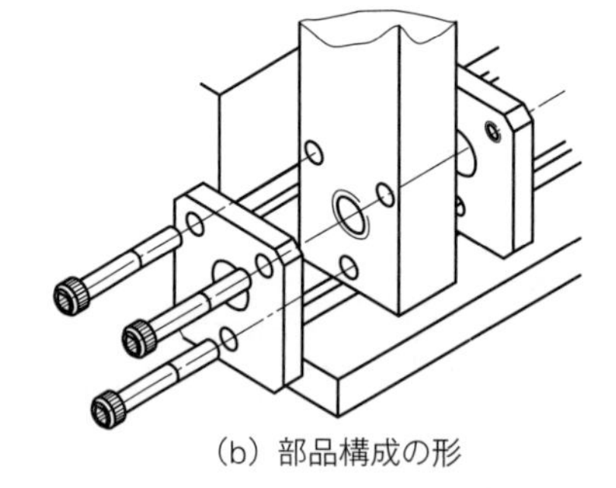
（b）部品構成の形

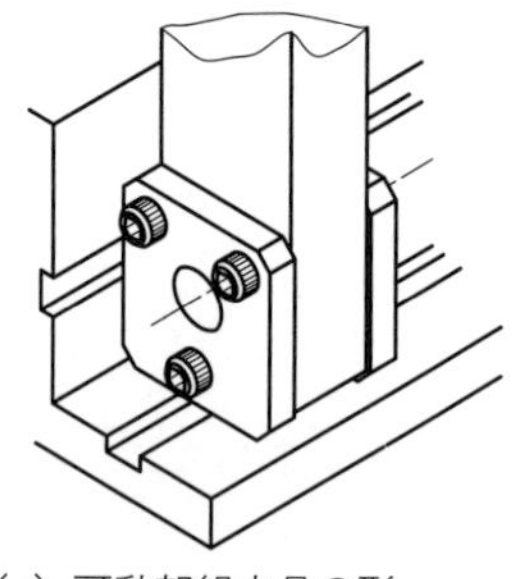
（c）可動部組立品の形

通常の記入法

通常，右図のような形状の場合，ねじ穴の中心を通る中心線を基準とし，取付穴を振り分けて指示する．

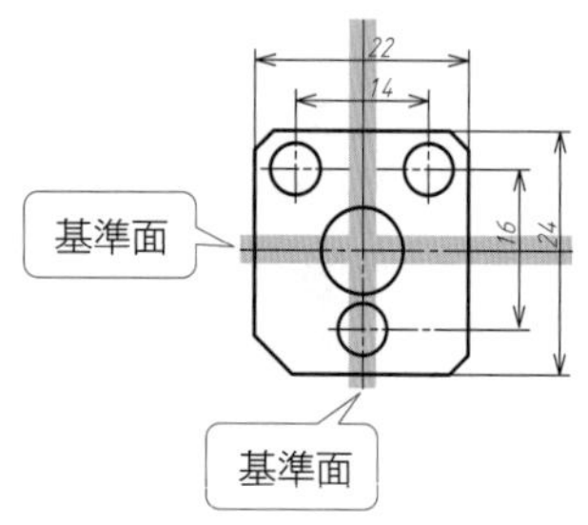

図は摺動板Ａを示し，摺動板Ｂは３カ所の穴がねじ穴となる

機能を考慮した記入法

右図は，機構上，左端面と下端面が基準面となる．これに対し，どのような寸法記入方法をとれば許容差の累積が一番小さくなるかを考える（許容差の累積はNOTEの式を使う）．

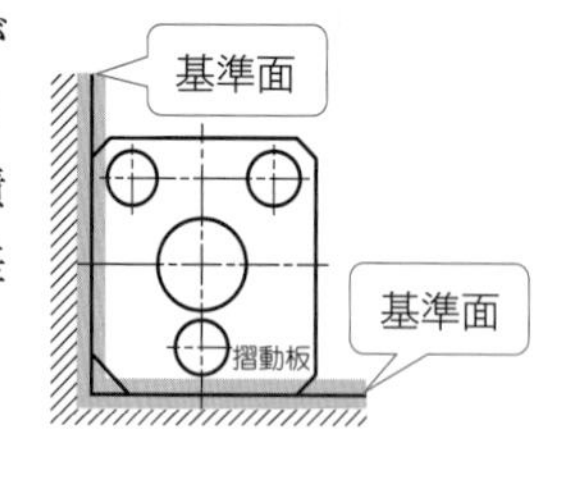

> **NOTE**
> **許容差の加法の法則**
> **（許容差の累積の計算式／統計の加法則式）**
> 許容差が $\sigma_1 + \cdots + \sigma_n$ の n 個の品物の全体の許容差 $\pm\sigma$ は，$\pm\sigma = \sqrt{\sigma_1^2 + \sigma_2^2 + \cdots + \sigma_n^2}$ となる．
> **個別の許容差の累積はいくらになるか**

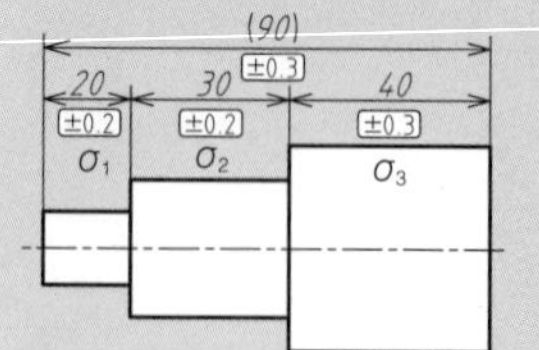

> 許容差の累積は $\sqrt{(0.2)^2+(0.2)^2+(0.3)^2}=0.4$，つまり許容値は 90 ± 0.4 になる．（$(20\pm0.2)+(30\pm0.2)+(40\pm0.3)=90\pm0.7$ となりそうだが，実際の量産品は寸法がそれぞれの許容差内でばらつくため，組み合わせたものは ±0.7 とはならない．一方，±0.4 は全長 90 の中級 ±0.3 と矛盾するので，90 に（ ）をつけ (90) とすればよい．）

結局，機能を満足させるためには，(c)が最もよい．一つの送りねじ穴と３カ所の穴に対して一番適当な公差の累積のない記入法となる

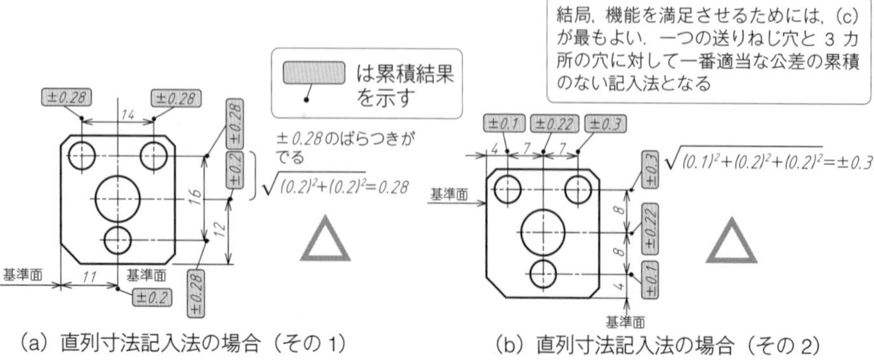

（a）直列寸法記入法の場合（その１）　（b）直列寸法記入法の場合（その２）

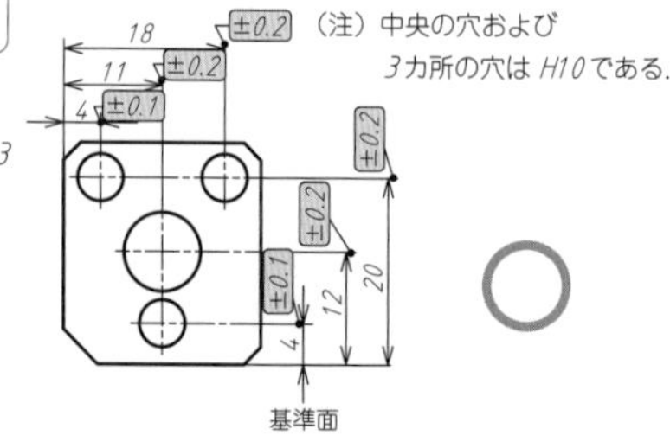

（c）並列寸法記入法の場合

2.2 寸法の記入法

2.2.8 許容差の累積が最小になる寸法記入

製品を許容差内に加工するためには，寸法の記入方法を工夫する必要がある．基準位置から直接指示する寸法は許容差が最小になり，間接的になるほど許容差は累積する．

以下の例は，普通許容差を中級とする（第3章参照）．

許容差の累積の影響を考えた記入例

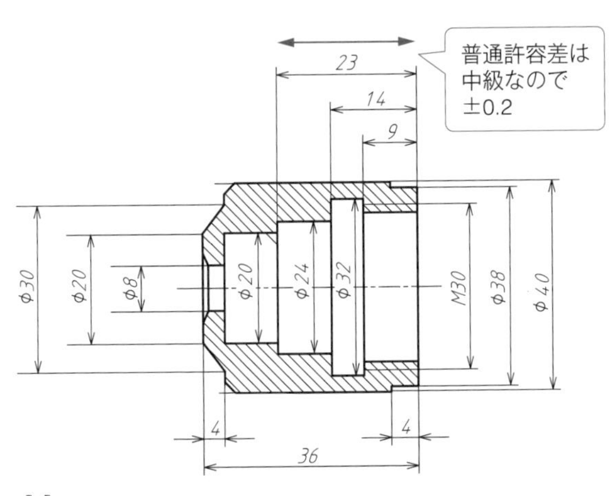

許容差の影響を考えなくてよい場合の記入例

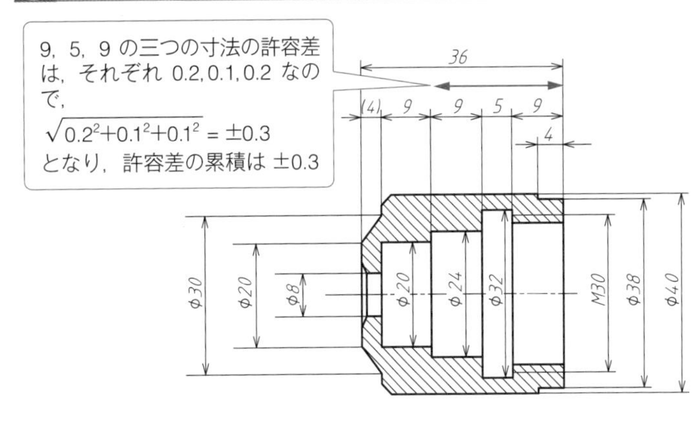

許容差の影響を避けた記入例

発券機発券ローラの図例

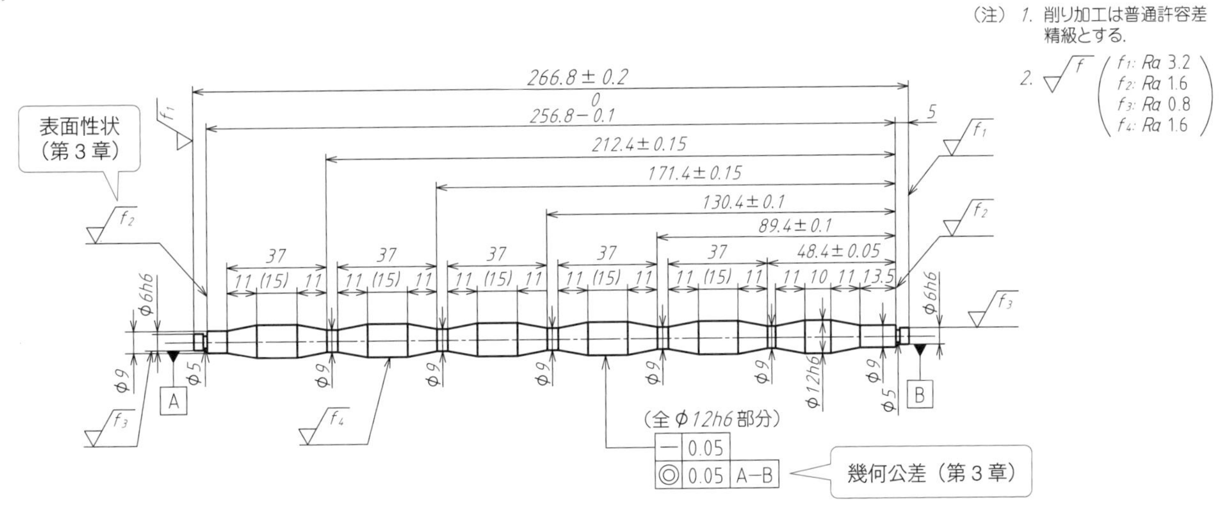

重要なところへの記入例

精密スペーサ部品の図例

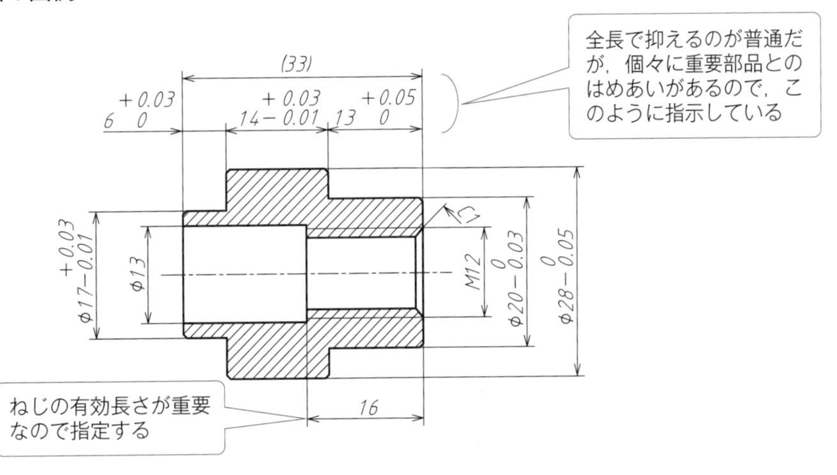

2.2 寸法の記入法

2.2.9 直列寸法記入法，並列寸法記入法，累進寸法記入法

寸法の記入法には，直列寸法記入法，並列寸法記入法，累進寸法記入法などがある．部品の加工精度や，読みやすさを考え，最適なものを設計者が選択する．

以下の例は，普通許容差（第 3 章参照）を精級とする．

直列寸法記入法

個差が累積しても支障のない場合に使う．

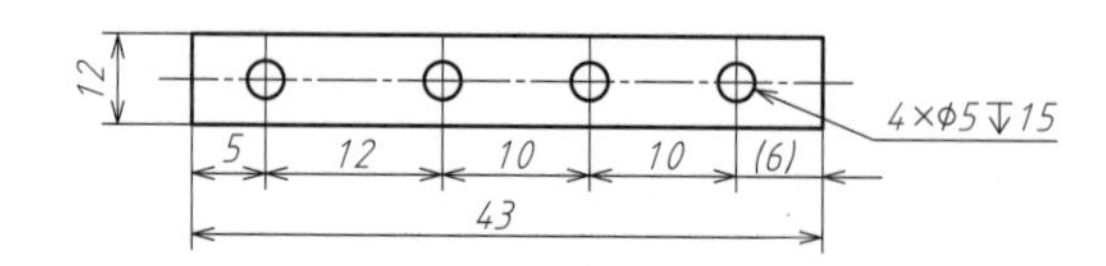

基準面からの寸法を記入する方法

直列寸法記入法よりも個差の累積が少ない方法である．図例の部品は液晶基板搬送用のコンベア部品で，搬送精度が要求されるので，M4，M5 のねじ（2.9.5 項参照）の位置を基準点としている．

並列寸法記入法

どの部分の寸法なのかがわかりやすい．

ただし，数が多いとごちゃごちゃして見にくくなる．

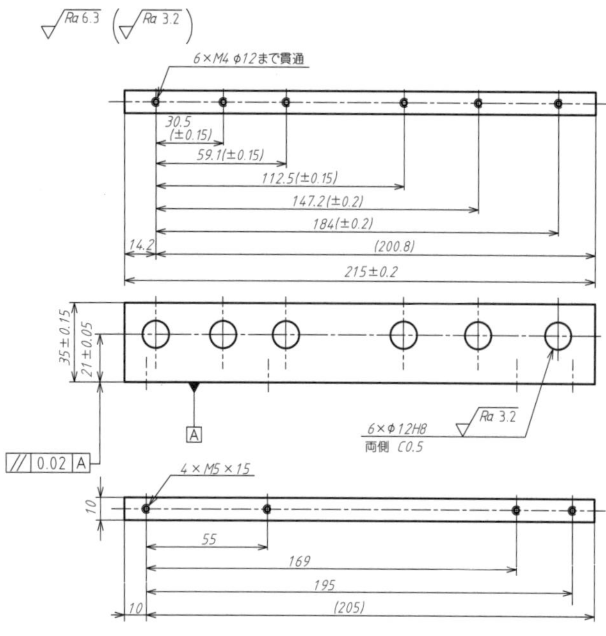

累進寸法記入法

多くの寸法を少ないスペースに記入できる．

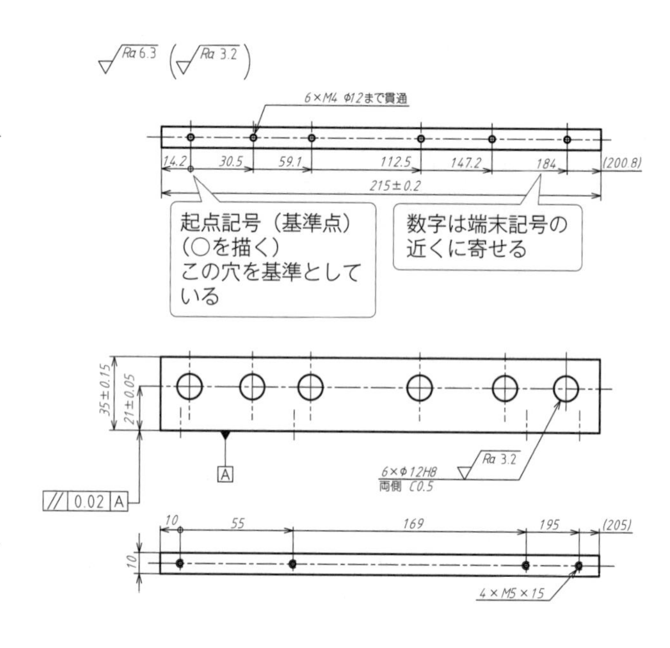

その他の記入法

正座標寸法記入法

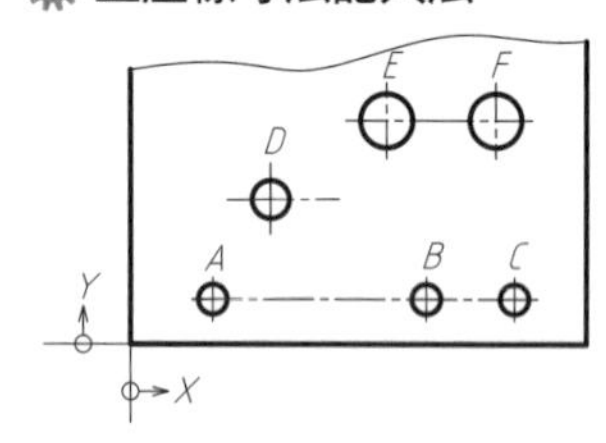

	X	Y	φ
A	20	20	13.5
B	140	20	13.5
C	200	20	13.5
D	60	60	13.5
E	100	90	13.5
F	180	90	13.5

極座標寸法記入法

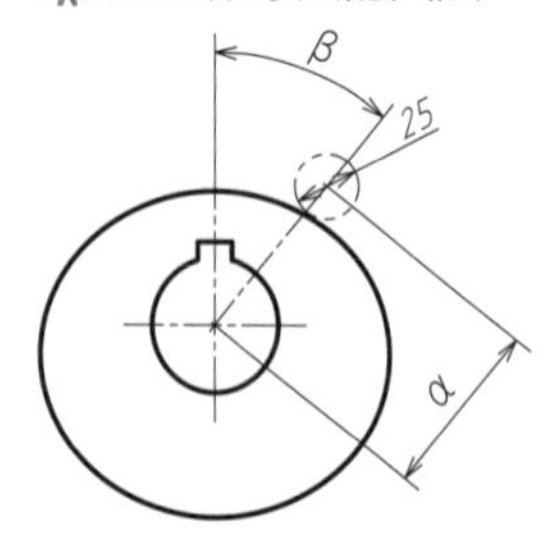

カムの輪郭（cam profile）など寸法記入

β	0°	20°	40°	60°	80°	100°	120°～210°
α	50	52.5	57	63.5	70	74.5	76

β	230°	260°	280°	300°	320°	340°
α	75	70	65	59.5	55	52

NOTE

累進寸法記入法では，以下のような記入もできる

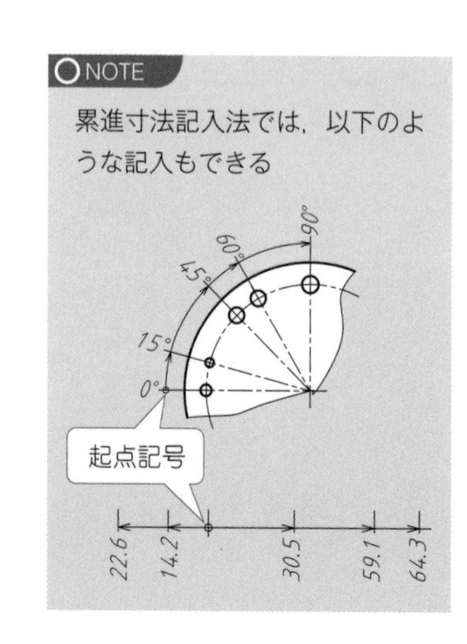

2.3 便利な描き方

2.3.1 矢示法

矢示法は，紙面の都合で，投影図が本来の場所に配置できない場合に用いる．補助投影図や局部投影図などの補助的な投影図で用いることが多い．

投影する面を矢印とラテン文字の大文字で示し，投影図の上側中央にも同じラテン文字を記入する．

取付金具の図例（1）

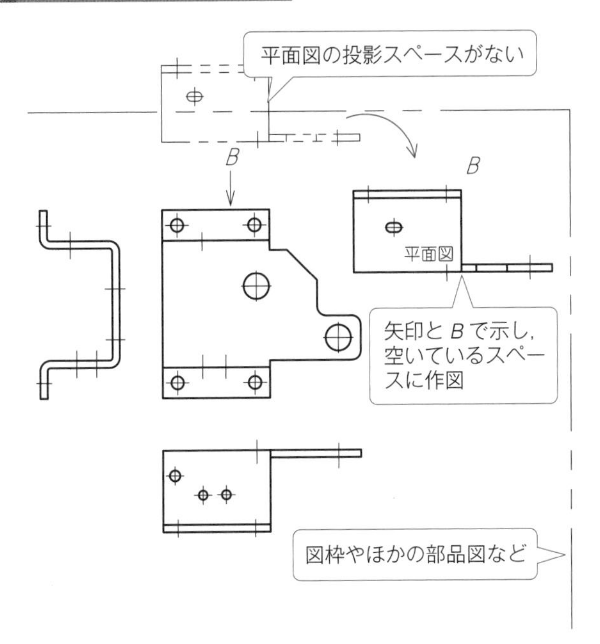

支柱板金の図例

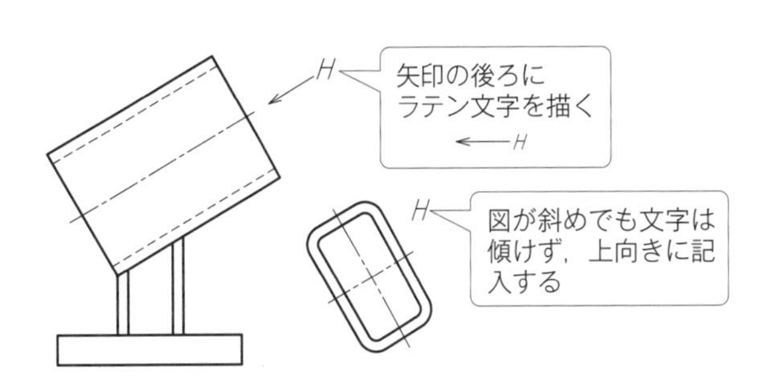

取付金具の図例（2）

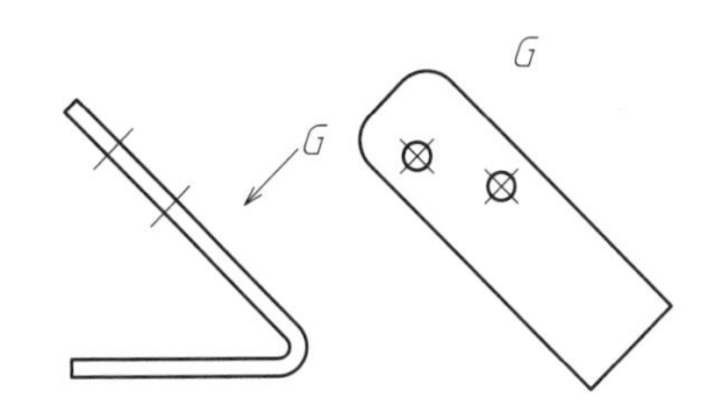

ダイカスト部品の図例

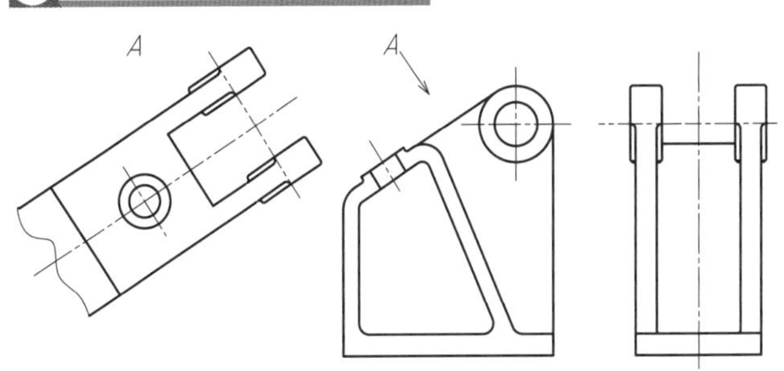

軸穴がスプラインの図例

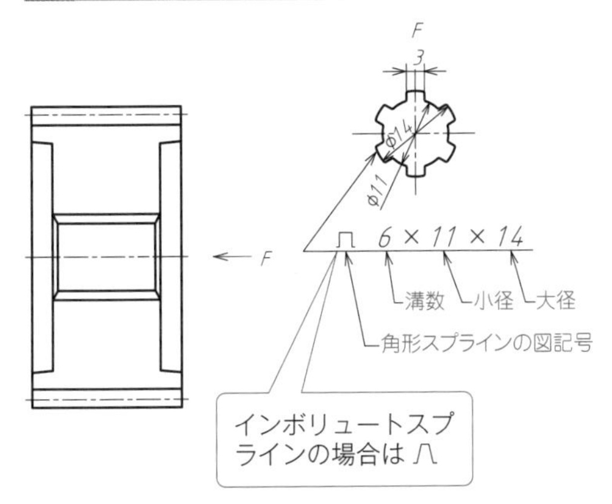

（a）矢示法による指示をする場合
（ほかの寸法が多くある場合）

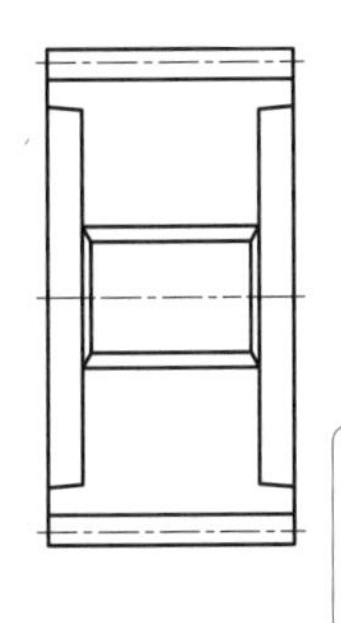

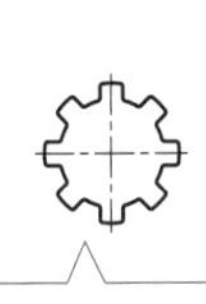

スプライン穴の詳細図をここに描く場合は，矢示法ではなく局部投影図でよい．（a）の F と同じ図を描けばよい（←F は不要）

（b）矢示法を使わなくても指示できる場合

POINT

スプライン継手の詳細は JIS で決められた型番を示せばよく，寸法ですべての細部を示す必要はない．

NOTE

角形スプラインの呼び方

「角形スプライン穴 6×11×14」とよぶ．

2.3 便利な描き方

2.3.2 略画法

複数の立体が交わったものを相貫体といい，その境界に現れる線を相貫線という．たとえば，円筒などの曲面が多い立体と交わったときの相貫線は描きにくく，正確には図学で求めなければならない．しかし，非常に手間がかかるため，機能に影響がない場合は，直線や円弧に近似して簡略化できる．

また，奥行きのある曲面の後ろ側の形状は省略して描く．

円筒どうしの相貫の例

相貫する部分の寸法差が少ない場合

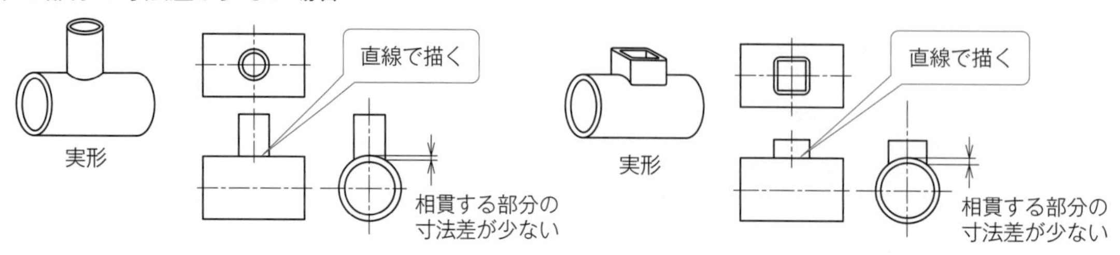

(a) 曲面どうしが交わる場合　　(b) 曲面と平面が交わる場合

一般的な相貫線

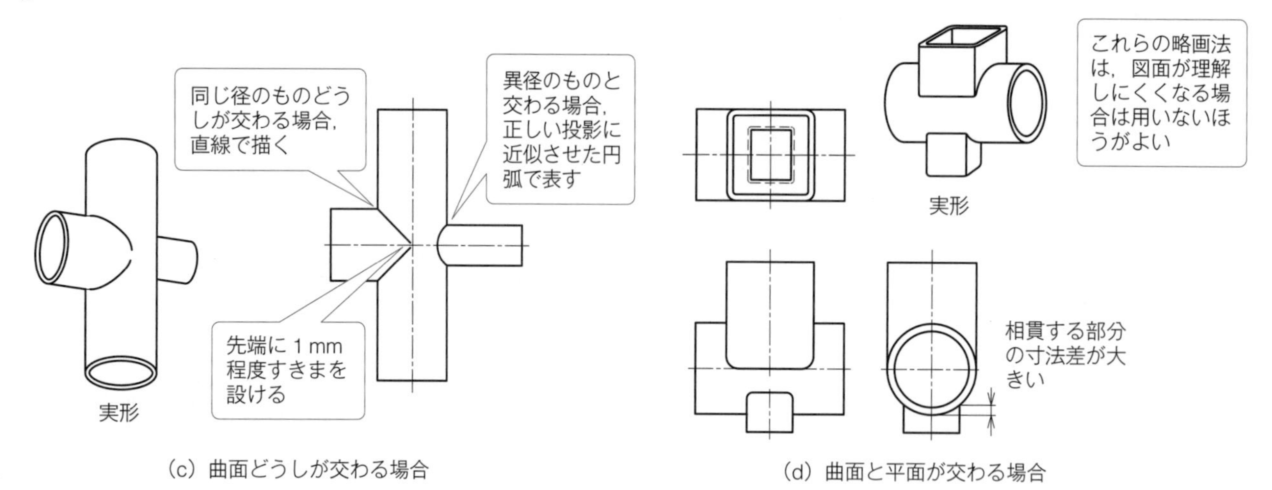

(c) 曲面どうしが交わる場合　　(d) 曲面と平面が交わる場合

形状を省略する例

円筒と継手の場合

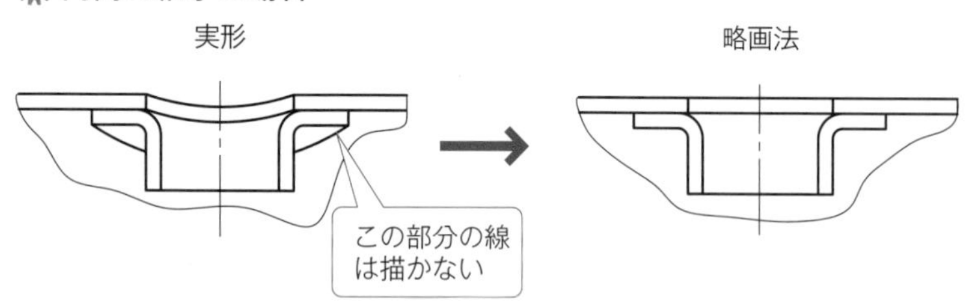

球面と継手の場合

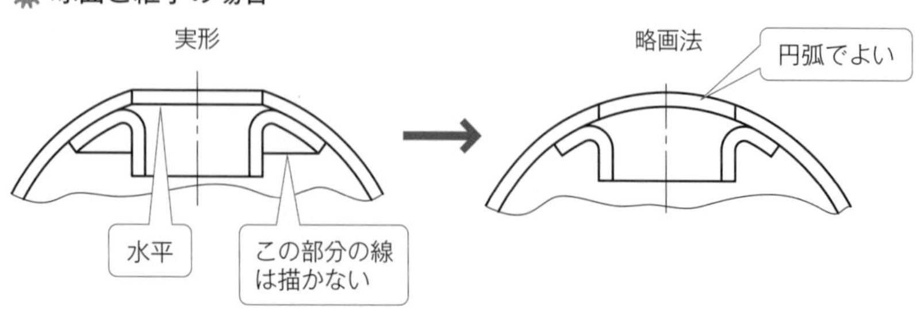

正接エッジ

曲面相互または曲面と平面が正接する部分の線を正接エッジという．

正接エッジは細い実線で示してよいが，相貫線と併用してはならない．国内生産向けでは普通記入しない．本書でも記入しないが，JIS の規定は認識しておいてほしい．

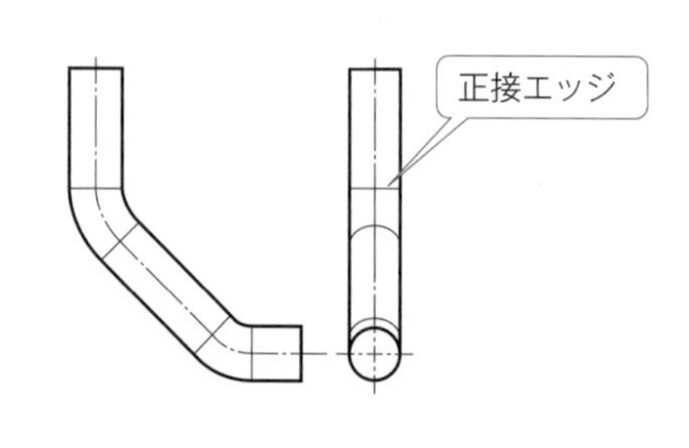

2.3 便利な描き方

2.3.3 遠くに見える部分の省略

左右側面図や平面図，下面図において，見えるものをすべて描くと，複雑になってわかりにくくなる．このため，製品を製作するのに必要な情報だけを選んで描くとよい．このような略記を用いても，製図法として正しい．

異径フランジ継手の図例

見えるものをすべて描いた例

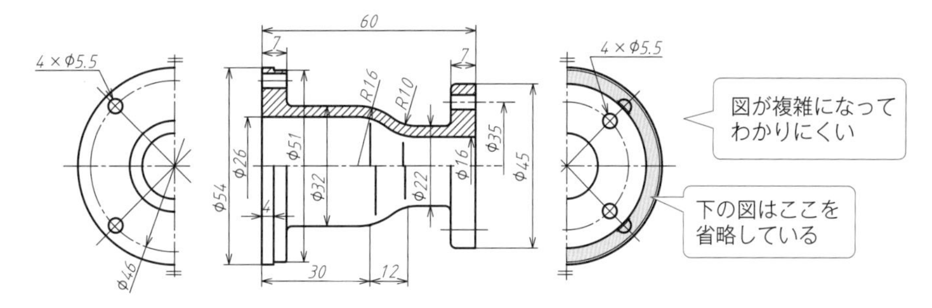

遠くに見える部分を省略した例

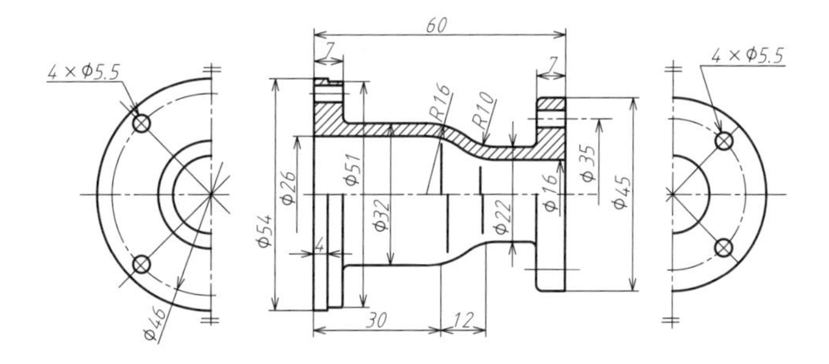

必要な部分のみを描いた例

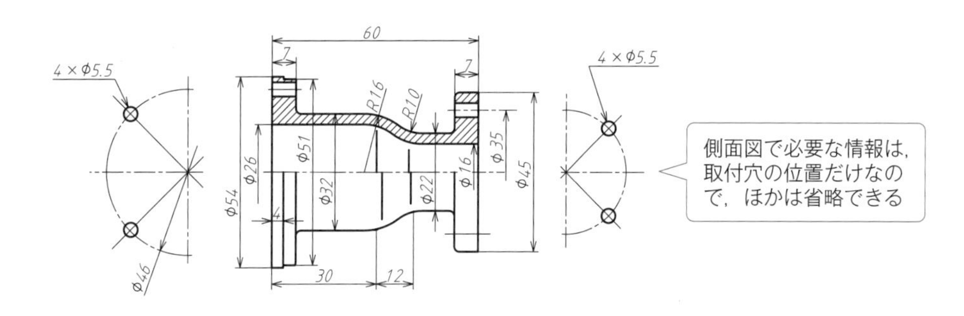

取付台の図例

赤線部を省略しても製図法として正しい．

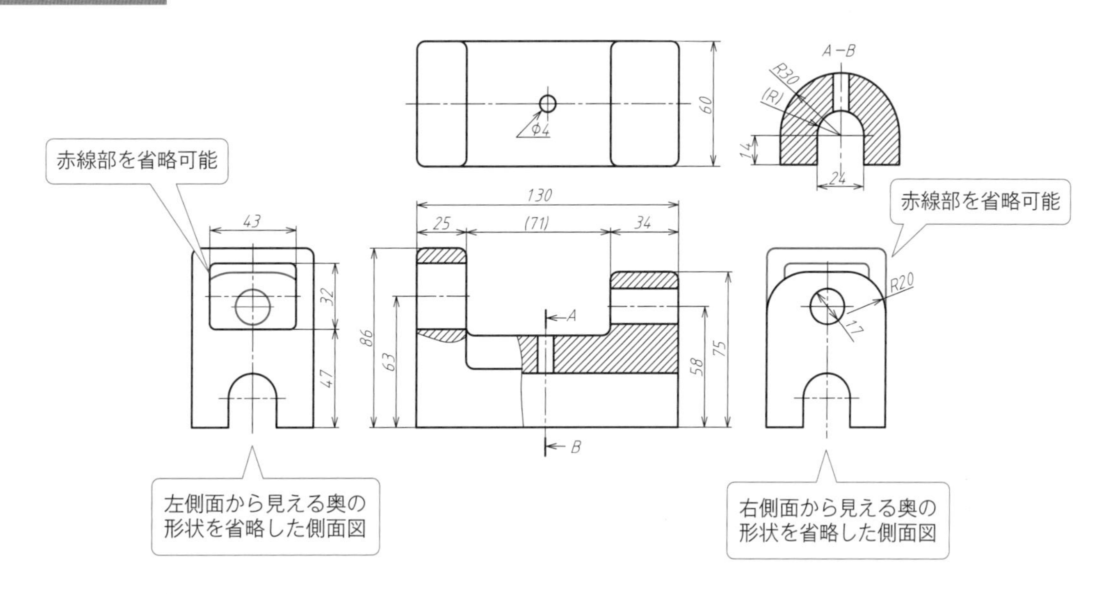

2.4 断面図

2.4.1 断面図を描く目的

図面にかくれ線を多用したり，かくれ線に寸法を記入したりすると，図面が不明瞭になり非常にわかりにくい．そこで，断面をとって品物の形状を実線で表し，そこに寸法を記入すると，読み誤りを防ぐことができる．

必要と思う場所だけにかくれ線を入れることは製図法では間違いで，図面の１カ所でもかくれ線を使うなら，表面に現れないすべての図形をかくれ線で描かなければならない．その結果，多くの線が入り交じった複雑な図面になってしまう．これを防ぐのが，断面図法である．

断面で描いた図例（理解しやすい図例）

通常，断面部分にはハッチングを入れる（JIS では入れても入れなくてもよいが，ISO に準拠する図には入れること）．

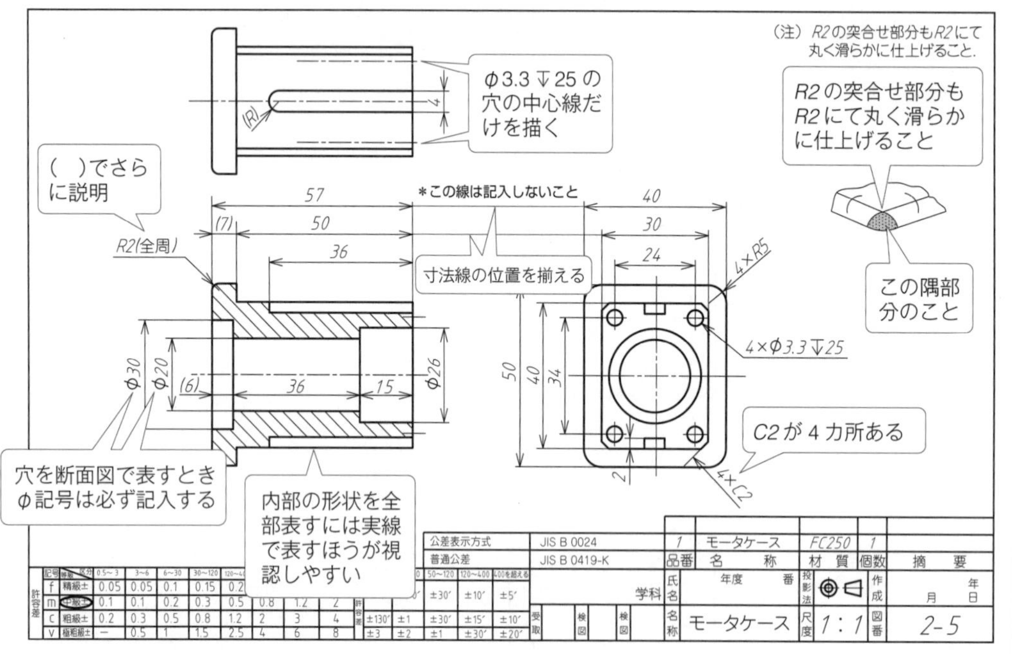

かくれ線で描いた図例（まぎらわしい図例）

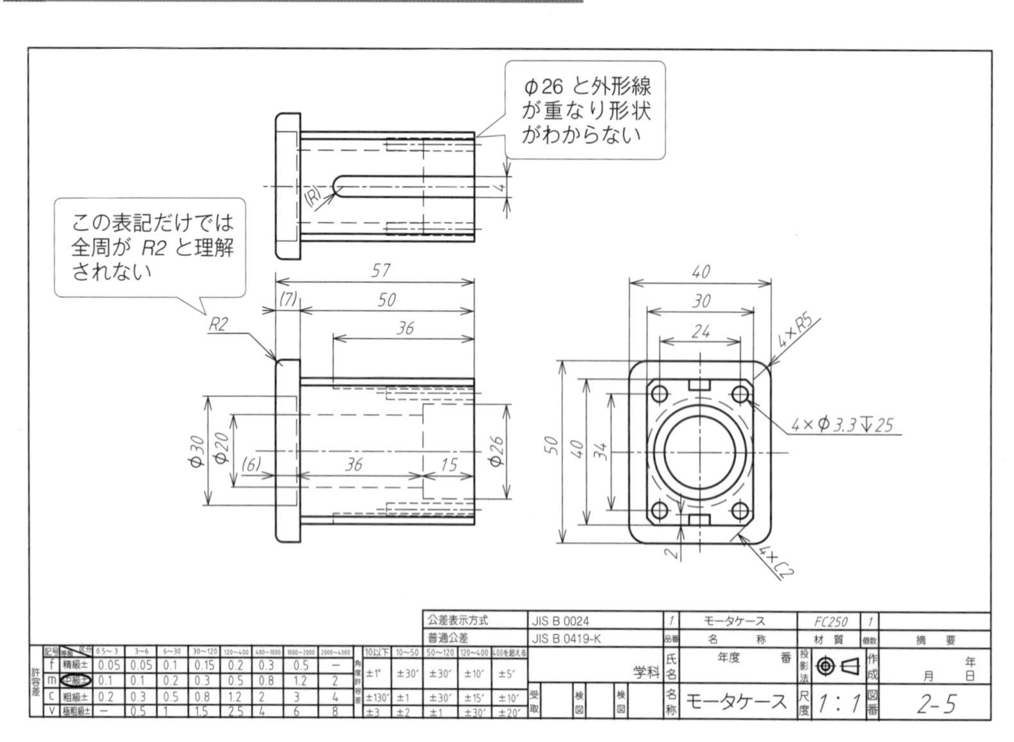

POINT

かくれ線の描き方

かくれ線は破線で描く．始点や終点をはっきりさせるため，破線の両端は相手線に接する．

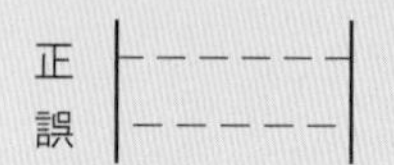

線の交差点での注意

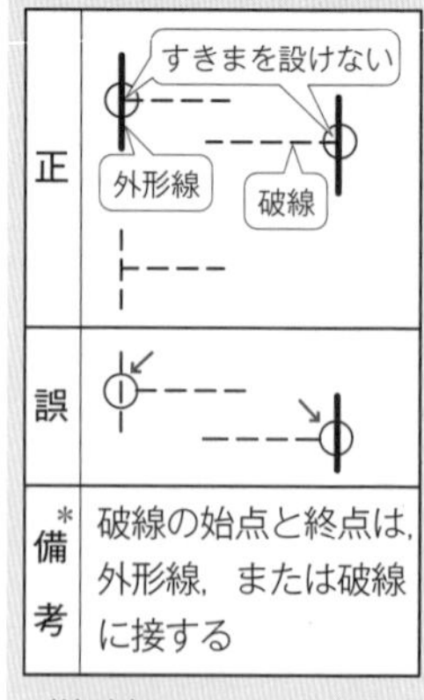

（注意）

複雑な図面では，実線，かくれ線，寸法線などが入り混じり，図が見にくくなるので，かくれ線は用いるべきではない．

（解説）

＊は，CAD 図面では，なりゆきでよい．

2.4 断面図

2.4.2 全断面図と片側断面図

図面を全断面にするか片側断面にするかは設計者が判断する．

全断面図

全断面図は，断面の詳細が明確になるが，外観形状が想像しにくい．

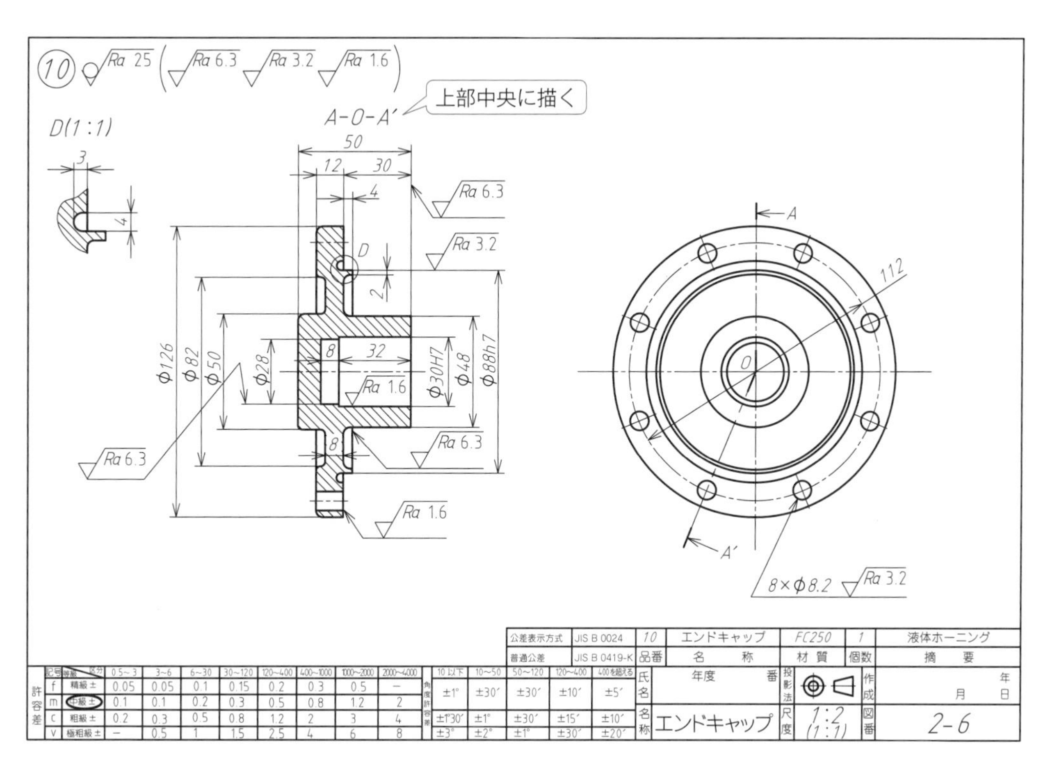

片側断面図

片側断面図は，断面の構造と外観形状の両方を示すことができるが，片矢による寸法表示が多くなり，一部の形状や寸法の表示が難しいことがある．

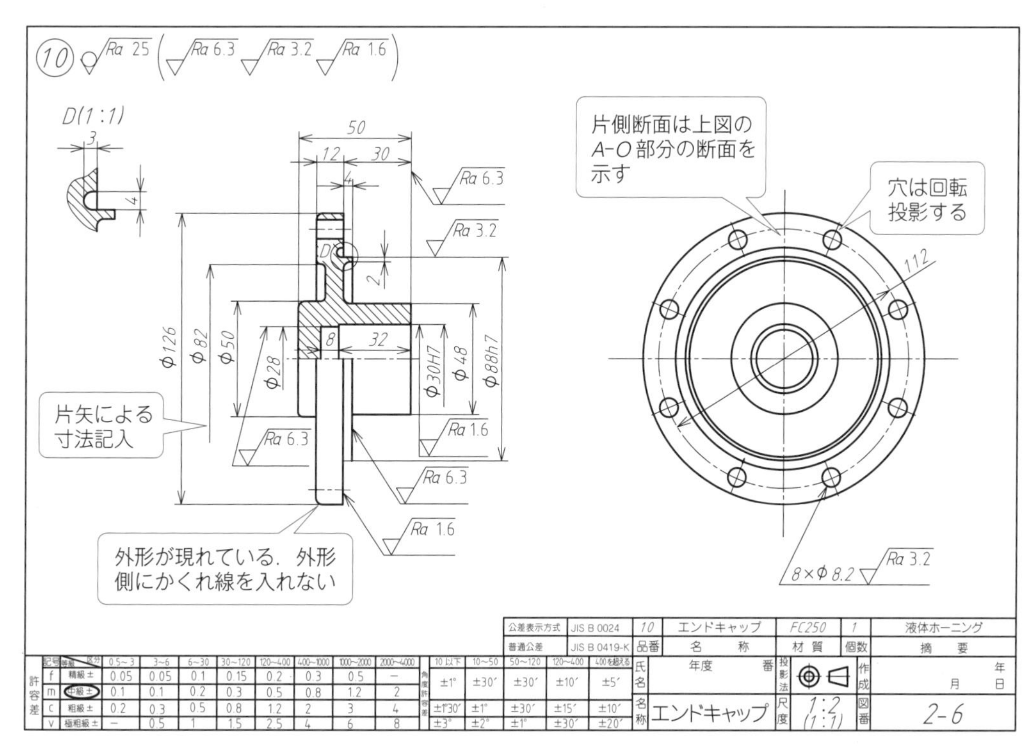

NOTE

液体ホーニング
脱脂・防錆（ぼうせい）・清浄を兼ねる洗浄操作のこと

2.4 断面図

2.4.3 いろいろな断面図示法

ほかの部品との関係が複雑なとき，たとえばキーがはめ込まれている軸の場合，キー溝だけの局部投影図と部分断面図を利用すると，少ないスペースでわかりやすく表現できる．また，重要な部分の断面を組み合わせて１枚の断面図にする，組合せ断面図示法も便利である．

部分断面図の例

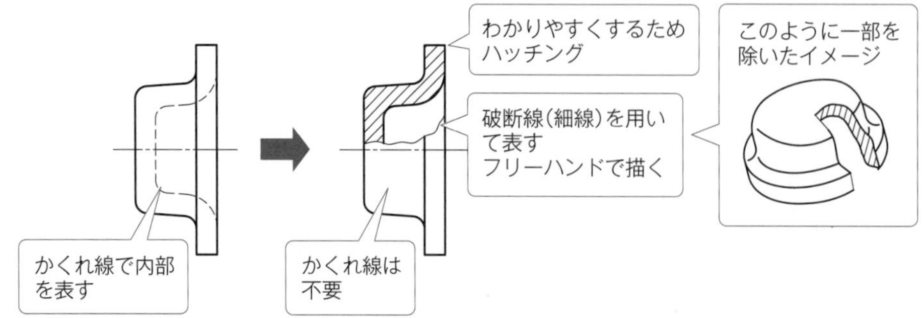

局部投影図の例

局部投影図と部分断面図と回転図示断面図を併用した例（図面内に側面図を描けない軸類の場合に使用）

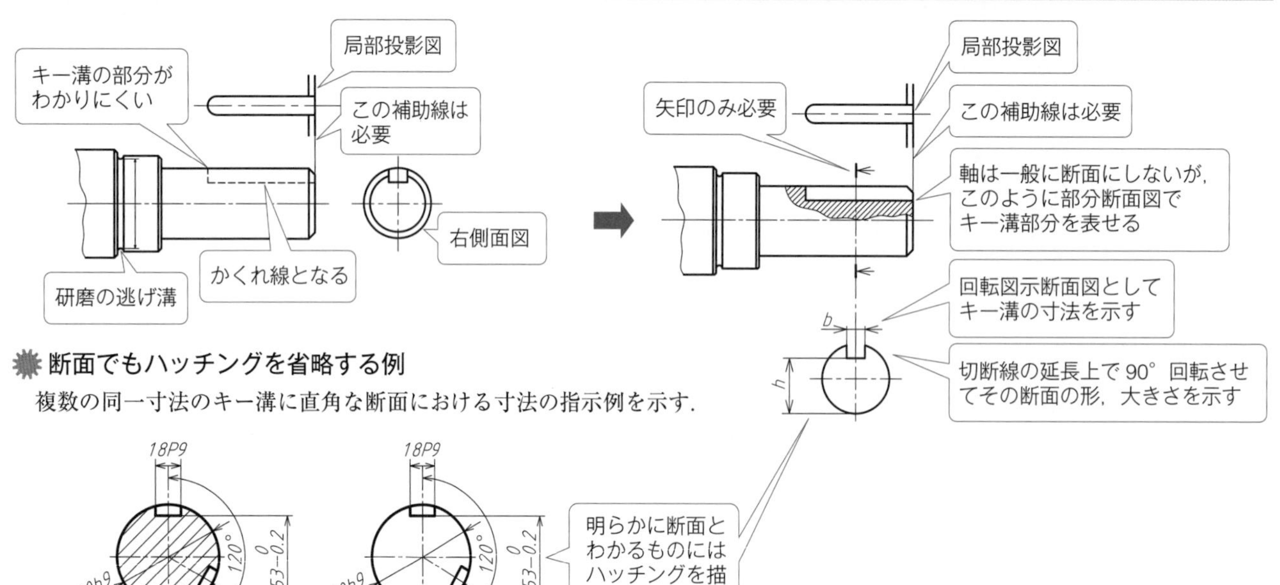

断面でもハッチングを省略する例

複数の同一寸法のキー溝に直角な断面における寸法の指示例を示す．

複数の合成した断面の例

平行な二つ以上の平面で切断した断面図は，必要部分だけを合成して図示できる．

この場合，切断線によって切断の位置を示し，組合せによる断面図であることを示すために，二つの切断線を任意の位置でつなぐ（C−B）．

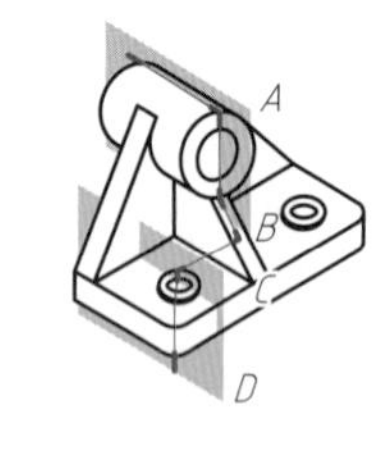

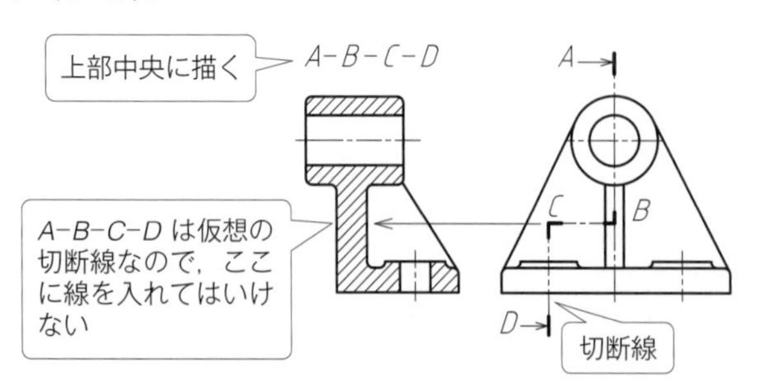

階段状の断面の例

平行な二つ以上の平面を階段状に組み合わせ，合成して図示できる．

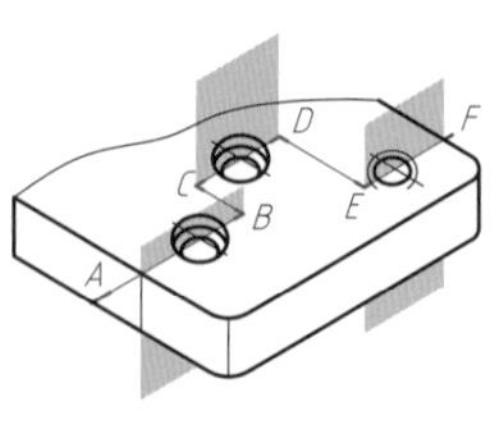

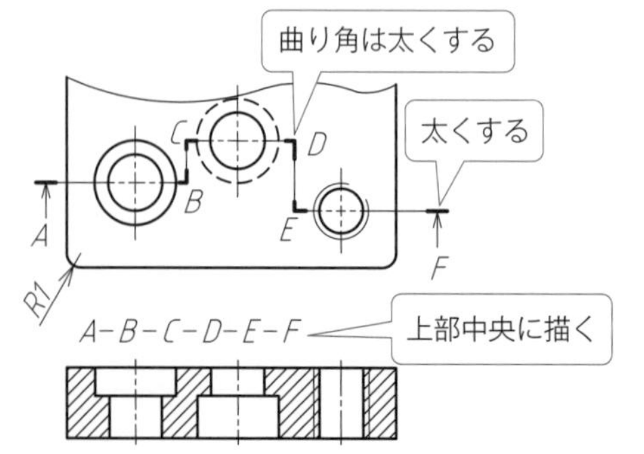

2.4 断面図

2.4.4 回転投影図，回転図示断面図

品物の形状を少ない図面で正確に伝たいとき，回転投影図や回転図示断面図が役立つ．たとえば，ハンドルや車輪などのアーム，リム，リブ，フックおよび構造物の部材などで用いる．

一部を回転させて作図する回転投影図

品物を構成する部分がある角度をもつため，そのまま投影すると正面図にその実形が現れない場合やわかりにくい場合に，その部分を回転させて実形を示す図を回転投影図という．

正しい正面図

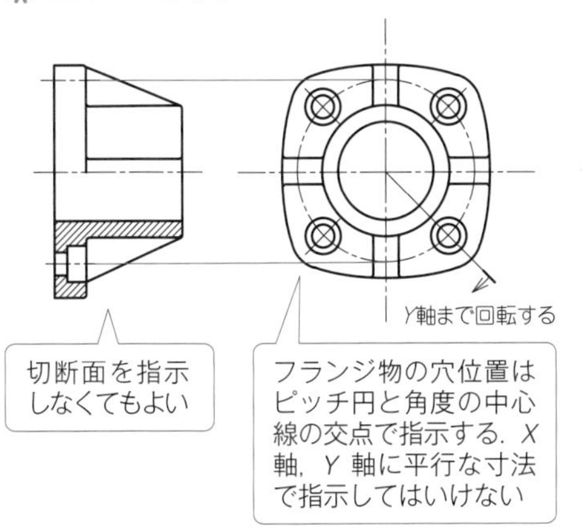

間違った正面図

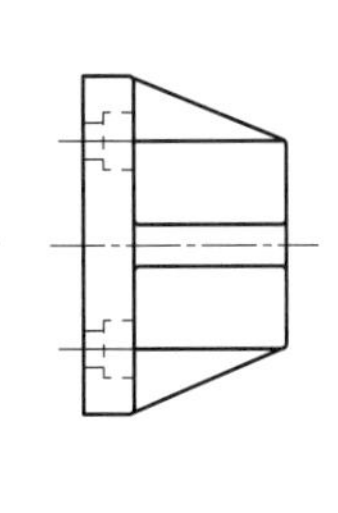

正しい三面図

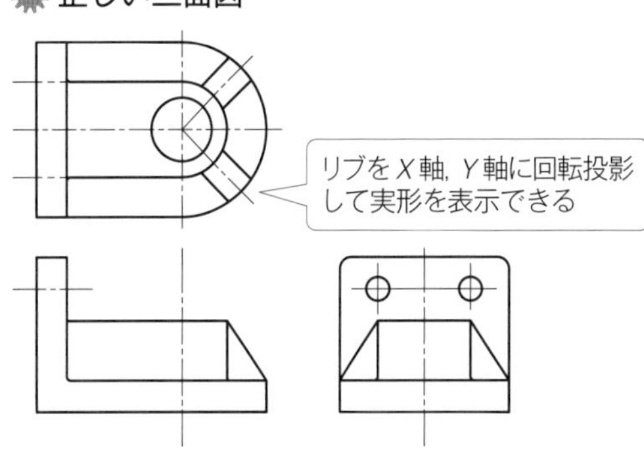

間違った正面図

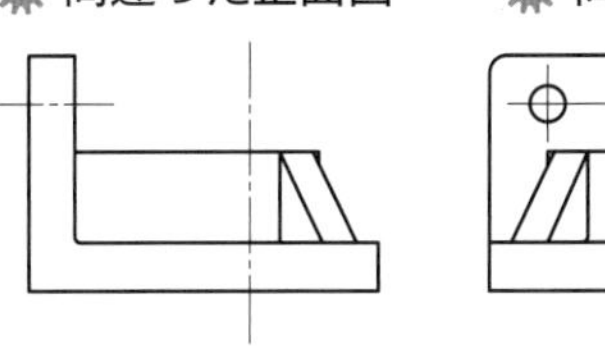

間違った側面図

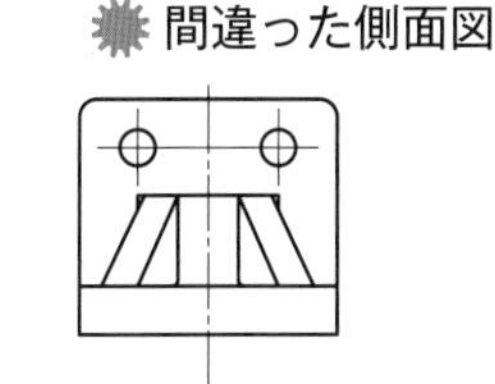

回転図示断面図の例

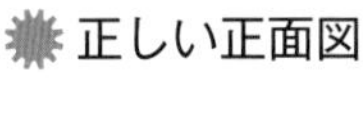

ある部分の切口の断面の形を示したい場合，その部分を90°回転させて描く回転図示断面図がある（実際は寸法も記入する）．

切断部分の前後を破断して，その間に断面を図示した場合

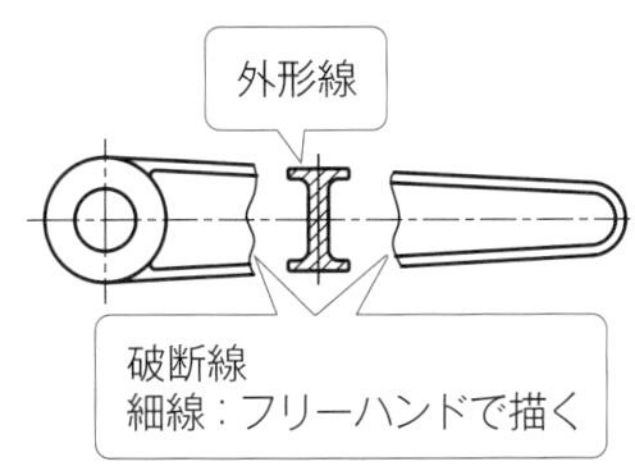

切断部分の延長上に断面を図示した場合

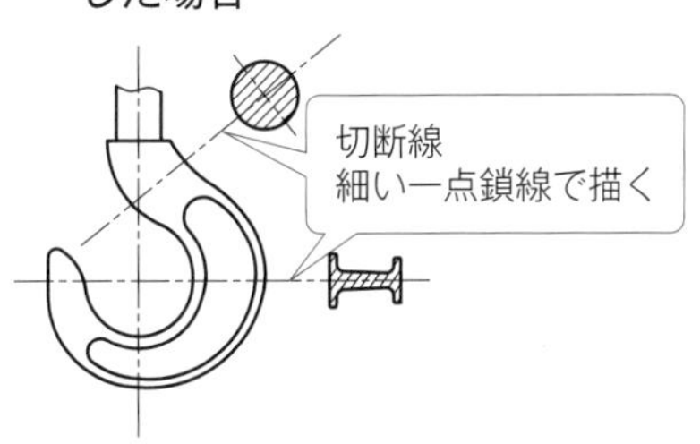

図形内の切断部分に重ねて，断面を図示した場合

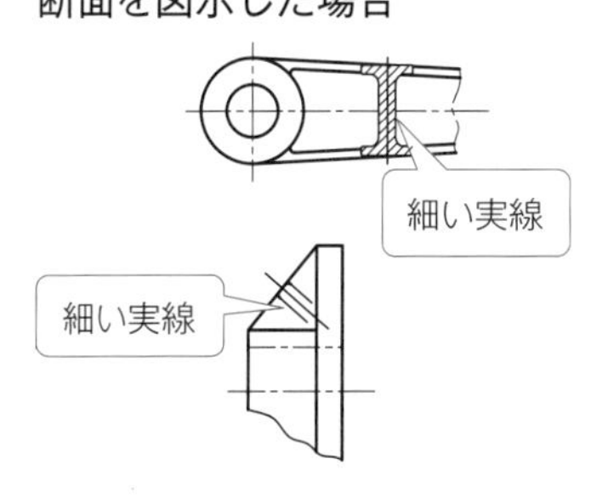

回転投影図と回転図示断面図を組み合わせた例

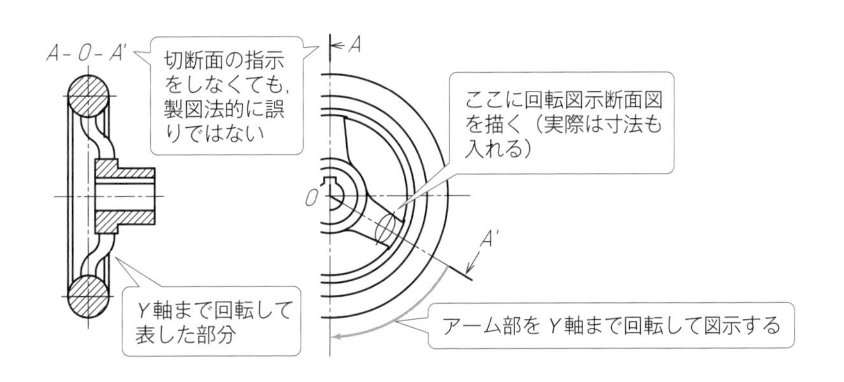

2.4 断面図

2.4.5 断面にしてはいけない部品

JIS 規格では，断面をとってはいけない部品が定められている．たとえば，歯車のアームと歯，リブは断面をとるとかえって理解しにくくなるため，軸，ピン，ナット，座金（ざがね），小ねじ，リベット，キー，鋼球，ころ軸受などは断面にする意味がないため，断面にしない．これらの部品は外観図を描くが，必要に応じてその周囲を部分断面にしてもよい．

立体図

この立体図の総組立図を断面図で描くことを考える（立体はわかりやすいように半分に切断して示している）．

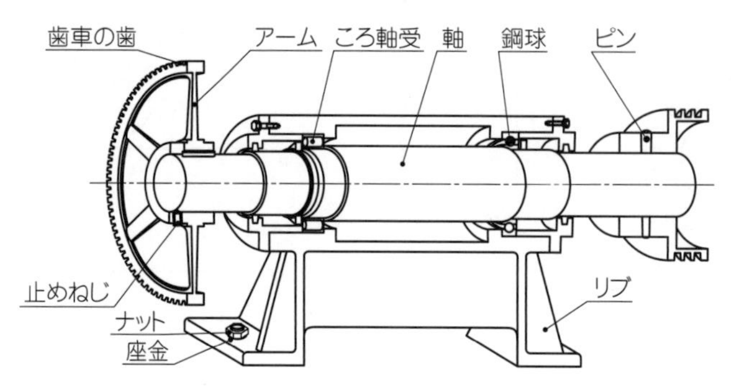

正しい図例

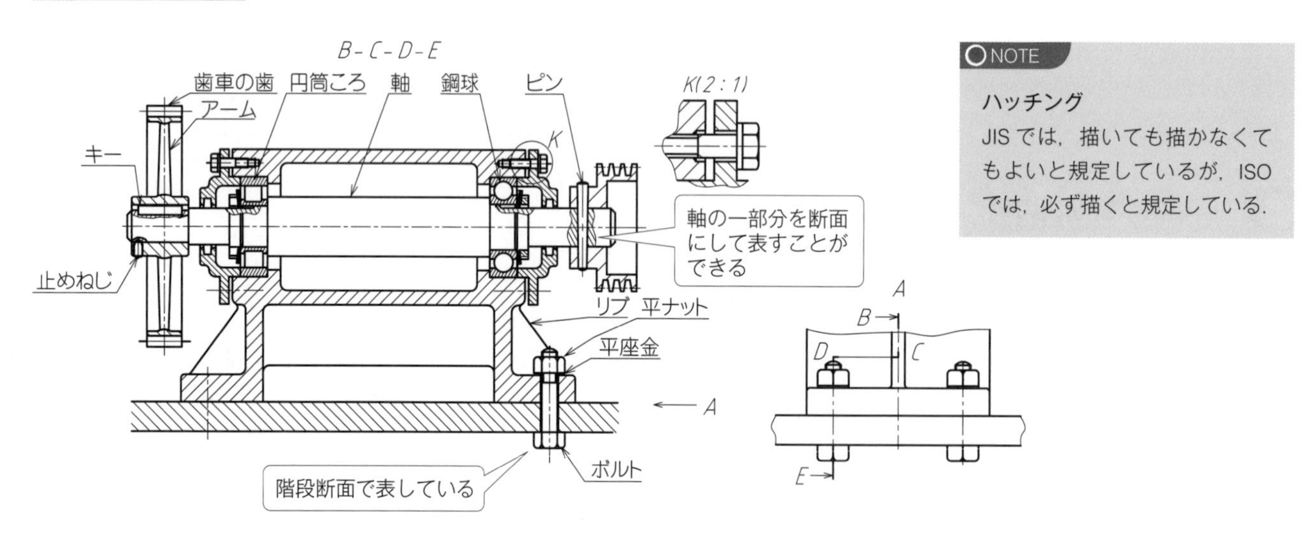

NOTE

ハッチング

JIS では，描いても描かなくてもよいと規定しているが，ISO では，必ず描くと規定している．

誤ってすべての部品を切断した図例

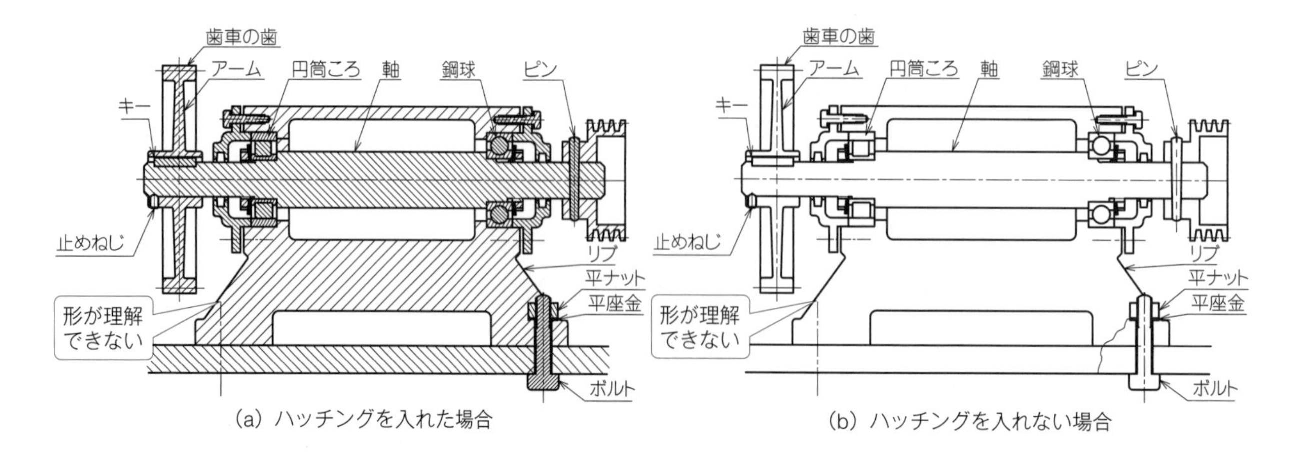

(a) ハッチングを入れた場合　　(b) ハッチングを入れない場合

2.5 エッジ

2.5.1 機能性をもたないエッジ

エッジとは，二つの面の交わり部のことで，角（かど）(外縁エッジ, external edge) と隅（すみ）(internaledge) に分けられる．サイズ公差内にあるエッジは，指示がない限り何も処理されない．意図的な性能機能はなくても，安全上（鋭利な角による指のけが防止など）や外観上（美観や安定性），処理が必要な場合がある．このときは，注記欄に「糸面をとること（0.3 ～ 0.5 C のこと）」，「ばりのないこと」などの指示をし，図面には半径 R や面取り C を記入する．

半径 *R* の記入法

・円弧の中心から半径と同じ長さの矢印を描く．

誤った記入例

NOTE

狭い場所への記入例

矢印や半径寸法を記入する余裕がないときには，矢印と寸法を外側に描く．
なお，半径は表示寸法の長さで記入すること．

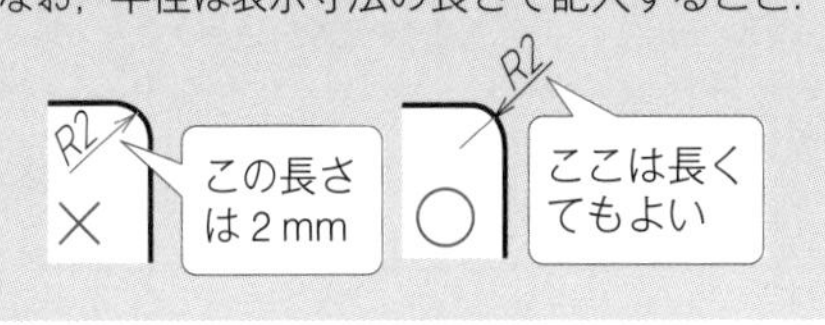

面取り *C* の記入法

・面取りの面やその引出線に直角に矢印をあてる．
・矢印の長さは問わない．

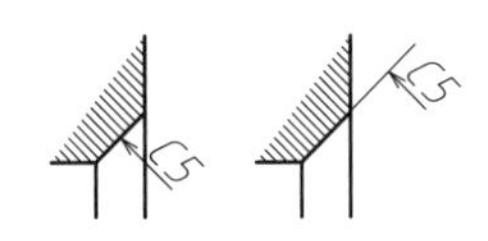

誤った記入例

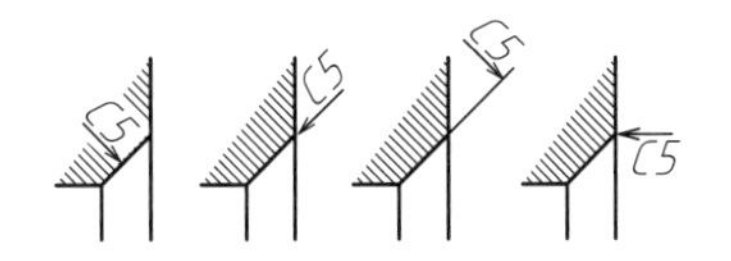

C と *R* の図面への記入

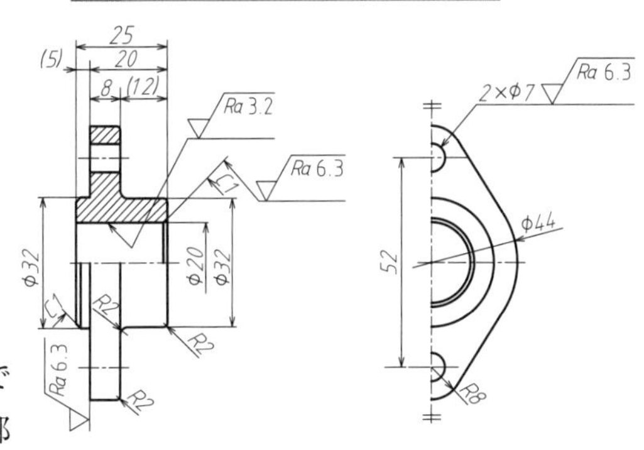

コントロール半径

通常の R 指示では，(a) ～ (c) のような段差や表面の凹凸を規制できない．これに対して，(d) のような直線部と半径曲線部との接合部が滑らかであり，最大許容半径と最小許容半径との間に半径を存在させたい場合（(e)），半径数値の前に記号 CR をつけて指示する（(f)，(g)）．

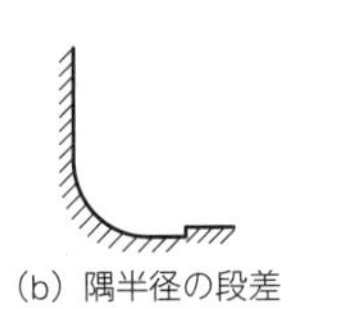
(a) かど半径の段差

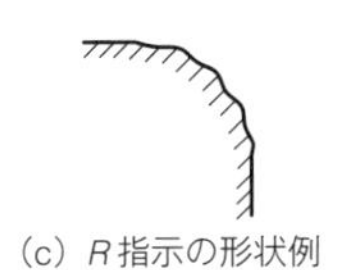
(b) 隅半径の段差

(c) *R* 指示の形状例　(d) *CR* 指示の形状例

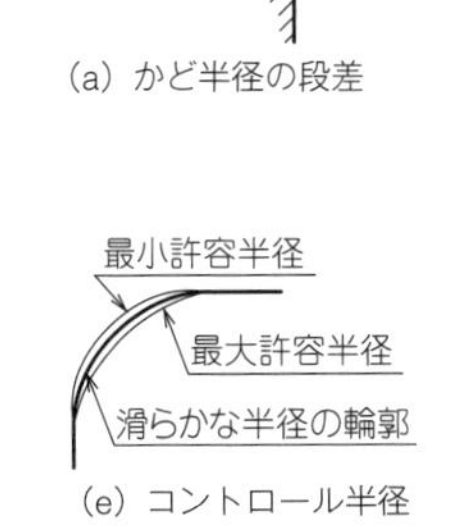

(e) コントロール半径

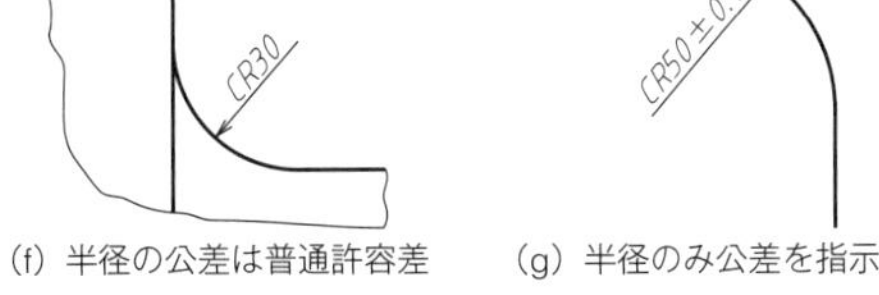

(f) 半径の公差は普通許容差　(g) 半径のみ公差を指示

NOTE

半径と直径の寸法記入の区分

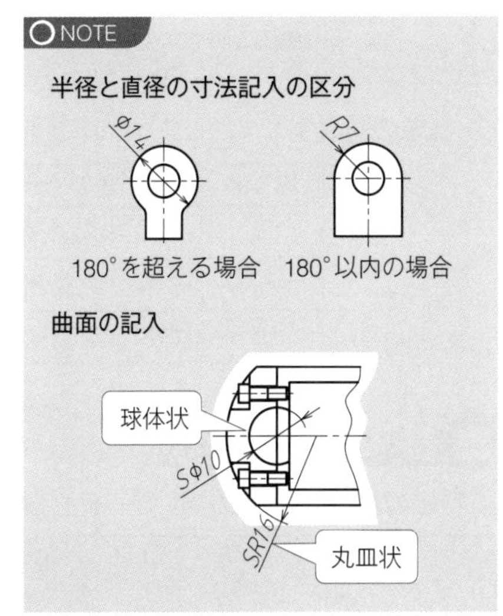

いろいろな半径 *R* の記入例

異なる半径の円弧が連続する場合

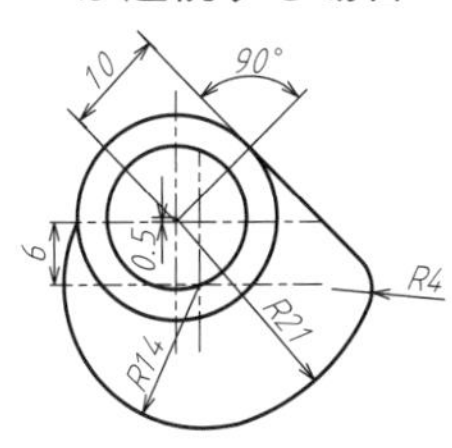

半径が大きくて中心を正寸で示せない場合

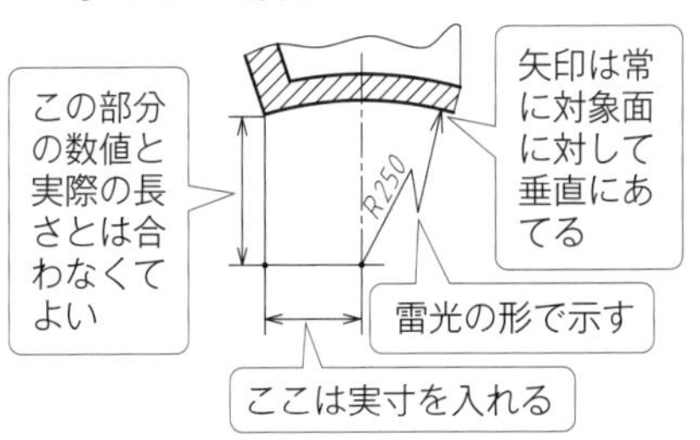

幅によって半径の描き方が変わる
（キー溝は CAD であっても (*R*) と描く）

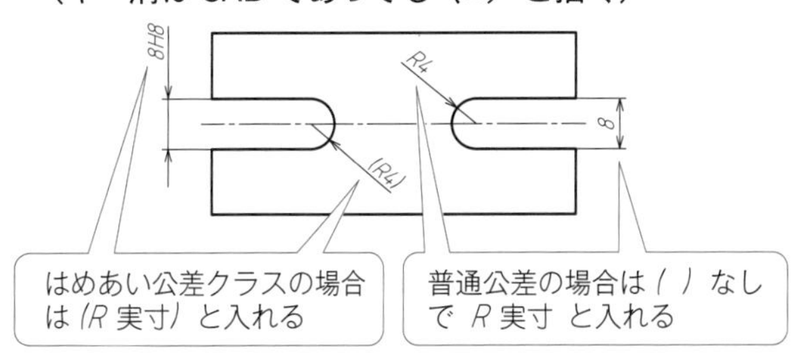

2.5 エッジ

2.5.2 機能するエッジ（機能性エッジ）

意図的にエッジに性能や機能をもたせる場合を対象に，JIS B 0051 と JIS B 0721 が制定されている．ここでは個別にエッジの種類と許容差を指定する方法，指示例や実例を示す．

エッジの状態の種類

表の 4 状態とも機能として利用する．

エッジの状態	意　味	角の図例	隅の図例
鋭利なエッジ（sharp edge）	正しい形状からほぼゼロに近い偏差をもつ，角または隅のエッジ	部品　部品	部品　部品
ばり（burr）	角のエッジにおける，加工または工程上の残留物	部品	—
アンダーカット（under cut）	正しい形状から内側への偏差をもつ，角または隅のエッジ（切れ込み）	部品	部品
パッシング（passing）	正しい形状から外側への偏差をもつ，隅のエッジ	—	部品

状態の大きさの指定

アンダーカットの例　　パッシングの例

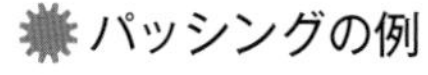

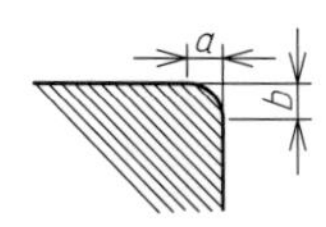

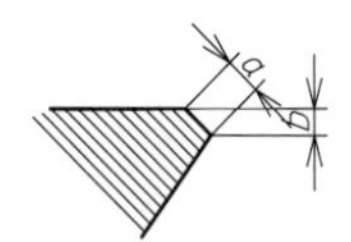

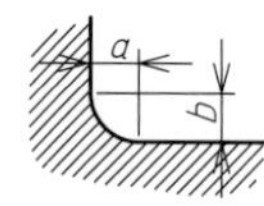

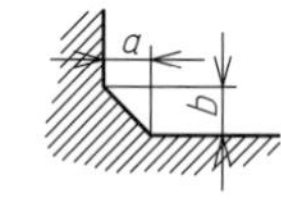

状態を示す記号と方向

基本記号

矢印の長さは文字高さの 1.5 倍以上

（単位：mm）

文字高さ	3.5	5	7	10	14
線の太さ	0.35	0.5	0.7	1.0	1.4
記号高さ	5	7	10	14	20

状態の記入例

記入例	角のエッジ	隅のエッジ	図示記号	記入例
+	ばり，~~アンダーカット~~	パッシング，~~アンダーカット~~	+	+ 0.2
−	~~ばり，~~アンダーカット	~~パッシング~~，アンダーカット	−	− 0.15
±	ばり・アンダーカット	パッシング・アンダーカット	±	± 0.1

エッジの表面性状

特定の形体にエッジの品質等級を指示できる．

表面性状 Ra	A 級 $Ra \leqq 0.2$	B 級 $0.2 < Ra \leqq 0.8$	C 級 $0.8 < Ra \leqq 3.2$
表面うねり，ツールマーク，筋目方向	拡大視ツールマークは認めない．	エッジ稜線と交差する筋目方向は認めない．	—
表面欠損	拡大視× 40 で，ばり，きず，欠陥は認めない．	拡大視× 20 で，ばり，きず，欠陥は認めない．	拡大視× 10 で，ばり，きず，欠陥は認めない．
識別記号	*T*−*1*（超平滑表面）	*T*−*2*（平滑表面）	*T*−*3*（粗滑表面）

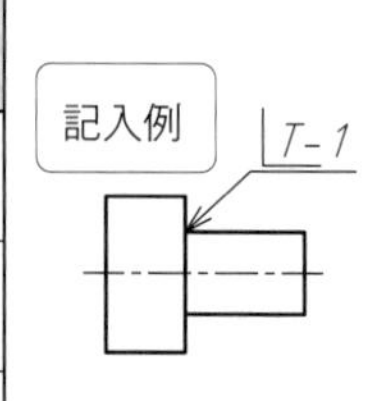

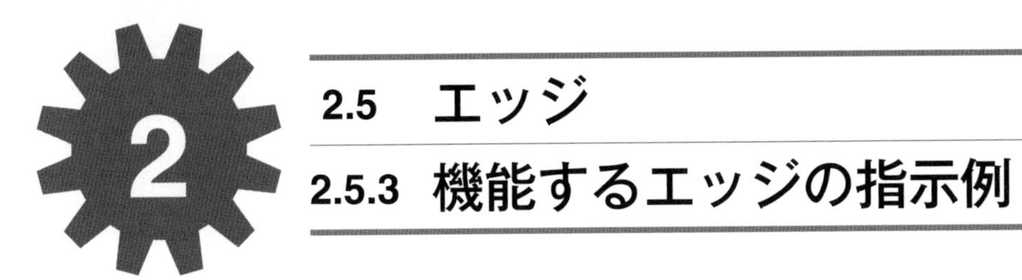

2.5 エッジ

2.5.3 機能するエッジの指示例

指示例	意味	説明
+0.3		角は 0.3 mm までのばりを許容するが，方向は指示しない．
+0.3 −0.1		ばりは 0.3 mm まで，アンダーカットは 0.1 mm まで許容するが，方向は指示しない．
−0.3		隅のアンダーカットは 0.3 mm まで許容するが，方向は指示しない．
+0.3		角は 0.3 mm までのばりを許容し，方向を指示する． +0.3 なら
−0.3		角はばりを許容しないが，アンダーカットは 0.3 mm まで許容する．
−0.3		アンダーカットは 0.3 mm まで許容し，方向を指示する． −0.3 なら
+0.2		隅のパッシングは 0.2 mm まで許容する．

2.5 エッジ

2.5.4 機能するエッジの実例

小型密閉型圧縮機の例

小型冷凍機用圧縮機は，インバータによって 800 rpm から 7500 rpm の間で安定した長期間の連続運転を保証する必要がある（r.p.m.：1 分間の回転数）．部分作図したおのおのの部分のエッジは，性能に直接関連するきわめて重要な管理部分である．

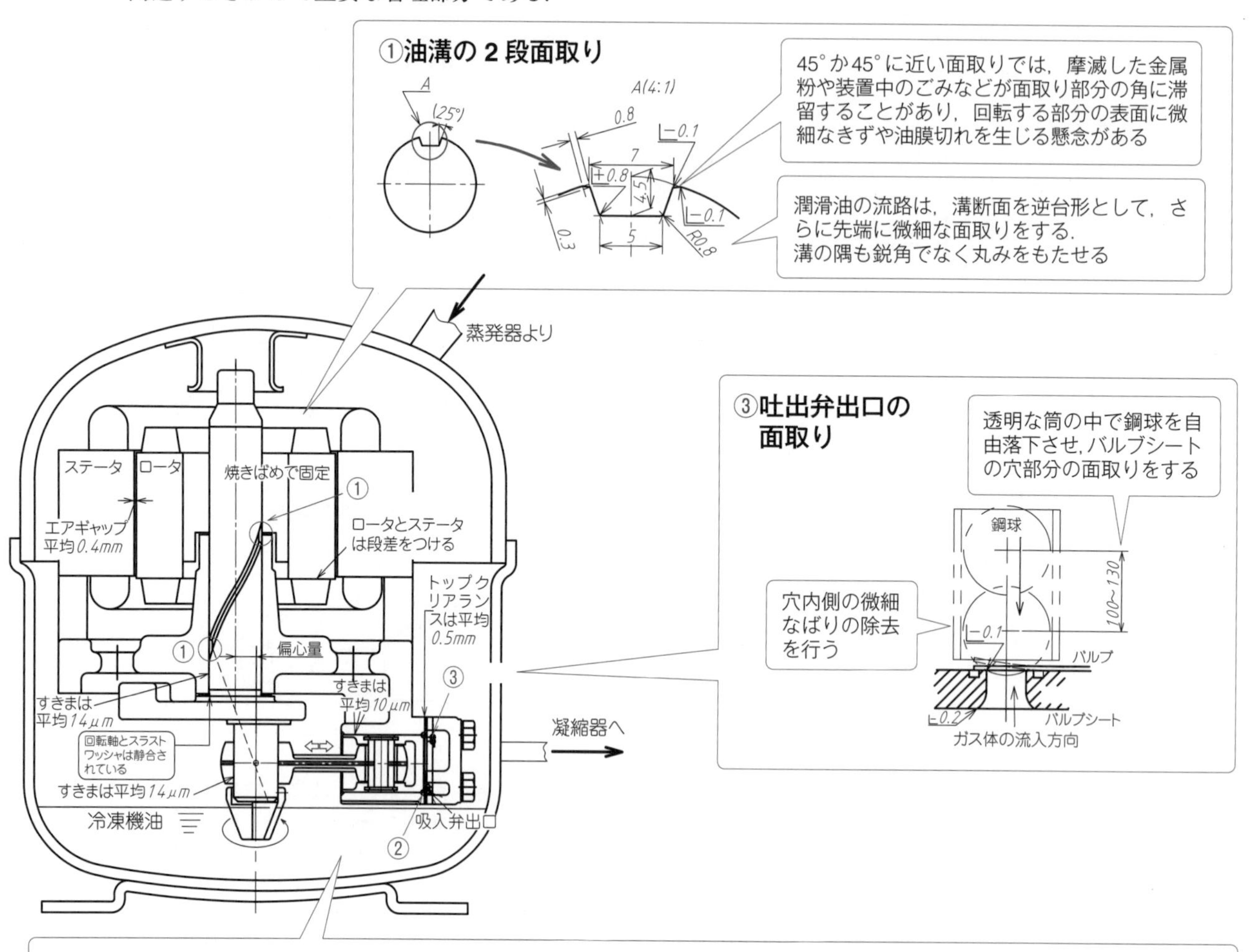

②ピストン頂部の稜

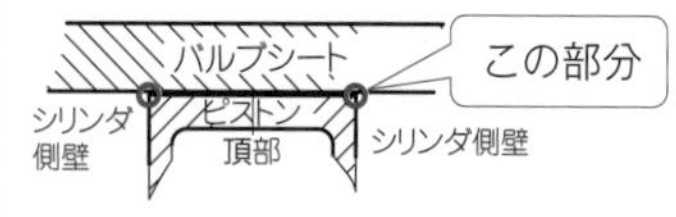

ピストン頂部の稜の面取り部分の微細なばりの有無，および面取り寸法精度は，圧縮機の信頼性，容積効率（実際のピストン押しのけ量/理論上のピストン押しのけ量）に直接影響してくる．とくに小型のものでは，わずか 0.1 mm の削りすぎが，容積効率で 2%から 4%の効率低下につながる．

逆に，ピストン頂部に 0.2 mm 程度でもばりが残ると，油膜をかきとって 1500～2000 Hz の騒音源となり，また製品寿命の低下にもつながる．

ピストンが鋳物で製作される場合

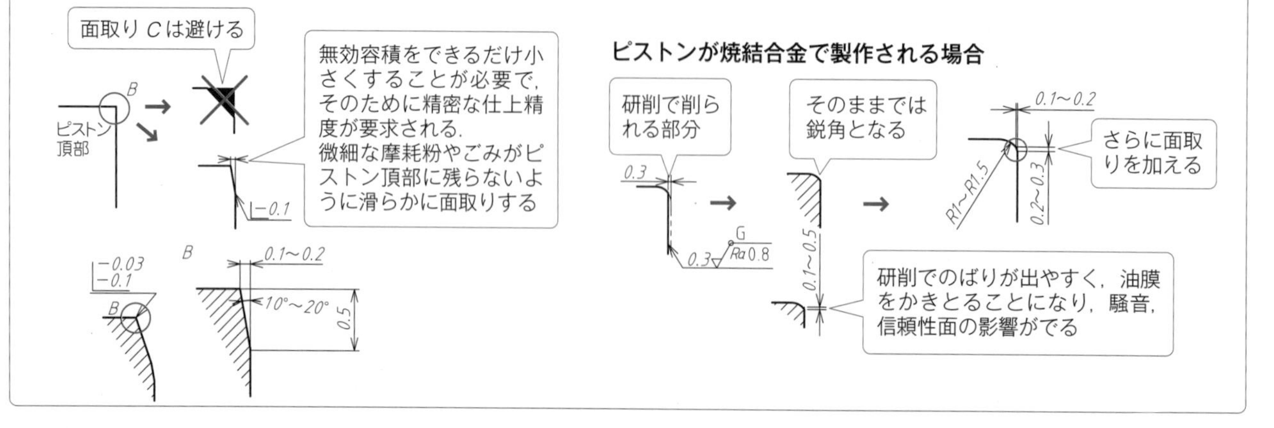

2.6 テーパと勾配
2.6.1 テーパと勾配の描き方

穴や軸が対称に傾斜している場合をテーパ，面の片側だけが傾斜している場合を勾配という．テーパと勾配の記号は，それぞれの形状と同じ向きに記入する．

テーパの記入

正しい記入例

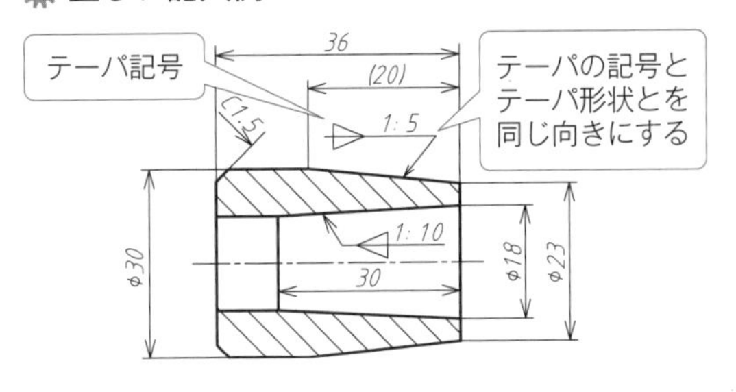

誤った記入例

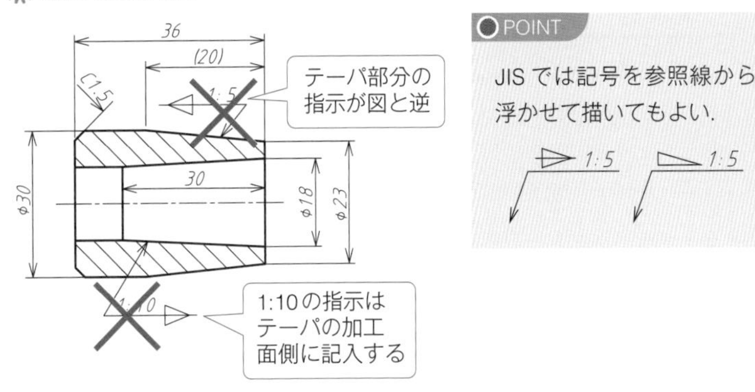

POINT

JIS では記号を参照線から浮かせて描いてもよい．

2方コックのテーパの記入例

コックは弁体を回転させて流れをオン・オフする．

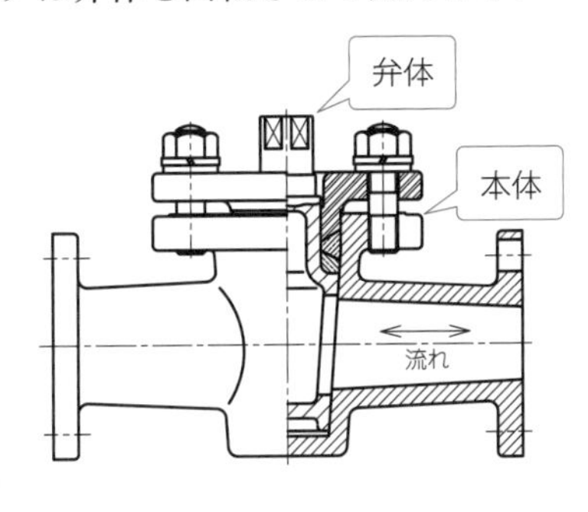

弁体

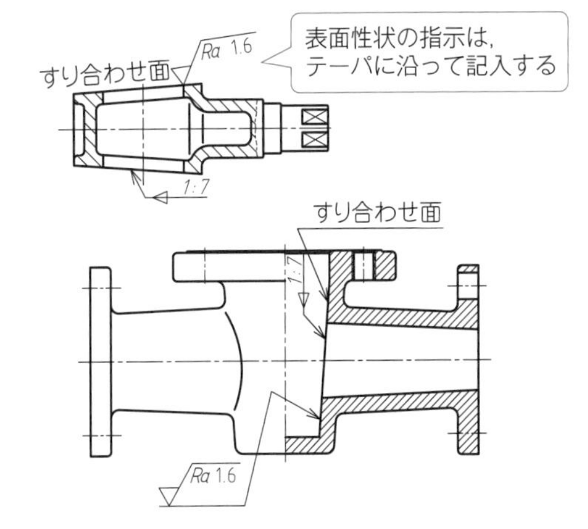

勾配の記入

可変径リーマの例

左右の固定用特殊ナットの位置を調節することで，切削刃はスピンドルの勾配に沿って溝の中を滑っていく．切削刃が所要の外径になると固定用特殊ナットを締付けて切削刃を固定する．

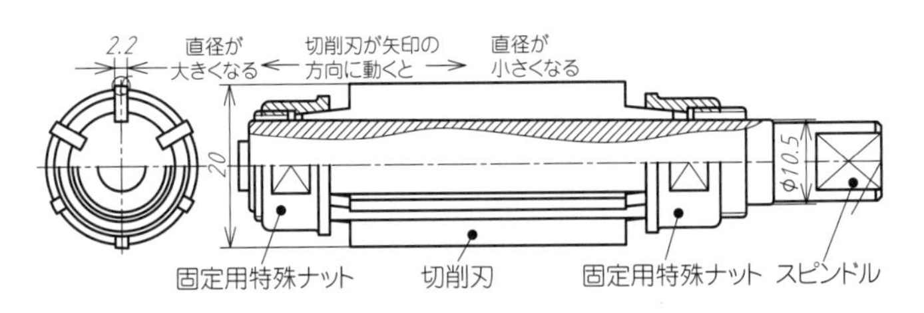

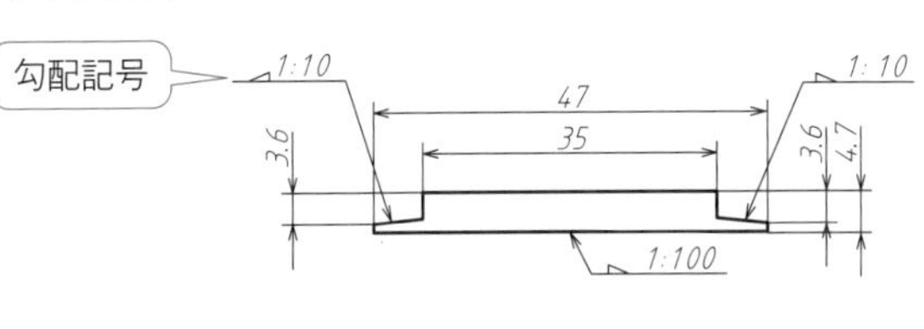

頭付き勾配キーの取付例

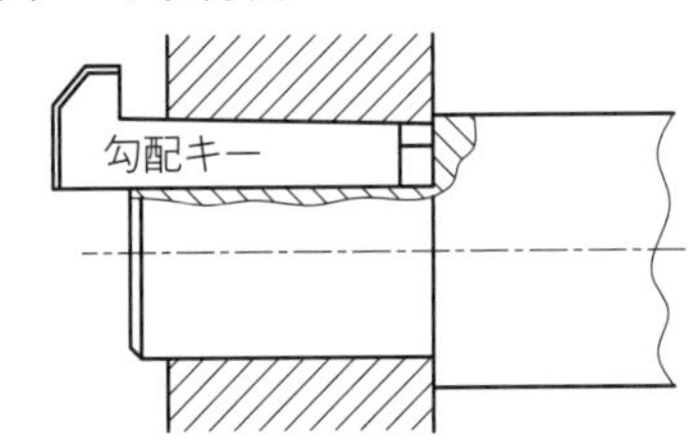

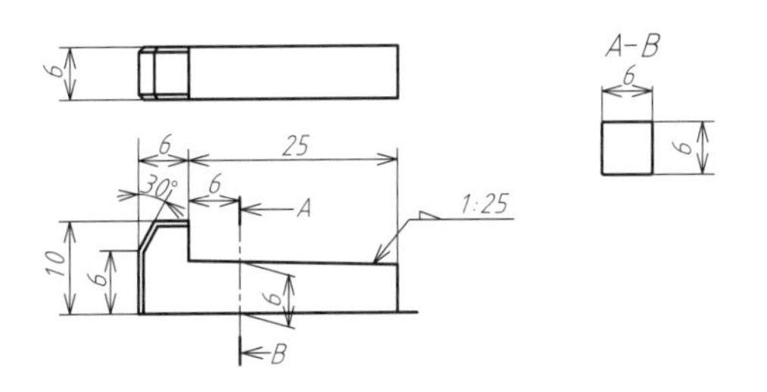

2.7 いろいろな穴や溝の描き方

2.7.1 貫通穴，止まり穴，ざぐり穴，テーパピン穴，止め輪溝の寸法表示

穴には，貫通穴，止まり穴，それらに切られているめねじ，およびボルト・ナットの据わりをよくするためのざぐり穴や，ボルトやねじの頭部を沈める深ざぐり穴がある．

下穴，ざぐり穴，テーパピン穴，止め輪溝の寸法は，JIS で決められている（資料編 B 参照）．

寸法補助記号のほかの描き方は 2.2.2 項参照．

貫通穴，止まり穴の寸法表示例

・図面の注記には，「穴部端部は C0.3，C0.5」や「糸面取りのこと」と具体的に指示する．

・平面図での指示方向は引出線でするが，これは断面図でも使用できる（赤い引出線）．

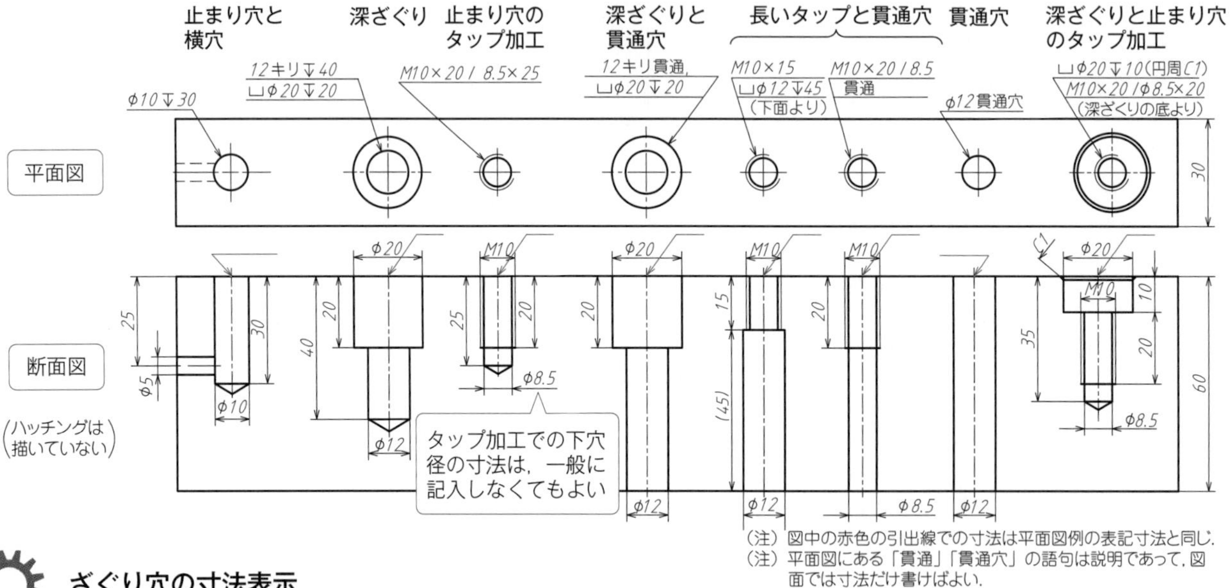

ざぐり穴の寸法表示

断面図では，形に直接指示できる．

ざぐり穴

ボルトの据わりをよくする．

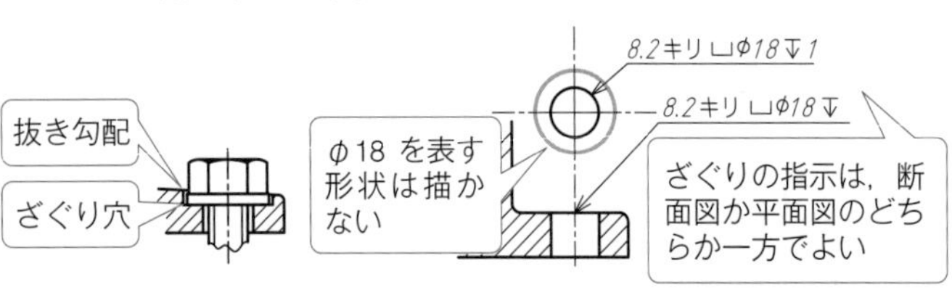

深ざぐり穴

ボルトの頭を沈める．

皿ざぐり穴

皿ねじの頭を沈める．

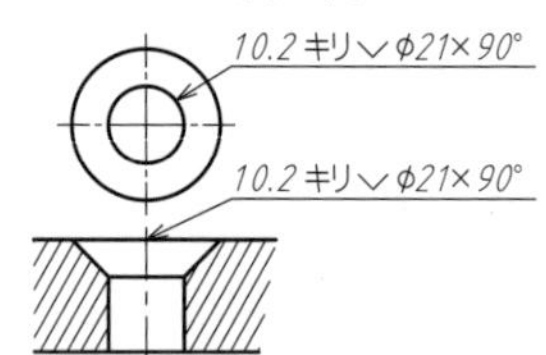

テーパピン穴の寸法表示

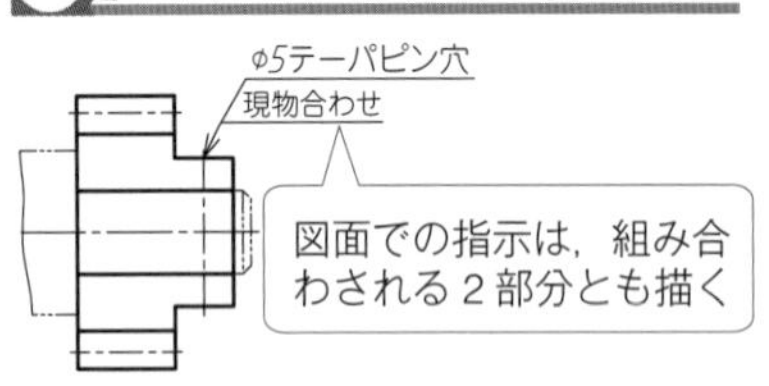

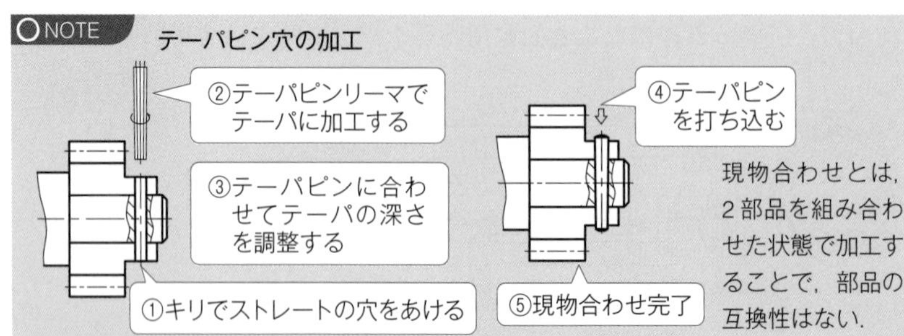

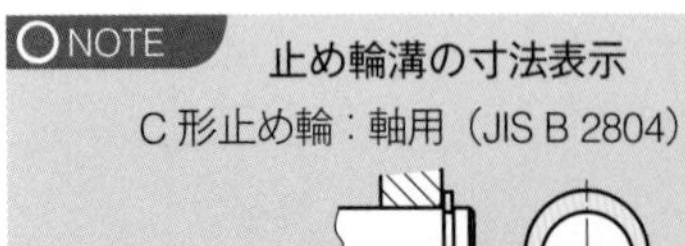

NOTE

止め輪溝の寸法表示

C 形止め輪：軸用（JIS B 2804）

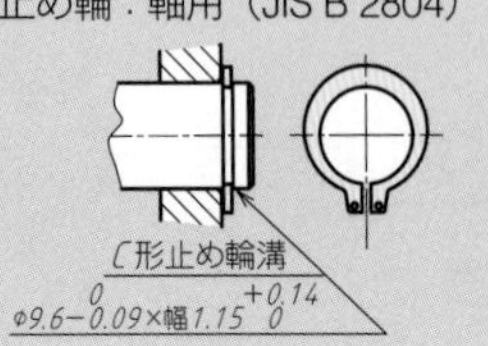

C 形止め輪：穴用・軸用（JIS B 2804）

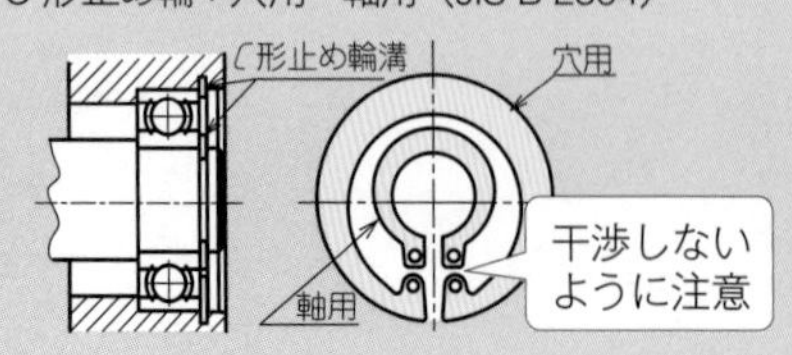

E 形止め輪（JIS B 2804）

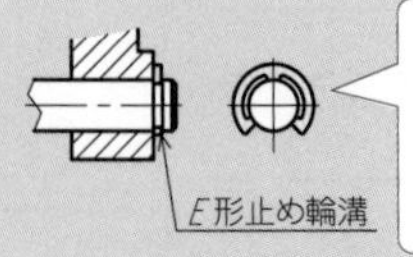

事務機，家電製品，音響製品など比較的軽負荷の製品に使用されている

2.8 JISでは規定されていない慣習

2.8.1 軸や，軸が通る穴の図面への配置

軸や，軸が通る穴は，長手方向に加工することを考えて，図面は横長に描く．これはJISでは規定されていないが，慣習的に決まっているので従ったほうがよい．

正しい図例

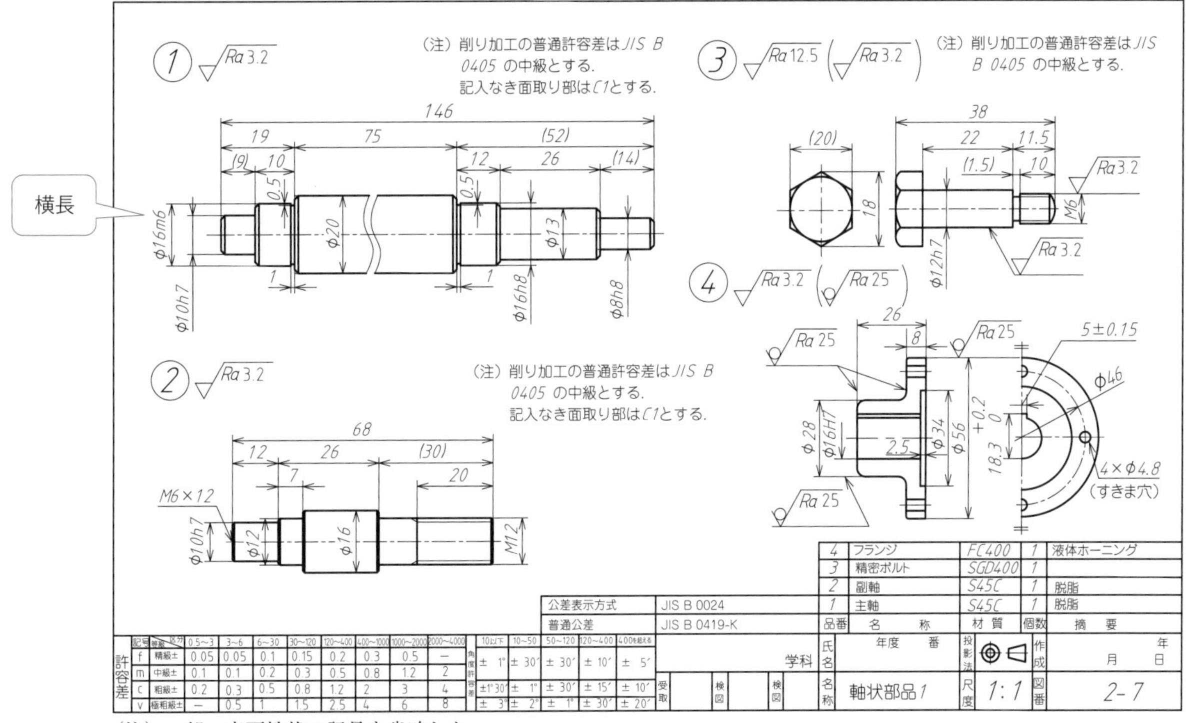

(注) 一部，表面性状の記号を省略した．

誤った図例

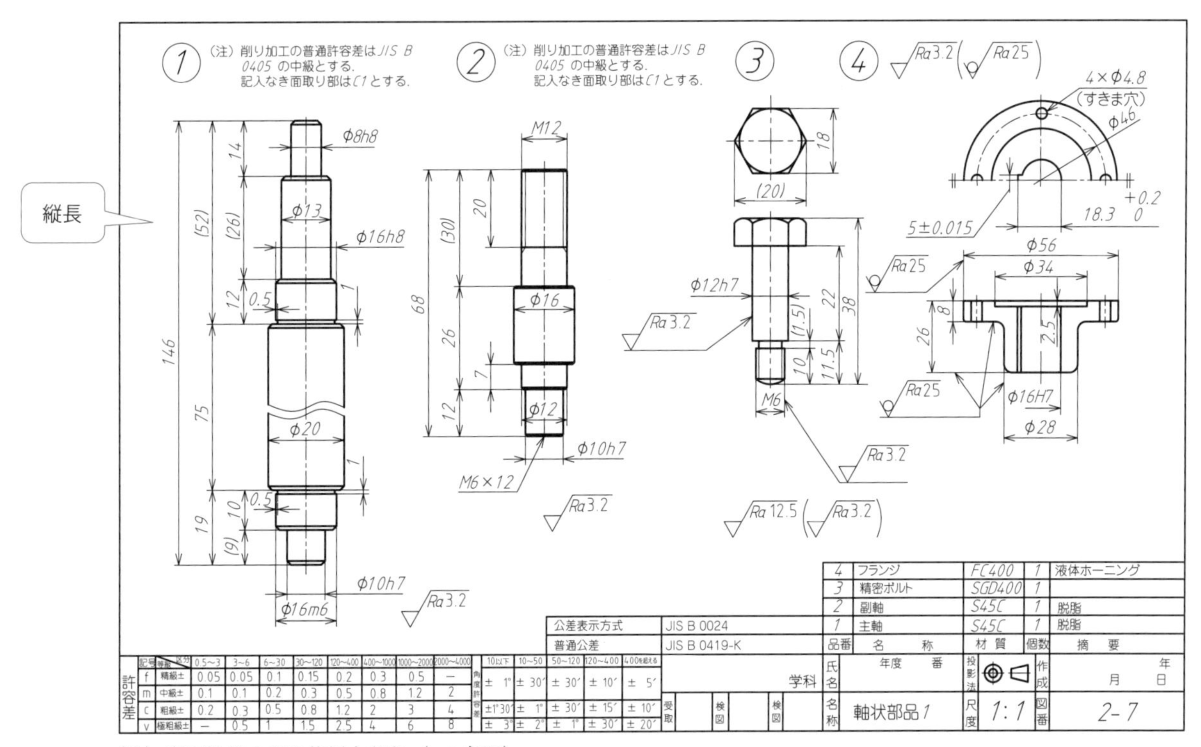

(注) 表面性状の記入位置も誤り（p.3参照）．

2.8 JISでは規定されていない慣習

2.8.2 覚えていると便利な慣習

おねじ・めねじの逃げ（ぬすみ）

ねじの逃げまたはぬすみとは，おねじとめねじのピッチの1.5～2倍の長さを谷の径または山の径になるまで削り，不完全ねじ部をなくす方法である．これは，ねじ部の先の部分にほかの部品を密着させるための機能をもつ．

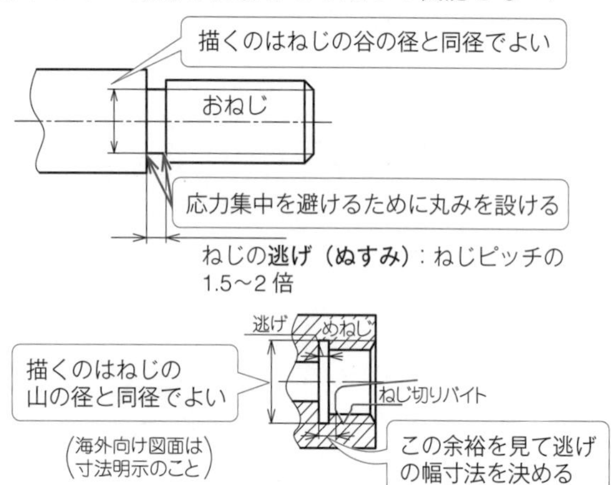

おねじの谷の径（d1），めねじの内径（D1）の描き方

$d1=0.8\,D=D1$ で描く．ねじの呼び径 $d=D$．たとえば，呼び径が20なら $h=2$ mm（呼び径はp.43参照）で描けばよい（呼び径＝ねじの呼び）．

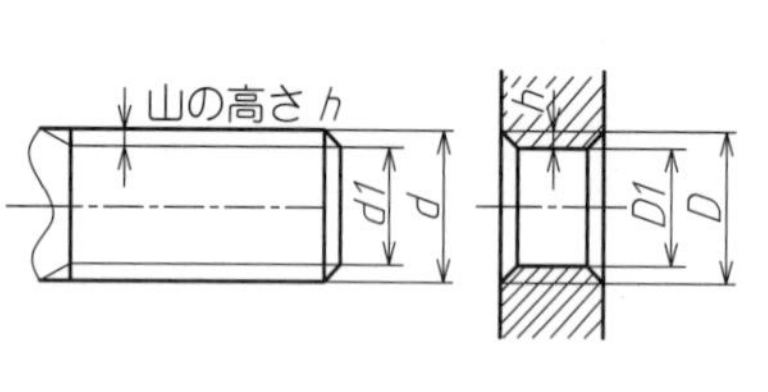

バーリング部の有効ねじ数

バーリング部の有効なねじ山数は最低でも3～3.5山にする．

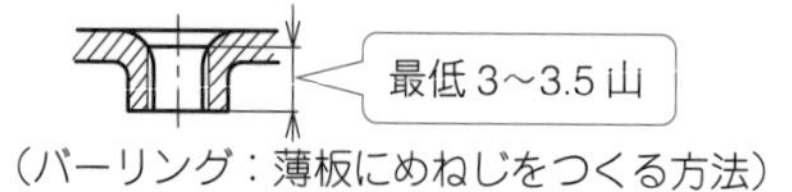

ボルト貫通の取付穴（すきま穴）

ボルト貫通の取付穴をすきま穴とよぶ．すきま穴の表（JIS B 1001より抜粋）をp.42に示す．

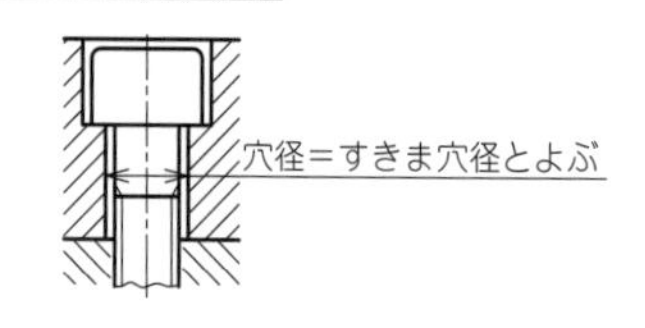

研磨用の逃げ溝

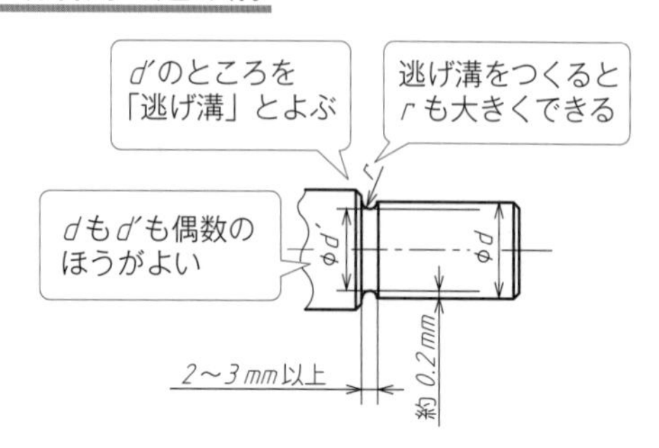

表面性状の表示

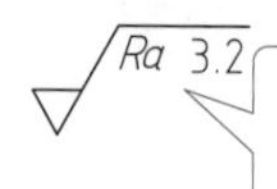

半角あけで実用上支障はないが，
・技能検定試験では全角あける
（JISでも全角あけることになっている）
・数値は直立体で書く
（CADはソフトのままでよい）

必要寸法だけ描く

配管図あるいは溶接部品などでは，完成に必要な寸法を記入するだけでよい．

実際は，部番を付けて，部品欄に名称やサイズを記す．

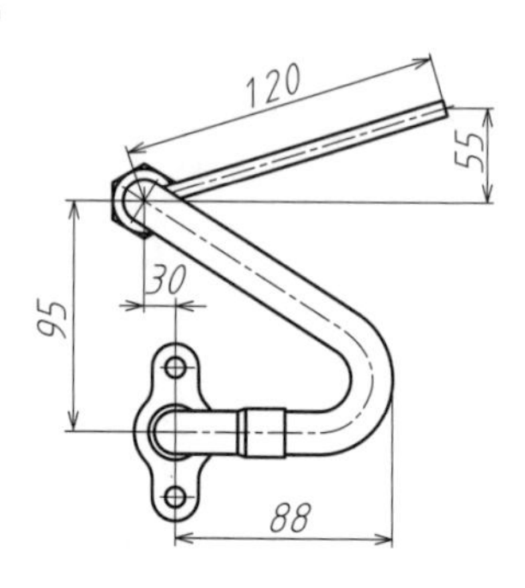

ナットの向き

ナットの向きは平面図上で対角線の向きにあわせる．

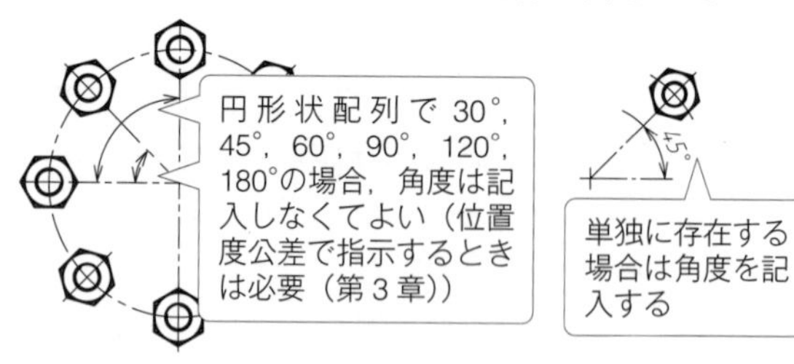

丸み数と穴数の表示

平面図上で同じ直径の穴あるいは丸みが同じ位置関係にある場合は，1カ所にその個数と寸法を記入してよい．

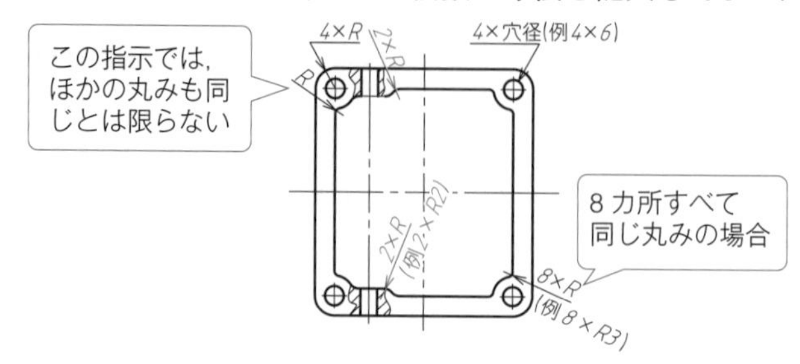

図形の大きさと寸法の尺度が異なる場合

図形の大きさと寸法尺度が異なるときは，尺度欄にNTS(not true scale)あるいはfreeと記入する．要目表があるばねや歯車などで，印刷された定形図を利用するときなどに用いる．

氏名	年度　番	投影法	◎◁	作成	年 月 日
名称		尺度	NTS	図番	参考図-15

2.9 ねじ

2.9.1 ねじ山の種類，小ねじと小ボルトの略画法

ねじという言葉には二つの意味がある．メートル並目ねじや台形細目ねじのように，らせん状の「ねじ山そのものの形と大きさ」を表す場合と，六角ボルトや十字穴付き小ねじのように，頭の部分も含めて，「部品としてのねじ全体」を示す場合である．この二つを混同してはならない．

ねじにはたくさんの種類がある．**ボルト，ナットと小ねじは，市販品を使用するので部品図は描かない（ただし，組立図では描かなければならない）**．M6 以下の小ボルトと小ナットおよび小ねじは形態が小さいので，通常は略画法で作図する．CAD の場合は，ライブラリから選んで描画することもできる．

ねじ山の種類

ねじは，物体を締付けたり，必要に応じて締付けを解くのに用いられる（ボルトやナット）．

また，二つの部品の距離を精密に加減したり（マイクロメータ），部品を移動させたり，動力を伝達させる（バイス，工作機械の送り装置）など，その用途は広い．

したがって，互換性と利用上の目的から，径，ねじ山の形式，ねじのピッチなどが規格により決められている．

	ねじ山の種類	ねじの種類	記号（例）	用途・特徴	JIS 規格
三角ねじ	メートルねじ（60°, P）	メートル並目ねじ	M8	もっとも広く用いられるねじ．締結用．	JIS B 0205
		メートル細目ねじ	M8×1 ピッチ指示必要	ピッチが小さく，緩みにくい．薄物の締結によく使われる．	JIS B 0205
	管用（くだよう）ねじ（55°, P）	管用平行ねじ	G1／2	管や配管部品の締結品．	JIS B 0202
		管用テーパねじ テーパ 1：16	R1／4	気密を要する配管や配管部品の接続用．	JIS B 0203
台形ねじ	台形断面（0.5P, P, 0.5P）	メートル台形ねじ	Tr40×7	旋盤親ねじ，ジャッキ，大型弁の開閉などの運動用ねじ用．角ねじに比べて加工が容易．	JIS B 0216
角ねじ	正方形断面（0.5P, P, 0.5P）	角ねじ（JIS にない．慣例として図の寸法が用いられる）	—	摩擦が小さく，力の伝達に適するが，加工が難しく用途が限られる．	—
ボールねじ		ボールねじ	—	摩擦が小さく，伝達効率がよい．バックラッシュが小さく，正確な位置決めを必要とするメカトロ部品などに用いられる．	JIS B 1192

小ねじと小ボルトの略画法

名称	略画	名称	略画	名称	略画	名称	略画
すりわり付き皿小ねじ		すりわり付き平小ねじ（なべ頭形状）		十字穴付き皿小ねじ		六角ナット＊	
十字穴付き丸皿小ねじ		六角穴付きボルト		すりわり付き止めねじ		溝付き六角ナット	
すりわり付き丸皿小ねじ		四角ボルト		すりわり付き木ねじおよびタッピンねじ		四角ナット	
十字穴付き平小ねじ		六角ボルト＊		ちょうボルト		ちょうナット	

＊：M6 以下の場合の描き方を示す．M8 以上は p.43 の略画法を使う． （JIS B 0002–3）

2.9 ねじ

2.9.2 ボルト・ナット

ボルトとナットを正確に図示するには，図学の知識が必要である．しかし，非常に時間がかかるので通常は略画法で描く．めねじを作成する際には下穴を先に加工するので，これを考慮して図を描く必要がある．

ボルト・ナットの使用方法による違い

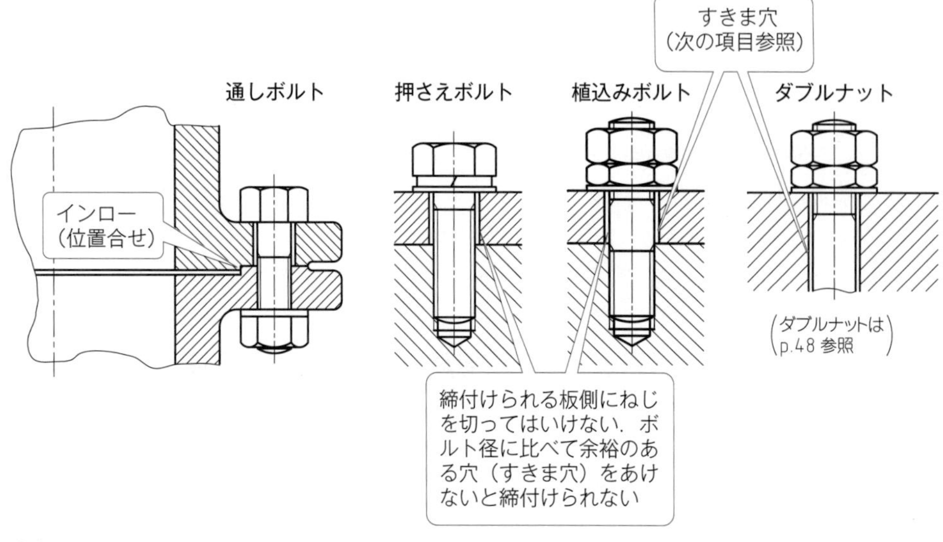

> **NOTE**
>
> **ボルト**
>
> 一般には，ボルトは表面処理をしたものが用いられる．
> ボルトの表面処理は JIS B 1044 に規定されている．

> **NOTE**
>
> **インロー**
>
> 組み合わせてボルト留めや溶接をするとき，個人差がないように H8/h8 程度に仕上げておく段付位置合せのはめあいをいう．語源は「印籠」「inlay」など諸説ある．

ねじのすきま穴径

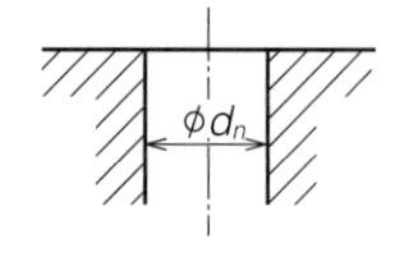

ねじの呼び	ボルト穴径 ϕd_n		ねじの呼び	ボルト穴径 ϕd_n		ねじの呼び	ボルト穴径 ϕd_n	
	3 級	4 級注		3 級	4 級注		3 級	4 級注
4	4.8	5.5	12	14.5	15	22	26	27
5	5.6	6.5	14	16.5	17	24	28	29
6	7	7.8	16	18.5	20	27	32	33
8	10	10	18	21	22	30	35	36
10	12	13	20	24	25			

注：鋳抜き穴に適用．ISO273 には規定されていない．

参考　ボルト・ナットの標準部品

標準部品とは，市販品，購入品ともよばれ，カタログなどで購入できる JIS 規格品を指す．総組立図，部分組立図では，標準部品は簡略図で示し，部品欄で規格を指定する．通常，標準部品の部品図は不要だが，その一部を加工する場合は必要となる．

現実に流通しているボルト・ナットは JIS B 1181-2014 附属書 JA（規定）の 1 種～ 4 種の形状で，ナットといえば 1 種が普通である．

現在の附属書規定は，2009 年 12 月 31 日限りで廃止することが明記されている．これを 2014 年 12 月 31 日限りで附属書廃止の期限を取り去り，そのままの規定内容として継続することに改められ，次の一文が付された．

「この附属書は，将来廃止するので，新規設計の機器，部位などには使用しないほうがよい．なお，この附属書で規定する等級，機械的性質，寸法，ねじ，仕上程度および材料以外の要求がある場合には，受渡し当事者間の協定による」

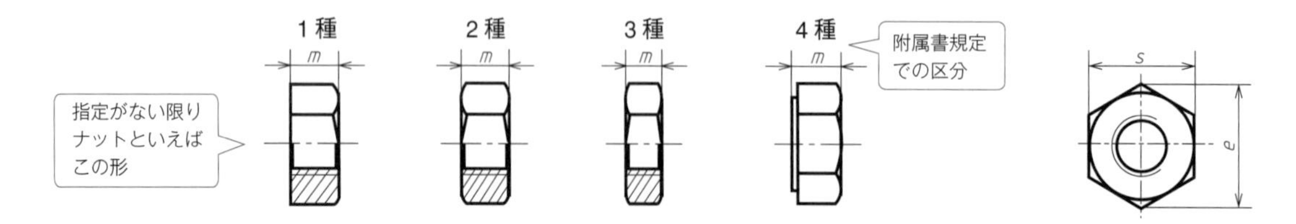

六角ボルト，六角ナットとも二面幅（s）に異なるサイズ（M10, M12, M22）がある．

附属書規定では 1 種が片面取り，現行規格ではすべて両面取り（六角低ナットを除く），注文者の指定で座付きのみ片面取りである．

現行規格では，M5 以上でナットの側面，または座面や面取り部に製造業者識別記号と強度区分などが表示される．

2.9 ねじ

2.9.3 ボルト・ナットとめねじ・おねじの略画法

ボルトの略画法

おねじの作図例

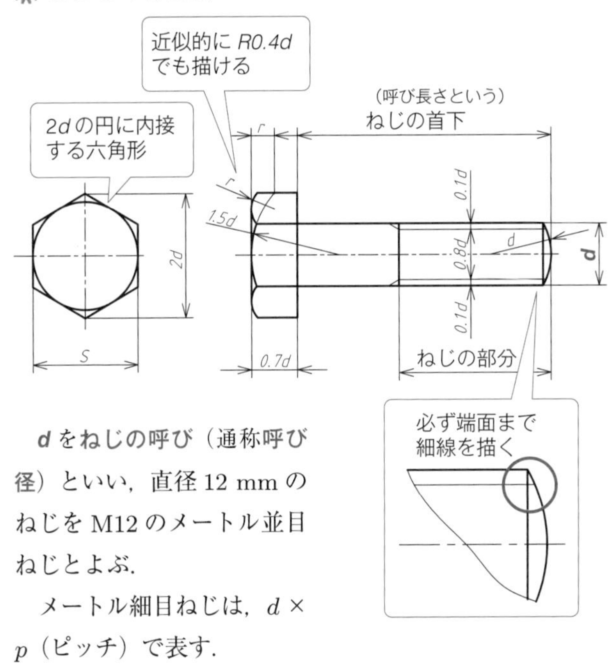

d をねじの呼び（通称呼び径）といい，直径 12 mm のねじを M12 のメートル並目ねじとよぶ．

メートル細目ねじは，$d \times p$（ピッチ）で表す．

めねじの作図例

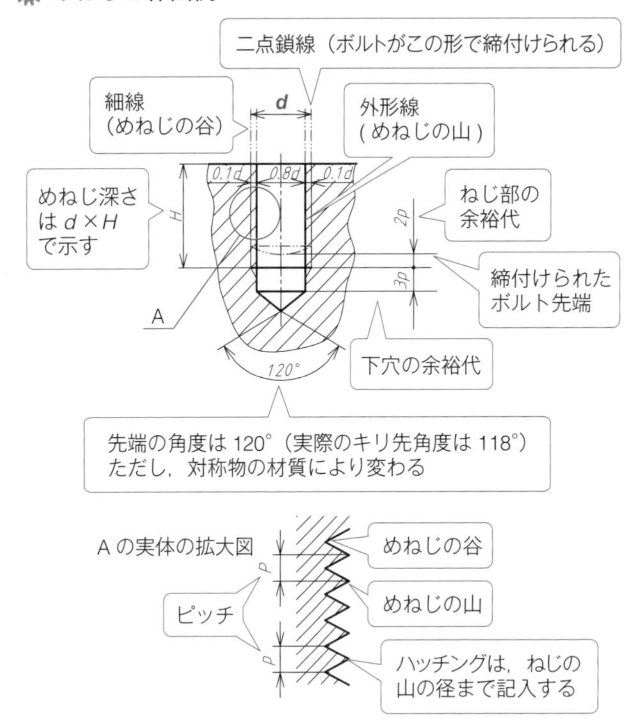

ナットの略画法

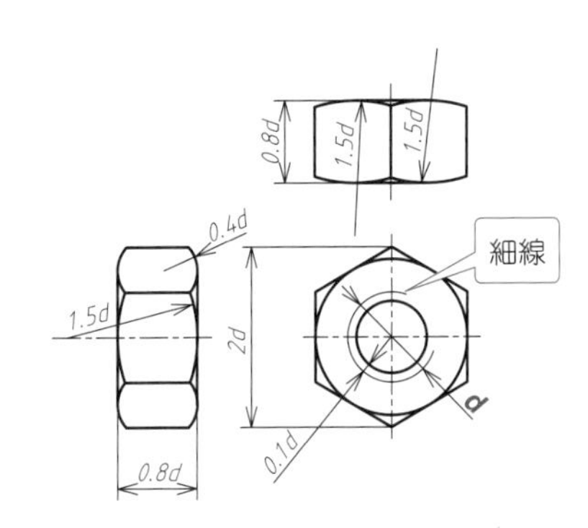

JIS 規格での作図

下図は JIS B 1180 に載っている実物の比率である．この比率で描くのは難しいので，略画法で描く．

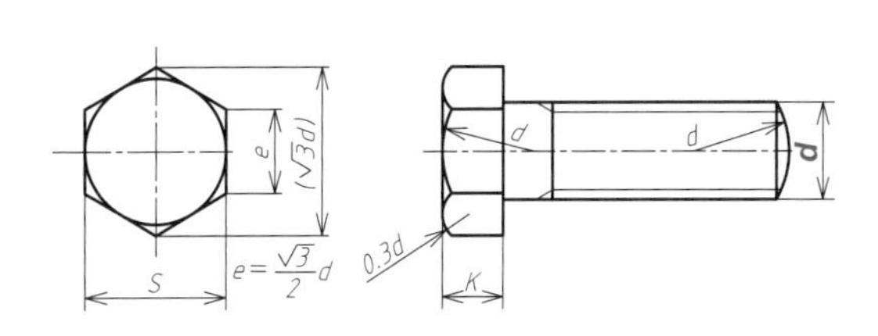

2.9　ねじ

2.9.4　小ねじ

小ねじにはたくさんの種類がある．ねじを締結する（締める）ために，頭部にすりわり溝とよぶマイナス溝や十字穴とよぶプラス溝があるもの，六角穴付きのものなどがある．

すりわり付き小ねじ

すりわり付き小ねじの頭部のすりわり溝は，中心線に対して 45° の太線で表す．不完全ねじ部は省略する．

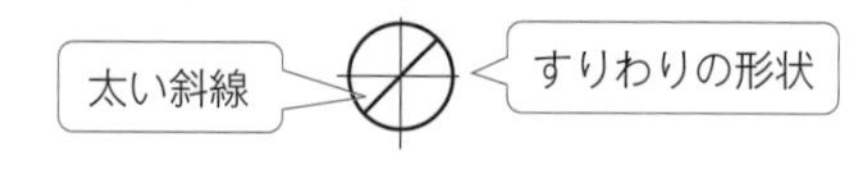

図例

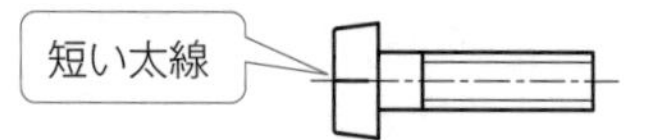

(a) すりわり付きチーズ小ねじ

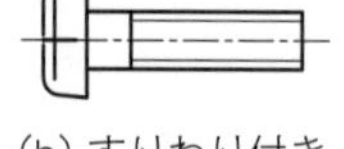

(b) すりわり付き なべ小ねじ

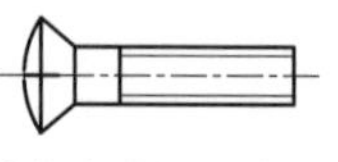

(c) すりわり付き 丸皿小ねじ

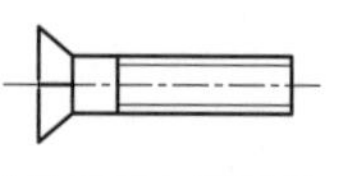

(d) すりわり付き 皿小ねじ

表記例

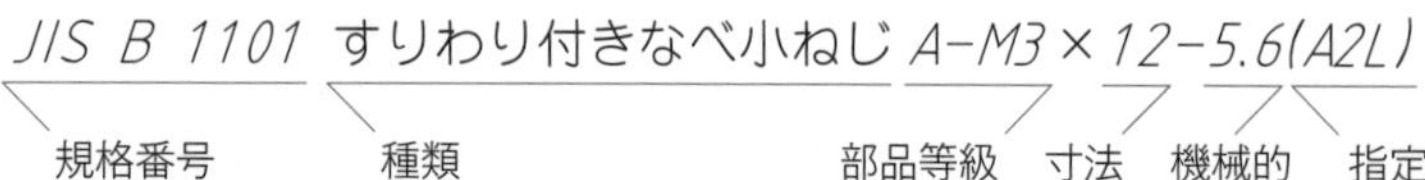

十字穴付き小ねじ

十字穴の形状は，中心線に対して 45° の，互いに直行する太線で表す．

十字穴には，H 形と Z 形の 2 種類の形状があり，さらに，穴の深さによりシリーズ 1（深型），シリーズ 2（浅型）の 2 種類に分けられる．よって，十字穴付き小ねじでは，これらを指定する必要がある．

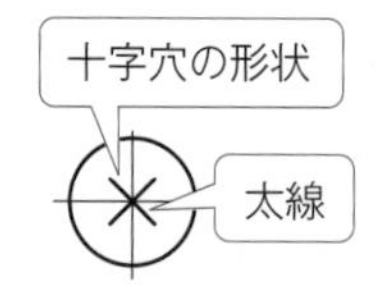

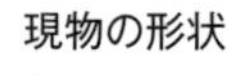

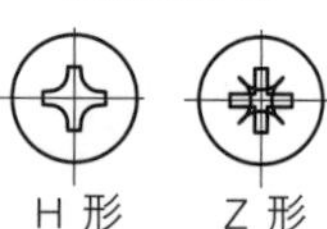

図例

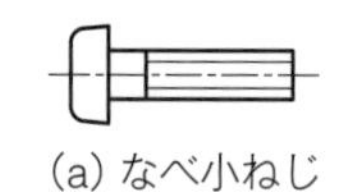

(a) なべ小ねじ

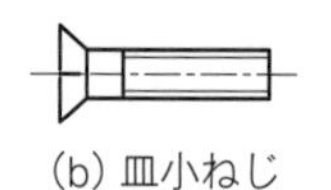

(b) 皿小ねじ

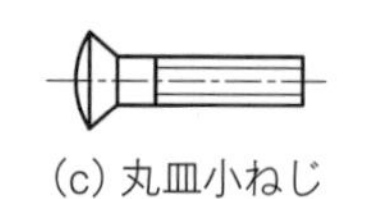

(c) 丸皿小ねじ

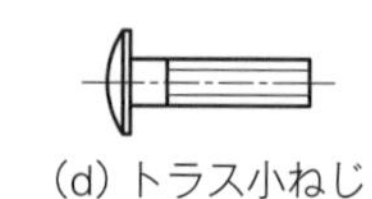

(d) トラス小ねじ

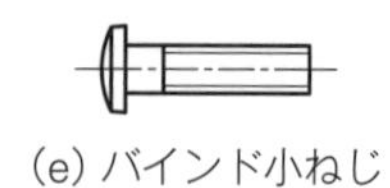

(e) バインド小ねじ

表記例

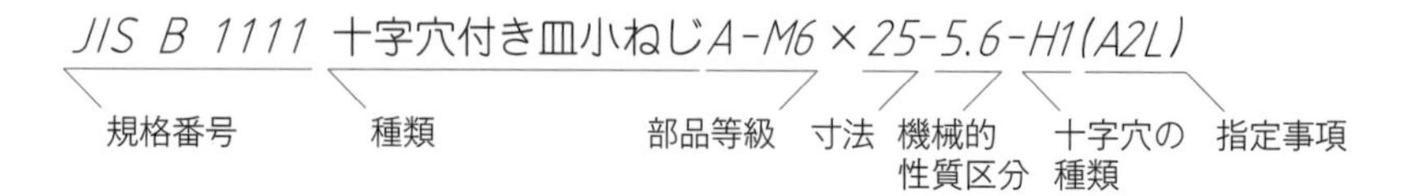

木ねじ

木ねじには，すりわり付きのものと，十字穴付きのものとがある．先端を円すい形に描き，ねじ山は先端側を右に見て右下がりの平行線で表す．種類と呼び寸法で示すのが一般的である．

図例

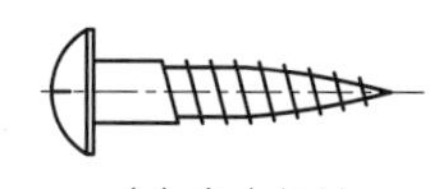

(a) 丸木ねじ

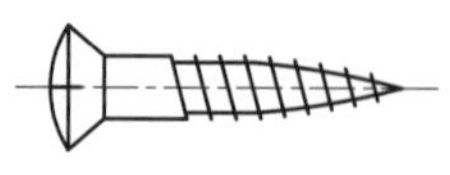

(b) 丸皿木ねじ

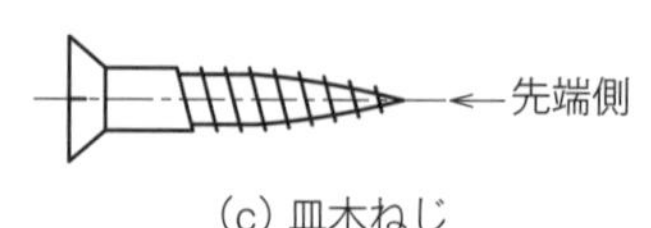

(c) 皿木ねじ

十字穴付きタッピンねじ

十字穴付きタッピンねじは，鉄板・ボード材などに設けためねじを加工しない下穴に，タッピンねじ自らがねじを切っていくためのねじである．十字穴付き小ねじと同様に，十字穴は 4 種類ある．ねじ山は先端側を右に見て右下がりの平行線で表す．種類と呼び寸法で示すのが一般的である．

先端の形状

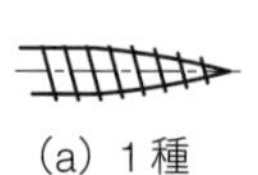

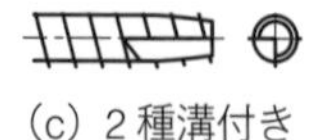

(a) 1 種　(b) 2 種　(c) 2 種溝付き　(d) 3 種　(e) 3 種溝付き　(f) 4 種

頭の形状

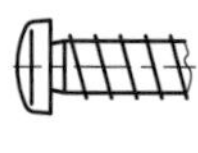

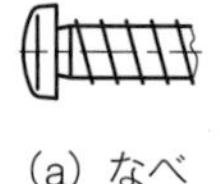

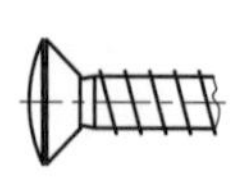

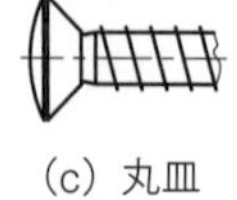

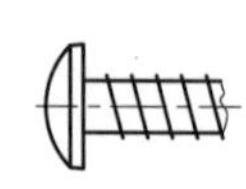

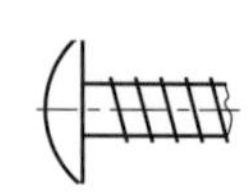

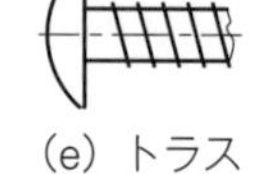

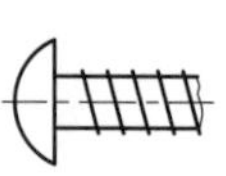

(a) なべ　(b) 皿　(c) 丸皿　(d) バインド　(e) トラス　(f) ブレジャ

2.9 ねじ

2.9.5 右ねじと左ねじ

製品では，ほとんどの場合，右ねじを使用する．しかし，ねじを緩めるときや，運転中に定常回転している方向とは反対方向に何らかの衝撃が加わったとき，慣性力の大きいものに使用したときには，スタート，ストップ時にねじが緩むので，左ねじを選ぶ場合もある．

回転する方向が定まらないときは，緩み止めナットを追加する（軸を固定する転がり軸受用ロックナット，座金 JIS B 1554 を利用する）．

右ねじ

時計まわりにまわすと締付けられる．一般的なねじなので，とくに指示する必要はない．

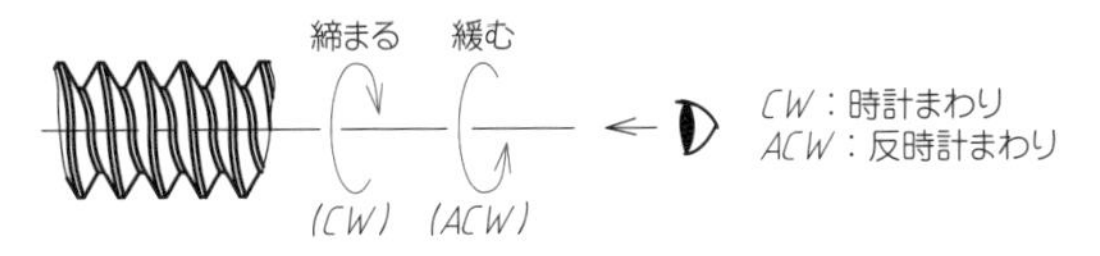

表記方法

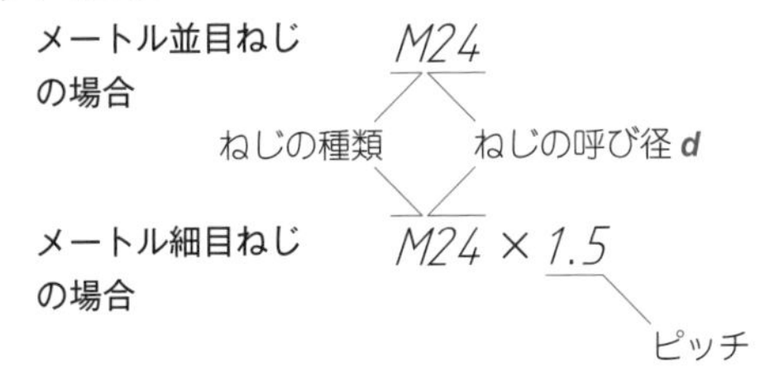

左ねじ

反時計まわりにまわすと締付けられる．ターンバックルや双頭グラインダなど，回転方向に対して締り勝手のねじとして使用する．

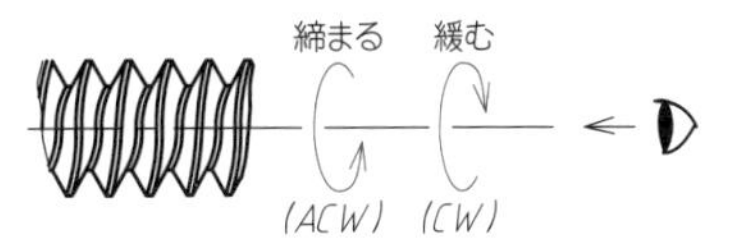

表記方法

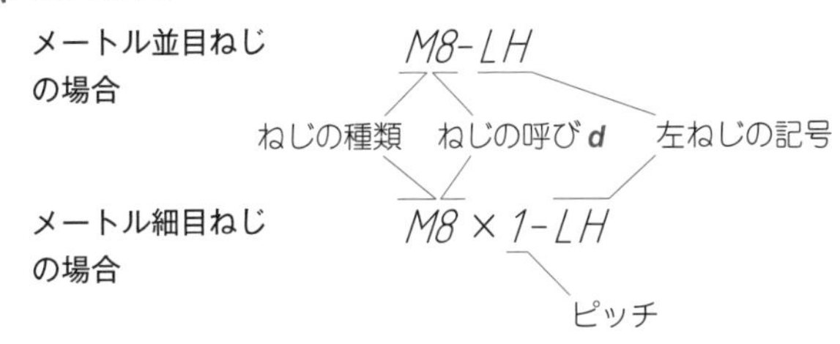

NOTE

旧記号では左ねじは下記のように表記した．

左M8 × 1

応用例 1

左端にはスタート時に軸の回転方向と逆の衝撃がナットにかかる．このため，ナットがゆるむのと逆の方向の左ねじを切ると，左ねじのナットはゆるまない．回転方向が決まらないときはこの方法を使用しないこと．

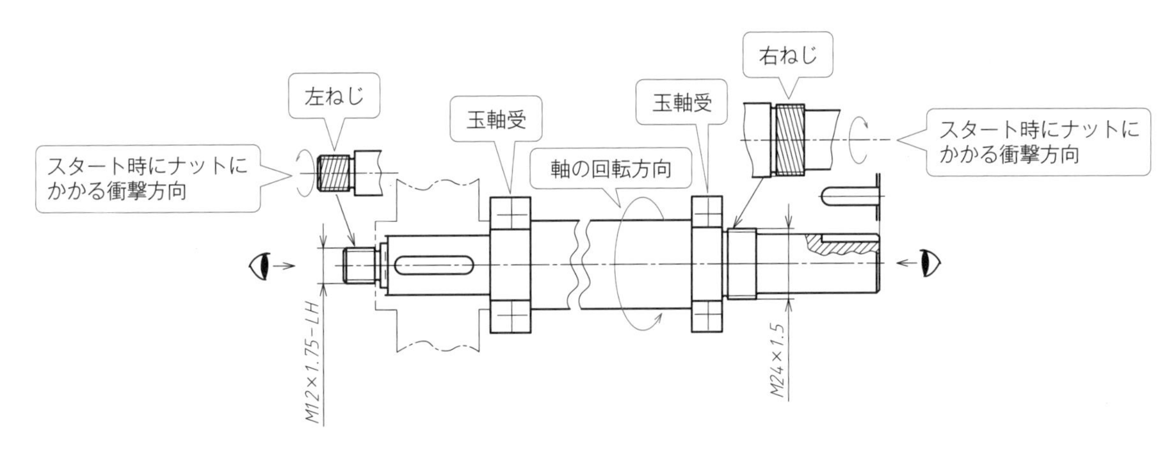

応用例 2（トグルプレス）

ハンドルをまわすと上ベッドが上下に動く簡易プレス．

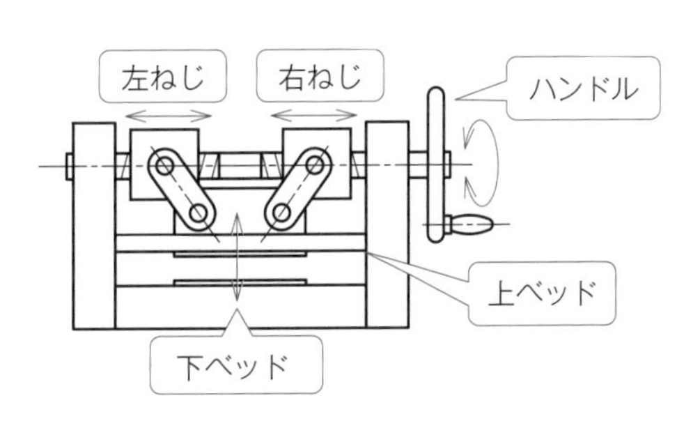

2.9 ねじ

2.9.6 穴，ねじの表記法の現・旧比較表

（JIS B 0001）

区分		旧表記法（〜1999年）	前表記法（2000〜2009年）	現表記法（2010年〜）(注2)
ねじ（1個の場合）	おねじ	M8	M8 直径表示 M8 M6 M6以下は引出線	同 左
	めねじ	M8 深さ18 下穴 φ6.8 深さ22	M8×18/φ6.8×22	同 左
	左ねじ	左M8 深さ20	M8×20-LH 左は-LHで示す	同 左
穴（1個の場合）	穴	8キリ深さ12	同 左 （8キリ×12も可）	8キリ↧20 ↧深さを示す
	ざぐり穴 深ざぐり穴	9キリ，14ざぐり 9キリ，14深ざぐり深さ9 ざぐりに深さ未記入可	同 左 （8キリ,14深ざぐり×9も可） ざぐりに深さ記入要	9キリ⌴φ14↧1 9キリ⌴φ14↧9 ⌴ざぐり 深ざぐり
	皿ざぐり穴 皿ぐり穴 皿もみ穴	7キリ，90°皿もみφ12	同 左	7キリ⌵φ12×90° ⌵皿ざぐり
正面図	多数の同径のねじ・穴	10-M8 深さ18 下穴φ6.8深さ22 10-8キリ深さ20 加工する穴が10個ある	10×M8×18/φ6.8×22 10×8キリ深さ20 （10×8キリ×20も可）	10×M8×18/φ6.8×22 （同 左） 10×8キリ↧20
	多数の同径の皿ざぐり穴・深ざぐり穴	10-9キリ,14ざぐり深さ9 10-7キリ，90°皿もみφ12 加工する穴が10個ある	10-9キリ，14深ざぐり深さ9 （10×9キリ，14深ざぐり×9も可） 10-7キリ，90°皿ざぐりφ12	10×9キリ⌴φ14↧9 10×7キリ⌵φ12×90°

（注1）赤色の引出線の寸法は黒色の表記寸法と同じ.
（注2）現表現法には JIS B 0001-2019 より ISO に沿った表現法が追加されたが，本書は現表記法で統一している.

2.9 ねじ

2.9.7 ボルトによる締結例

異なる部材のボルトでの締結法は，非常に重要である．

通しボルトでの締結構造

固定型軸継手の例

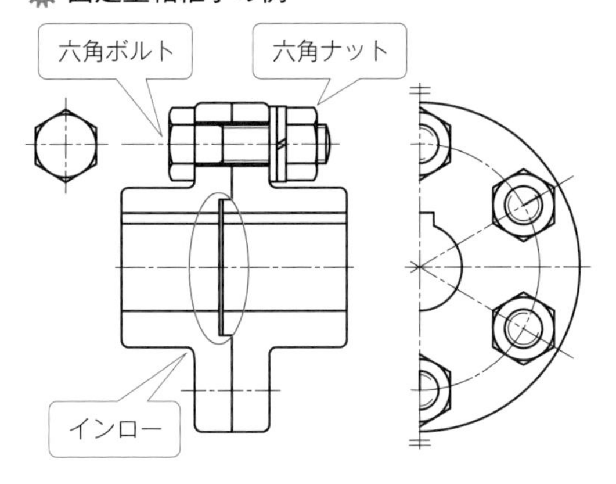

押さえボルトでの締結構造

減速機の例

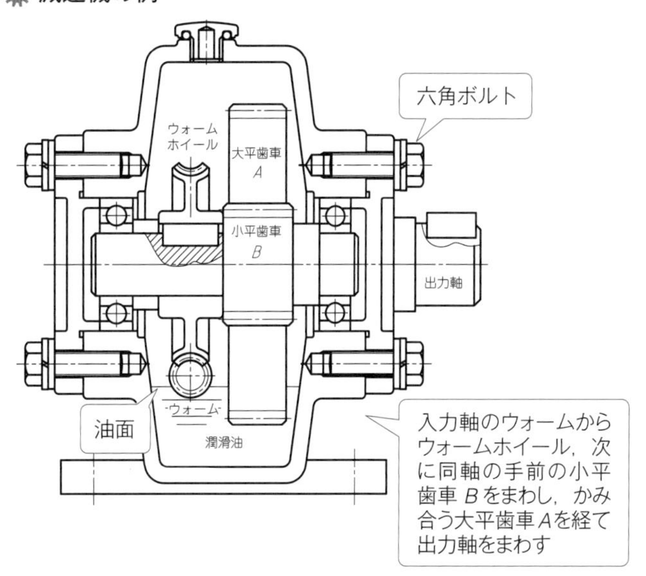

植込みボルトでの締結構造

弁の例

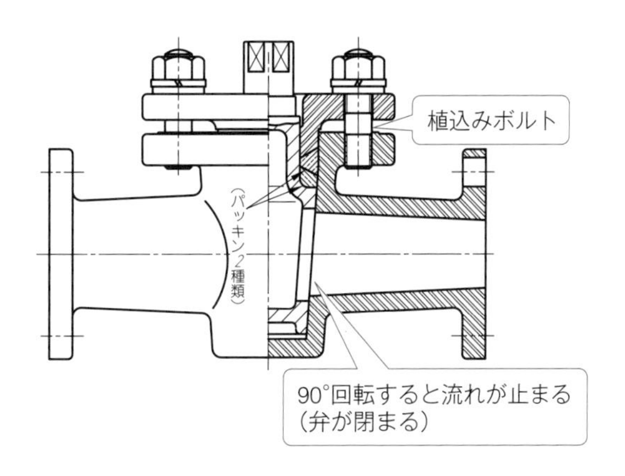

ダブルナットでの締結構造

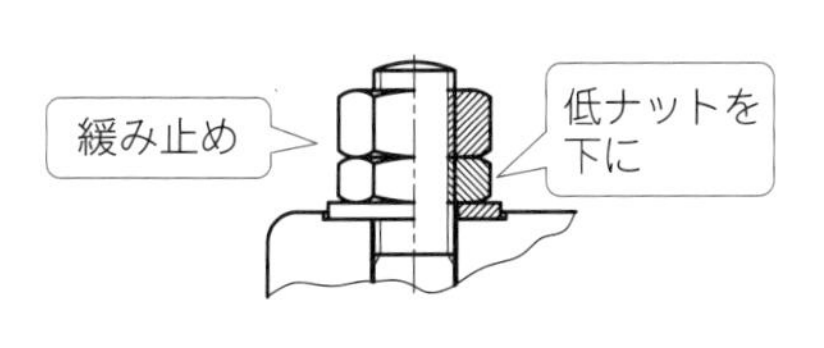

荷重でボルト軸方向には引張力がかかる．この荷重を引き受けるのが上側ナットである

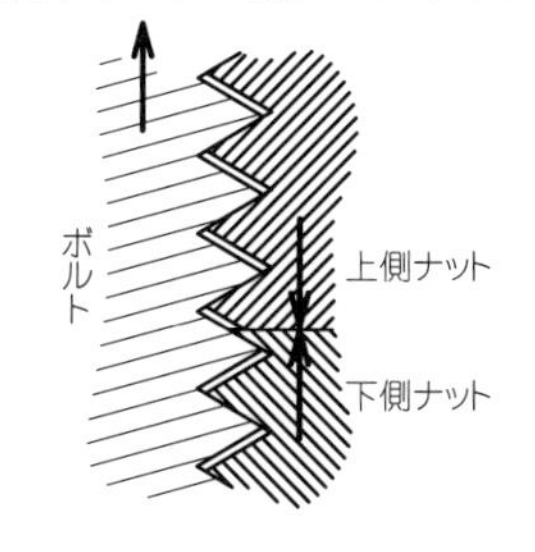

NOTE

ダブルナットにして“緩み止め”を行う場合，単にナットを重ねて締付けるだけでは効果がない．2個のナットをおのおの締付した後，下のナットを上のナットに追従してまわらないように押さえ，上のナットをさらに締付けて上下のナット間に摩擦力を与える（上を押さえ，下を逆にまわす場合もある）ことでナットが緩まないようになる（通称：2丁掛け）．

この状態でボルトにかかる引張り荷重は，上のナットが引き受けることになり，したがって，上側のナットを厚くする必要がある．

第3章
サイズ公差，幾何公差，表面性状

ほとんどの製品は2部品以上の組合せで構成される．製品に機能を発揮させるためには，部品どうしに対して次の三つの状態を考慮する必要がある．それぞれJISに規格があり，世界共通図面のJISに変更された．とくに，「寸法公差」から「サイズ公差」に概念を変えた（1）に注意．

（1）寸法の組合せ加減［例：軸と穴の大きさがガタガタかキチキチか］
　➡ 寸法の組合せサイズ公差（JIS B 0420$_{-2016\sim2020}$）
　➡ 普通寸法公差（JIS B 0405$_{-1991}$），サイズ交差，はめあい方式（JIS B 0401$_{-2016}$）
（2）形のゆがみの組合せ加減［例：軸と穴の形が真直ぐか，曲がっているか］
　➡幾何公差（JIS B 0021$_{-1998}$）　一般幾何公差（JIS B 0419$_{-1991}$）
（3）表面の状態の組合せ加減［例：軸と穴の表面がツルツルかザラザラか］
　➡ 表面性状（JIS B 0031$_{-2003}$）

この三つの規格を緩めるほど製作しやすく，コストも安くなるので，「いかに機能を発揮させながら安く製造できるか」がポイントとなる．また，製品には性能そのものに関係しない部分も多いが，それらも設計者は規定しなければならない（例：機械の土台，骨組み，カバーなど）．

本章では，これら三つの規格の全体像と記入方法を解説する．

本 章 の 目 次

3.1 世界共通の図面を描くために

3.1.1 サイズ公差と幾何公差を使用する

寸法公差に替わる新しい概念

これまで日本では「寸法公差」で図面を描いていたが，定義が不明瞭で「あいまい」と批判されてきた．そこでJISは世界基準であるISOに同調し，JIS B 0401-1998「寸法公差及びはめあいの式」をJIS B 0401-1-2016「GPS—長さに関わるサイズ公差，サイズ差及びはめあいの基礎」に改正し，さらにJIS B 0420-1-2016「GPS—寸法の公差表方式—長さに関わるサイズ」，JIS B 0420-2-2020「GPS—寸法の表示方式—長さ又は角度に関わるサイズ以外の寸法」，JIS B 0420-3-2020「GPS寸法の公差表示方式—角度に関わるサイズ」を新設した．これらのJISで寸法の分類や公差をいれるときの種類が図のように定義された．

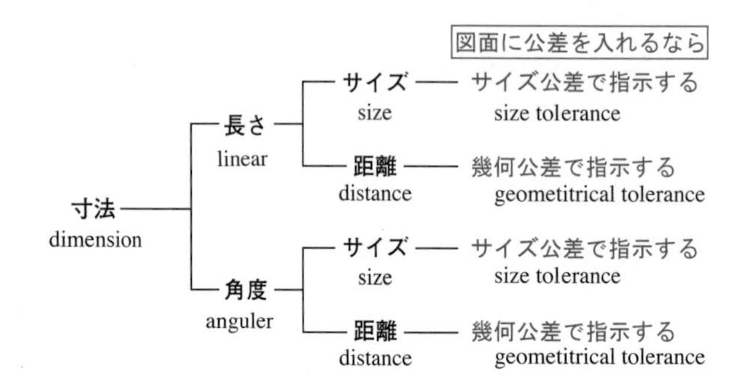

これまで国内生産向けの図面では，設計者が必要と思うところのみ幾何公差（p.60）を記入すればよかったが，上図のように，長さも角度も含む図面内の寸法の一部には（すべての寸法ではなく），サイズ，サイズ公差とともに幾何公差も併用して指示しないと，ISOのいう「あいまいさ」はなくせないという判定にかわった．

サイズとサイズ形体とは

図のような，長さや角度といった寸法によって定義される幾何学的な形を**サイズ形体**といい，サイズ形体に示した寸法を**サイズ**（(a)～(i)，(j)と(k)の1）という．これ以外に描かれる寸法は，サイズ公差や幾何公差を規定する長さや角度である．

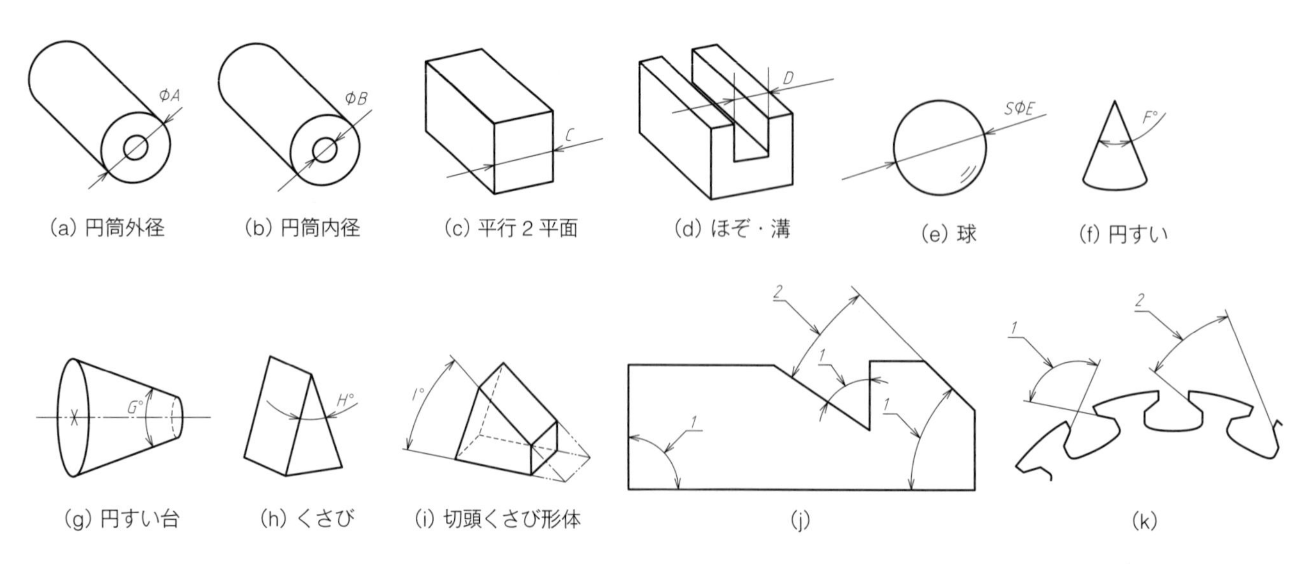

(a) 円筒外径　(b) 円筒内径　(c) 平行2平面　(d) ほぞ・溝　(e) 球　(f) 円すい
(g) 円すい台　(h) くさび　(i) 切頭くさび形体　(j)　(k)

(j)，(k) に関して，1は角度のサイズ形体
2は角度のサイズ形体ではない

3.1 世界で通用する図面を描くために

3.1.2 長さと角度のサイズ公差の記号，指定条件，種類について

サイズ交差の特性を規定する記号を表にまとめる．新設されたものが多くある（JIS B 0420-1 ～ 3-2016～2020）．

標準指定演算子（寸法の特性を規定する記号が新設されている）

長さサイズに関するもの

条件記号	説明
(LP)	2点間サイズ
(LS)	球で定義される局部サイズ
(GG)	最小二乗サイズ（最小二乗当てはめ判定基準による）
(GX)	最大内接サイズ（最大内接当てはめ判定基準による）
(GN)	最小外接サイズ（最小外接当てはめ判定基準による）
(CC)	円周直径（算出サイズ）
(CA)	面積直径（算出サイズ）
(CV)	体積直径（算出サイズ）
(SX)	最大サイズ(1)
(SN)	最小サイズ(1)
(SA)	平均サイズ(1)
(SM)	中央サイズ(1)
(SD)	中間サイズ(1)
(SR)	範囲サイズ(1)

注(1) 順位サイズは，算出サイズ，全体サイズ，または局部サイズの補足として使用できる．

角度サイズに関するもの

条件記号	説明
(LG)	最小二乗法の当てはめ基準で決まる2直線間角度サイズ
(LC)	ミニマックス法の当てはめ基準で決まる2直線間角度サイズ
(GG)	最小二乗法の当てはめ基準で決まる全体角度サイズ（最小二乗角度サイズ）
(GC)	ミニマックス法の当てはめ基準で決まる全体角度サイズ（ミニマックス角度サイズ）
(SX)	最大角度サイズ(1)
(SN)	最小角度サイズ(1)
(SA)	平均角度サイズ(1)
(SM)	中央角度サイズ(1)
(SD)	中間角度サイズ(1)
(SR)	範囲角度サイズ(1)
(SQ)	標準偏差角度サイズ(1) (2)

注(1) 角度にかかわる順位サイズ（順位角度サイズ）は，部分角度サイズ，全体角度サイズまたは局部角度サイズの補足として使用してもよい．
(2) SQ は平均二乗根（root mean square）に由来する．

ただし，「指定演算子をつけないサイズ公差は，2点間サイズ(LP)とする」と規定されているので，初心者は，長さも角度も指定しないでよい（本書でも使用しない）．

標準指定条件（サイズ公差のある拘束関係を規定する記号）

長さサイズに関するもの

説明	記号	例
包絡の条件（p.66参照）	(E)	10 ± 0.1(E)
形体の任意の限定部分	/（理想的な）長さ	10 ± 0.1(GG)/5
任意の横断面	ACS	10 ± 0.1(GX) ACS
特定の横断面	SCS	10 ± 0.1(GX) SCS
複数の形体指定	形体の数×	2× 10 ± 0.1(E)
連続サイズ形体の公差	CT	2× 10 ± 0.1(E)CT
自由状態	(F)	10 ± 0.1(LP)(SA)(F)
区間指示	↔	10 ± 0.1　A↔B

角サイズに関するもの

説明	記号	例：くさび形体の角度にかかわるサイズ	例：回転体の角度にかかわるサイズ
角度サイズ形体の任意の限定部分	/長さ距離	35° ± 1°/15°(1)	
	/角度距離	適用せず	35° ± 1°/15°(1)
特定の横断図	SCS	45° ± 2°SCS	適用せず
複数の形体指定	形体の数	2× 45°　± 2°	
連続した角度サイズ形体の公差	CT	2× 45°　± 2°　CT	
自由状態	(F)(2)	35° ± 1°　(F)	
区間指示	↔	35° ± 1°　A↔B	

注(1) "/長さ距離"は，くさび形状に関するサイズ形体および回転体に関するサイズ形体に適用する．"/角度距離"は，回転体のサイズ形体に適用する．
(2) JIS B 0026 を参照．

指定方法の種類（サイズ交差のゆるさ程度の記入法．左表の b はきつい「はめあい公差（p.55）」である）

長さサイズに関するもの

	長さにかかわるサイズの基本的な GPS 指定	例
a	図示サイズ±許容差	$150^{\ 0}_{-0.2}$，$\phi 38^{\ 0}_{-0.1}$，$55^{+0.2}_{\pm 0.2}$
b	図示サイズとそれに続く JIS B 0401-1 の ISO コード方式（公差クラス）	68 H8，　φ 67 k6，　165 js10
c	上および下の許容サイズの値	85.2 / 84.8　　29.000 / 28.929　　120.2 / 119.8
d	上の許容サイズまたは下の許容サイズの値	85.2 max　　84.8 min
e	"(　)"を用いた参考寸法でも，"□"の枠を用いた理論的に正確な寸法（TED）でもない，図示サイズで定義された普通公差	図 6.9 のような図示に加えて，（表題欄の中またはその付近に指示した）JIS B 0405-m(1)

注(1) 普通公差の規定は，JIS B 0405 参照．

角度にかかわるサイズの基本的な GPS 指定

角度にかかわるサイズの基本的な GPS 指定	例
角度にかかわる図示サイズ±許容差(1)	35° ± 1°　　$35^{\circ}\,^{+1^{\circ}}_{-2^{\circ}}$
角度にかかわる上および下の許容サイズの値	36° / 34°
角度にかかわる許容限界サイズの値	45° max　　32° min
"(　)"を用いた参考寸法でも，"□"の枠を用いた理論的に正確な寸法（TED）でもない．図示サイズによって決まる普通公差(2)	45°の指示および表題欄の中または近くに"JIS B 0405-f"という指示

注(1) 角度にかかわる図示サイズおよび許容差は，次の例のように数値と単位とで示す．　例　35.125°，35° 7′ 30″，+ 0.75°，+ 0° 45′
(2) 普通公差の規定は，JIS B 0405-1991 を参照．

具体例

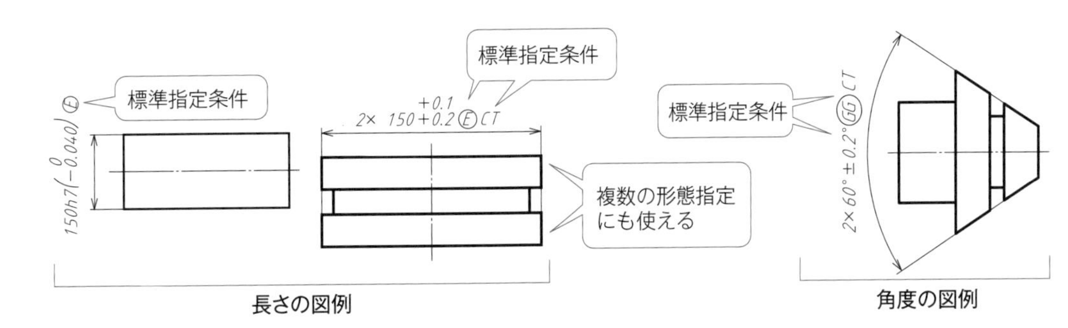

3.1 世界で通用する図面を描くために

3.1.3 図面に GPS 指定演算子欄を追加する

下例のような欄を GPS 指定演算子欄とよび，表題欄の近くに設定する．

GPS 指定演算子欄の指定

第 1 章の p.1，2 で示した，世界共通図面として必要な新しく加えられた欄である（JIS B 0420-1）．

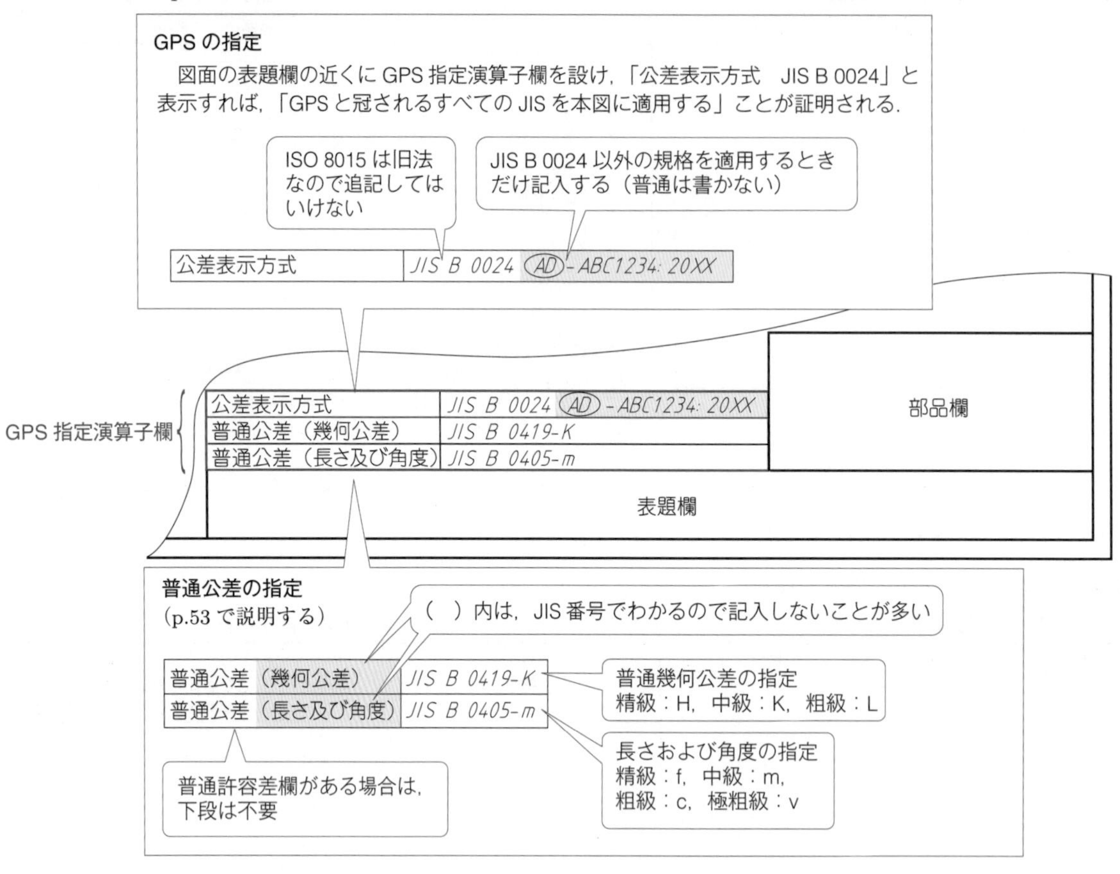

普通許容差欄がある場合の図面例

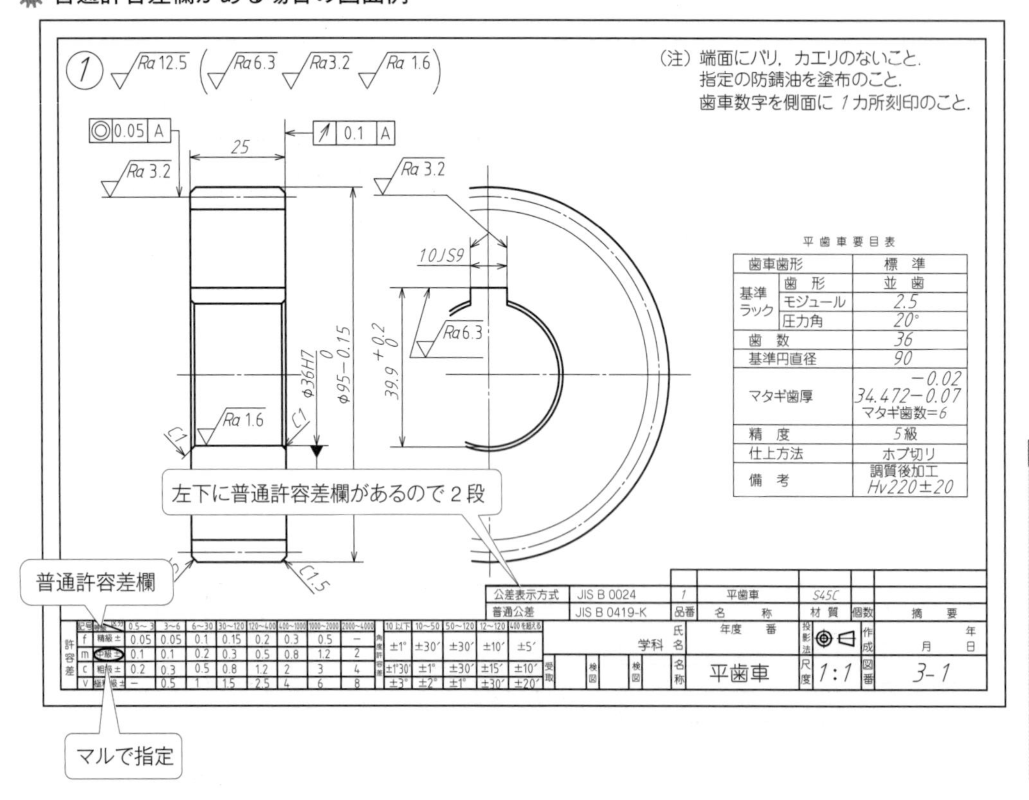

NOTE

欄に書き込むかわりに，注記欄に下記のように記入してもよい（学生が使用する多品一様図の場合に使う）．

（注）削り加工寸法の普通公差は JIS B 0405 の粗級とする．

3.1 世界で通用する図面を描くために

3.1.4 普通公差（寸法および幾何公差でも規定）

GPS 指定演算子欄の 2，3 行目で普通公差を指定する．3 行目は，寸法の個々の許容差を指定せずに，四つの等級で全体を規定する普通公差を利用すれば，図面指定が簡単になる（3.2.2 項も参照）．また，2 行目のように幾何公差でも「普通幾何公差」があり，ここであわせて説明する（3.3 節も参照）．

サイズ・サイズ公差に対する普通公差（GPS 指定演算子欄の 3 行目の内容）

「JIS B 0405-記号（f，m，c，v のいずれか）」を GPS 指定演算子欄の 3 行目に記入する．一般には，下記の表が普通許容差欄として図面枠内に印刷してあるので，設計者は指定する等級の説明欄にマルをつける．この場合は GPS 指定演算子欄は 2 行だけになる（p.52 図 3-1 参照）．

長さ寸法の許容差（サイズ公差）（面取り部分を除く）

基本サイズ公差等級		図示サイズの区分（mm）							
記号	説明	0.5 以上 3 以下	3 を超え 6 以下	6 を超え 30 以下	30 を超え 120 以下	120 を超え 400 以下	400 を超え 1000 以下	1000 を超え 2000 以下	2000 を超え 4000 以下
		許容差							
f	精級	±0.05	±0.05	±0.1	±0.15	±0.2	±0.3	±0.5	—
m	中級	±0.1	±0.1	±0.2	±0.3	±0.5	±0.8	±1.2	±2
c	粗級	±0.2	±0.3	±0.5	±0.8	±1.2	±2	±3	±4
v	極粗級	—	±0.5	±1	±1.5	±2.5	±4	±6	±8

注　鋳造品やパンチングマシン，レーザ加工機，曲げ加工機などのほかの加工による許容差は，別に規定される．

角度寸法の許容差（サイズ交差）

<table>
<tr><th colspan="2">基本サイズ公差等級</th><th colspan="5">対象とする角度の短いほうの辺の長さの区分（mm）</th></tr>
<tr><th rowspan="2">記号</th><th rowspan="2">説明</th><th>10 以下</th><th>10 を超え
50 以下</th><th>50 を超え
120 以下</th><th>120 を超え
400 以下</th><th>400 を超え
るもの</th></tr>
<tr><th colspan="5">許容差</th></tr>
<tr><td>f</td><td>精級</td><td rowspan="2">±1°</td><td rowspan="2">±30′</td><td rowspan="2">±20′</td><td rowspan="2">±10′</td><td rowspan="2">±5′</td></tr>
<tr><td>m</td><td>中級</td></tr>
<tr><td>c</td><td>粗級</td><td>±1° 30′</td><td>±1°</td><td>±30′</td><td>±15′</td><td>±10′</td></tr>
<tr><td>v</td><td>極粗級</td><td>±3°</td><td>±2°</td><td>±1°</td><td>±30′</td><td>±20′</td></tr>
</table>

精級，中級の区別はされていない

普通幾何公差（GPS 指定演算子欄の 2 行目の内容）

後で説明する幾何公差にも普通公差はあり（JIS B 0419$_{-1991}$），これを普通幾何公差という（日本と常識の異なる国への図面に絶対必要）．

JIS には，真直度，平面度，直角度，対称度，円周振れの五つの幾何公差について普通幾何公差が示されている．これ以外の普通幾何公差については，真円度は直径のサイズ公差の値に等しくとり，平行度は平面度公差と直角度公差のいずれか大きいほうの値に等しくとる．

真直度および平面度の普通幾何公差

基本サイズ公差等級	呼び長さの区分（mm）					
	10 以下	10 を超え 30 以下	30 を超え 100 以下	100 を超え 300 以下	300 を超え 1000 以下	1000 を超え 3000 以下
	真直度公差および平面度公差					
H（精級）	0.02	0.05	0.1	0.2	0.3	0.4
K（中級）	0.05	0.1	0.2	0.4	0.6	0.8
L（粗級）	0.1	0.2	0.4	0.8	1.2	1.6

直角度の普通幾何公差

基本サイズ公差等級	短いほうの辺の呼び長さの区分（mm）			
	100 以下	100 を超え 300 以下	300 を超え 1000 以下	1000 を超え 3000 以下
	直角度公差			
H	0.2	0.3	0.4	0.5
K	0.4	0.6	0.8	1
L	0.6	1	1.5	2

対称度の普通幾何公差

<table>
<tr><th rowspan="3">基本サイズ
公差等級</th><th colspan="4">呼び長さの区分（mm）</th></tr>
<tr><th>100 以下</th><th>100 を超え
300 以下</th><th>300 を超え
1000 以下</th><th>1000 を超え
3000 以下</th></tr>
<tr><th colspan="4">対称度公差</th></tr>
<tr><td>H</td><td colspan="4">0.5</td></tr>
<tr><td>K</td><td colspan="2">0.6</td><td>0.8</td><td>1</td></tr>
<tr><td>L</td><td>0.6</td><td>1</td><td>1.5</td><td>2</td></tr>
</table>

円周振れの普通幾何公差

基本サイズ公差等級	円周振れ公差（mm）
H	0.1
K	0.2
L	0.5

3.2 サイズ公差とはめあい

3.2.1 互換性とは

電球が切れたときは，新しい電球を買ってくれば取り替えることができる．このように，ある部品を置き換えても同じ機能が得られることを，互換性があるという．品物の大量生産には，部品の互換性が欠かせない．一方，すべての部品の寸法をまったく同じ大きさに加工することは不可能である．そのために，適切な公差（許容差：製造時に許容される寸法のばらつきの範囲）を指定することが大切である（はめあいの程度を決めるという）．一般に，公差の精度が高いほど加工にコストがかかるので，設計者は求められる機能に応じて公差を使い分ける必要がある．この作業も設計の一部である．

なお，互換性は 2 部品の間の話なので，両部品に「はめあい公差」の記入が必要である．

右図のような，軸とリング状の部品を任意に組み合わせ，がたつきがなく着脱自在に取り付けたい場合を例に考える．

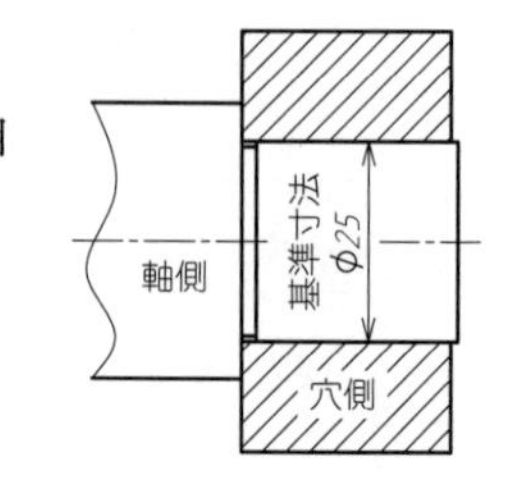

許容差を正しく指定した場合

どの軸とリング部品を組み合わせても軸が穴に入り，同じ状態にすることができることを「互換性をもたせる」という．すなわち，軸，穴部品が 1000 個ずつあり，任意にそれぞれを選んでも必ず性能内に収まって穴に軸が入る状態をいう．

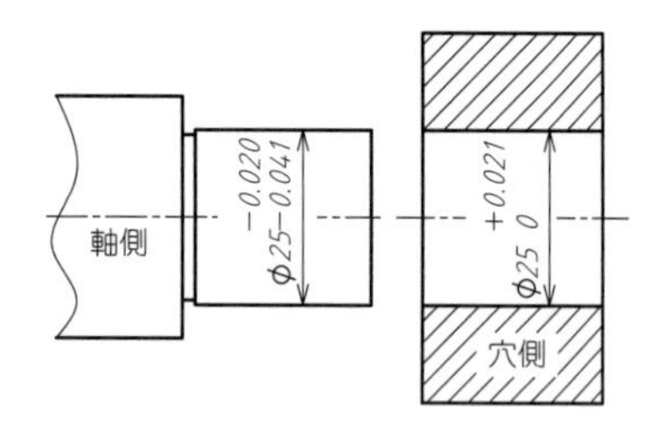

誤った指定の場合

普通許容差を中級での指定だけにすると，組合せによっては，はめあいができない部品や，がたつく部品があり，互換性があるとはいえない．

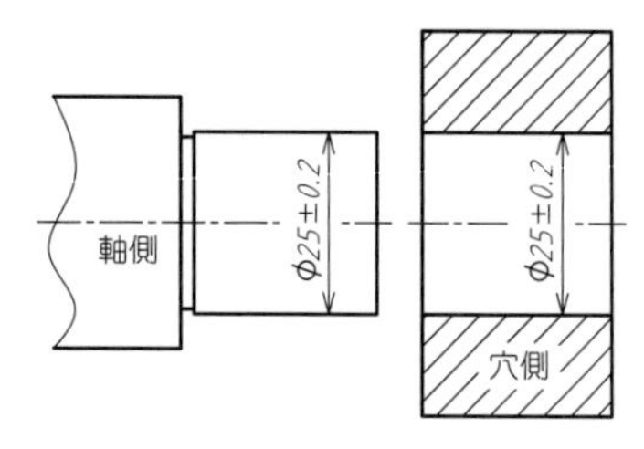

軸の上の許容サイズ φ 25.2
穴の下の許容サイズ φ 24.8
軸のほうが大きくて穴に入らない．

許容差の種類と設定手順

穴と軸の許容差が正しく指定されていても，形状がゆがんでいると入らないので，互換性があるとはいえない．立体形状のばらつきは幾何公差で規定するが，これについては p.60 ～ 65 で解説する．すなわち，サイズ公差と幾何公差を配慮しないと，設計者の意図する互換性はつくれない．

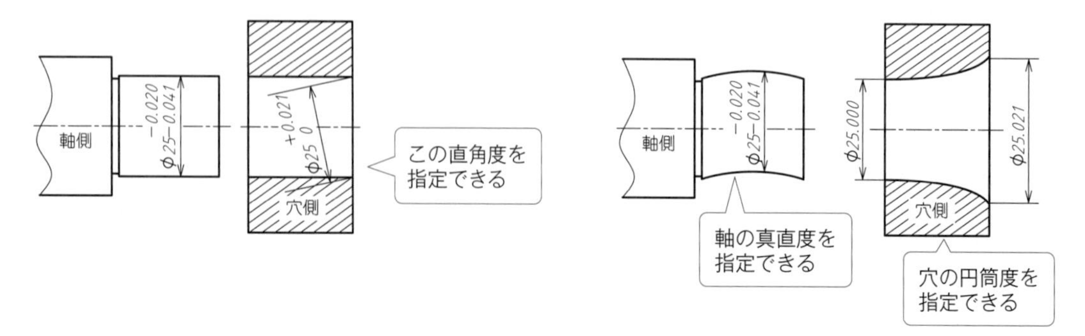

3.2 サイズ公差とはめあい

3.2.2 許容差の種類と適用順位

互換性のある部品を製造するには，部品相互の関係を理解している設計者しか許容差を規定できない．

しかし，同じ部品の中でも互換性を必要としない箇所もあり，許容差の種類を使い分ける．ここではその手順を説明する．

許容差の種類と適用順位

下表のように，許容差の指定にはａ～ｃの３種類がある．まず，ａでその図面の部品全体の公差を指定し，例外的に特定の寸法のみをｂやｃで規定する．すなわち，図面内のすべての寸法は，許容差をもつ．

図面内の許容差の種類

方法	種類	適用場所	具体的な記入例
a	**普通公差** 個々の許容差の指定をせずに，精級，中級，粗級，極粗級の四つの等級で規定する方法． JIS B 0405 では削り加工の寸法と角度について規定している．(p.53)	1 部品に対して一括して選定する．	個々には基準寸法の記入のみでよく，図枠内の許容差欄でまとめて指定する． 100 たとえば中級を指定するなら 100±0.3 の意味
b	**数値による公差** (p.51 指定方法の a)	部品により例外的に厳しい，あるいは緩い公差が必要な箇所に記入する．	基準寸法の後ろに許容差範囲を書く． ① 上下の寸法許容差で表す $100\,^{\ 0}_{-0.3}$ 従来の形式 $100_{-0.3}^{\ 0}$ この書き方は CAD でのみ許される ② 許容限界寸法で表す $\begin{matrix}100\\99.7\end{matrix}$
c	**はめあい方式による公差** (サイズ許容区間による公差) (p.56 以降)	とくに相手部品との組合せにおいて，相対的な相互関係が必要な箇所に記入する．	基準寸法の後ろにラテン文字と等級数値を書く． 穴の場合：大文字のラテン文字（例 *H9*） 軸の場合：小文字のラテン文字（例 *h9*） 100h9 ➡ $100\,^{\ 0}_{-0.087}$ の意味 組立てた部品に寸法公差記号で表した例 $100\frac{H7}{g6}$ または *100 H7/g6*

図面用紙には，許容差を指定するための表が印刷されていることが多い．精級，中級，粗級，極粗級の中から一つ選んでマルをつけると，寸法と角度の許容差が同時に指定できる．印刷されていないときは，GPS 指定演算子欄の「普通公差（長さ及び角度：この語句は省かれていることが多い）」欄に「JIS B 0405−m」と記す（m は記号欄で中級を意味する）（p.53 参照）．

	記号	等級＼区分	0.5～3	3～6	6～30	30～120	120～400	400～1000	1000～2000	2000～4000		10以下	10～50	50～120	120～400	400を超える
許容差	f	精級±	0.05	0.05	0.1	0.15	0.2	0.3	0.5	−	角度許容差	±1°	±30′	±30′	±10′	±5′
	m	中級±	0.1	0.1	0.2	0.3	0.5	0.8	1.2	2						
	c	粗級±	0.2	0.3	0.5	0.8	1.2	2	3	4		±1°30′	±1°	±30′	±15′	±10′
	v	極粗級±		0.5	1	1.5	2.5	4	6	8		±3°	±2°	±1°	±30′	±20′

中級の範囲

3.2 サイズ公差とはめあい

3.2.3 はめあいの種類

サイズ公差や幾何公差の具体的な数値は，各企業の経験値から決まることが多い．企業においては，自社の新技術や過去の事例など，膨大なデータから参考になるものを選ぶ．一方，未知の分野や蓄積されたデータがない場合は，公表されている資料などを参考に，試行を重ねて訂正していく．

はめあい選択

はめあいには次の 3 種類がある．製品の機能，信頼性，互換性，加工工数，製作コスト，過去の事例などを考慮し，p.57 の表も参考にして，はめあいの程度を選択する．

すきまばめ

はめあわされた物がスライドしたり回転したり，または取り外したりできる組合せ．

（図例）ボールベアリング内輪用スペーサ

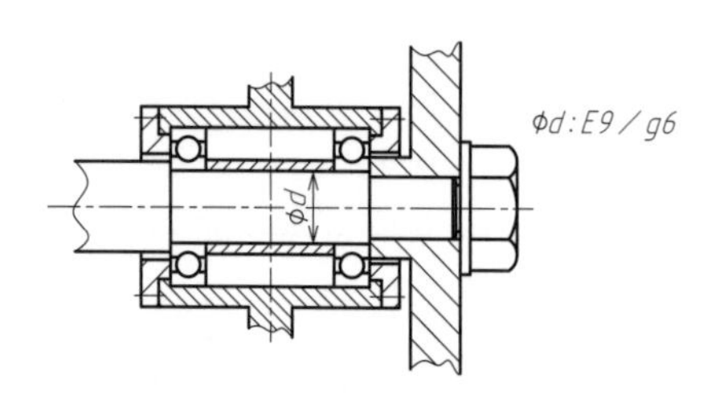

よく使われる寸法指定

ドアハンドル/ドアヒンジ	H9／e9
工業用カッタ	H9／e9
回転摺動のガイド面	H9／f8
プッシュロッド	H7／e7
スライダ	H7／f7
ボールベアの外輪用スペーサ	H7／e9
レバーとスタッドピン	H9／h9（一般）　H8／h8（精密）
プーリ等ホイールのキー固定	H8／h8
割り締め	H8／e8（φd：30以下） H9／h9（φd：30以上）

しまりばめ

材料の弾性を利用して相互を固定し，分解できない組合せ．

（図例）歯車，プーリなどとハブとのはめあい

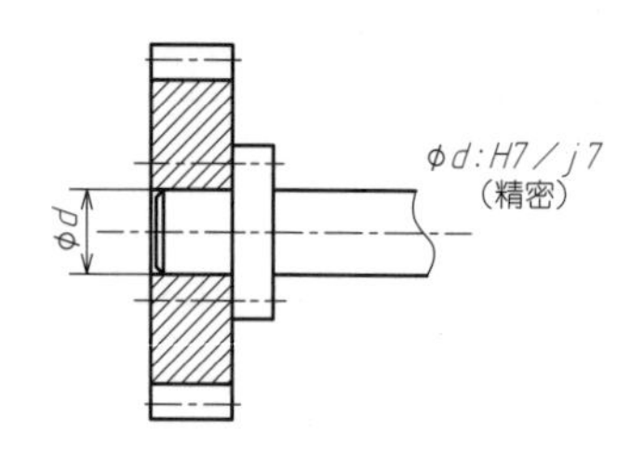

よく使われる寸法指定

玉軸受（内輪回転）	外輪側座 H7 内輪側軸 js6（k6）
玉軸受（外輪回転）	外輪側座 M7 内輪側軸 h6（g6）
精度の高い固定ピン	H8／h7（一般） H7／j7（精密）

中間ばめ

上記二つの中間で，すきまのあそびがないものの，取り外すこともある場合の組合せ．

（図例）ボスを板材にかしめる

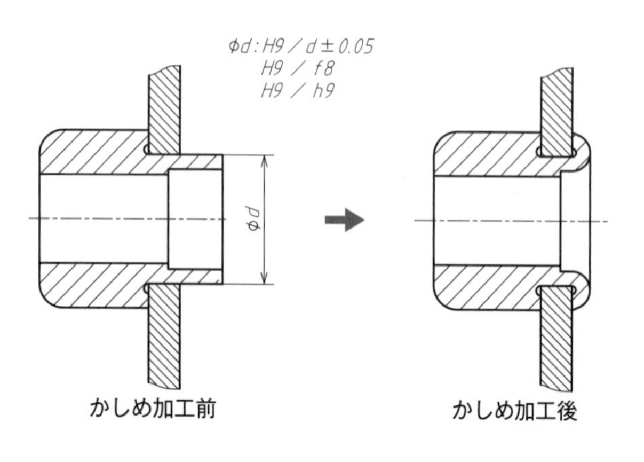

よく使われる寸法指定

かしめ不可のピン	H7／p7
圧入ブシュ	H7／h7（p7）
テーパピン固定軸穴	H7／j7（精密） H9／h8（粗）

NOTE

上記の表は，一般機械，軽負荷，低速回転の条件の場合で，条件が異なると数値も異なることに注意．

3.2 サイズ公差とはめあい

3.2.4 はめあい選択の基準

穴と軸のような相手部品とのいろいろな組合せにおけるはめあいの際に参考となる表を示す.

区分			H6	H7	H8	H9	H10	適用部分		機能上の分類	適用例
回転あるいは摺動部	すきまばめ	緩合				c9	b9 c9	とくに大きいすきまがあってもよいか，または，すきまが必要な動く部分．また，組立を容易にするために，すきまの余裕を大きくしてもよい部分．高温時になっても膨張分を吸収できる適切なすきまを必要とする部分．		機能上大きいすきまが必要な部分(相対的に相互が膨張するので，位置誤差が大きいもの．はめあい長さが長いもの)．	埃を受ける軸受 緩い止めピンのはめあい
		緩転合			d9	d9	d9	大きいすきまを設けてもよい．あるいは，すきまが必要な部分． はめあい長さが長い軸受など．			シール部，緩いプーリ ピストンリングとリング溝
				e6 e7	e8	e9		一般的なすきまが必要な動く部分． やや大きなすきまが必要で，潤滑のよい軸受部． 強制潤滑された高温・高速・高負荷の軸受部． 潤滑性がよくて回転または摺動するところ．		一般の回転・摺動する部分(潤滑のよいことが要求される)． 普通のはめあい部分(分解することが多いもの)．	幅長の半割り軸受 内燃機関のクランク軸用主軸受 一般摺動幅長の半割り軸受部 排気弁座のはめあい
		転合	f6	f6 f7	f7 f8			適当なすきまが必要な動く部分(上質のはめあい)． 一般のグリース・油潤滑で周囲が常温下での軸受部．潤滑性がよくて回転または摺動するところ．			一般的な軸とブシュ 小型電動機やポンプの軸受 歯車箱の軸受 リンク機構のレバーと軸受
		精転合	g5	g6				軽荷重の精密機器の連続回転部分． すきまの小さい運動のできるはめあい（位置決めなど)． 精密な摺動部分．		ほとんどがたつきのない精密な動きが必要な部分．	精密リンクのピン ピストン，スピンドル，プランジャ， 滑り弁 キーとキー溝 精密モータの軸と軸受
固定部	中間ばめ	精滑合	h5	h6	h7 h8	h9	h9	潤滑油を使用すれば，手で動かせるはめあい． とくに精密な摺動部分．	部品を損傷しないで分解・組立できる．	はめあい部の結合力だけでは，力を伝達することはできない．	精密な歯車装置の歯車のはめあい ベルト車の軸 精密な制御弁棒 精密な摺動送りねじ機構
		押込	h5 h6	js6				わずかなしめしろがあってもよい取付部分．使用中互いに動かないようにする．高精度の位置決め木・鉛・ゴムハンマなどで組立・取外しが容易なはめあい．			歯車軸とボスのはめあい 継手フランジ間のはめあい 精密な歯車装置の歯車のはめあい
		打込	js5	k6				組立・分解に鉄ハンマ，ハンドプレスなどを使用する程度のはめあい(部品相互の回転防止にはキーなどが必要)． 高精度の位置決め．			リーマボルト ピストンピンとクラッチの軸 歯車ポンプ軸とケーシングの固定
			k5	m6				少しのすきまも許されない高精度な位置決め． 組立・分解に鉄ハンマ・ハンドプレスを使用する程度のはめあい．			高集積回路金型の位置決めピンのはめあい 油圧機器ピストン，スピンドル，プランジャと軸の固定 継手フランジと軸のはめあい 焼結合金軸受のはめあい
		緩圧入	m5	n6				組立・分解に相当な力を要するはめあい． 高精度の固定取付(大トルクの伝動にはキーなどが必要)．		小さい力なら，はめあい部の結合力で伝達できる．	高精度はめ込み たわみ軸継手と軸とのはめあい 吸入弁側弁案内の挿入
	しまりばめ	圧入	n5 n6	p6				分解・組立に大きな力を要するはめあい． 非鉄どうしの場合には，圧入力は緩圧入程度となる． 鉄鋼と鉄鋼，青銅と銅との標準的圧入固定．	部品を損傷しないで分解することはできない．		小トルクの歯車と軸との固定 たわみ継手軸と駆動側歯車 吸入弁側弁案内の挿入
		圧入／強圧入	p5	r6				比較的小寸法の鉄部品の中圧入固定． 比較的小寸法の非鉄部品の緩圧入固定． 大寸法の部品では，焼きばめ・冷やしばめ・強圧入となる．		はめあいの結合力で，相当の力を伝達することができる．	ポンプインペラ軸 継手フランジと軸の焼きばめ 密閉圧縮機のロータ軸とロータ モータステータとシェルなどの焼きばめ
		強圧入	r5	s6				相互にしっかりと固定され，組立には焼きばめ，冷やしばめ，強圧入を必要として，永久的な組立となる． 軽合金の場合は圧入程度となる．			車輪と軸の結合 駆動歯車とボスの固定

3.2　サイズ公差とはめあい

3.2.5　穴基準はめあいと軸基準はめあい

一般に，穴または軸の一方を一定にして，もう片方のサイズ公差を調整して，必要なはめあいの組合せを得られるようにする．穴側を一定にする方式を「穴基準はめあい」，軸側を一定にする方式を「軸基準はめあい」という．

穴基準はめあいの例

加工工作上の利便性を考えると，一般には，穴の内径のほうが軸の外径よりも切削や研削の加工がしにくい．このため，穴のほうのはめあいの公差を一定にして，はめあいの程度は軸の外径で調節するほうが経済的である．したがって，穴基準はめあいが多く用いられている．

中間ばめの例

p.78 の加工治具組立図を部分的に示した図である．ベース①はワークスピンドルに固定され，そこにワークサポート②が精滑合される．

穴基準として精度管理がしやすい軸側をはめあわせる形をとっている．

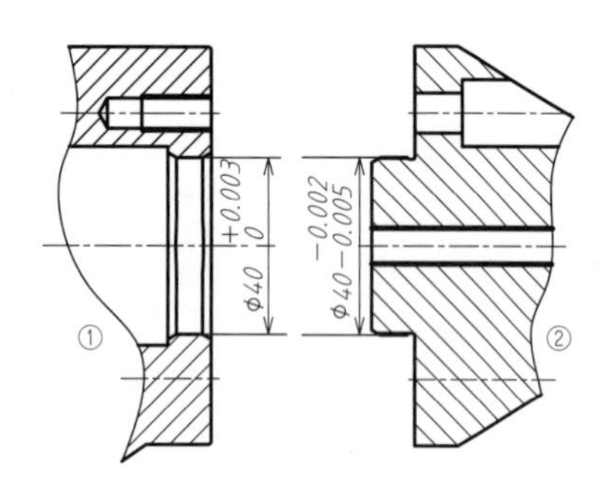

しまりばめの例

本体直径が大きな鋳鉄製のミキシングボール内の撹拌（かくはん）機構を駆動するかさ歯車ユニットで，本体側ではめあい部の加工ができない．また，メンテナンスを考慮しておく必要があるので，本体側にユニットを圧入するはめあい構造となっている．

かさ歯車ユニットに加わる衝撃荷重を考慮して，H7 ／ h6 や H7 ／ m6 あるいは H7 ／ n6 といったはめあいを選ぶ．

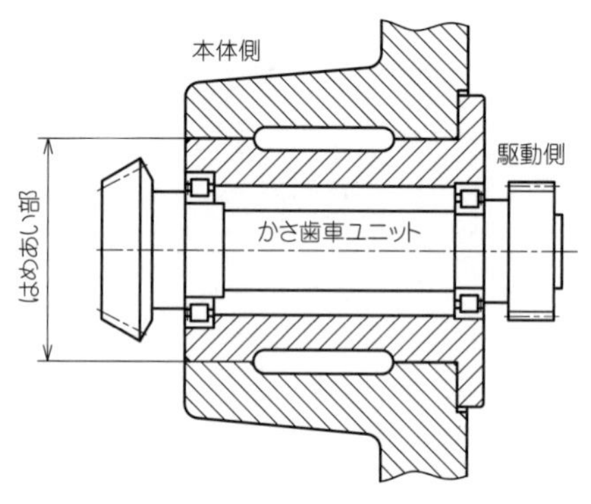

軸基準はめあいの例

軸基準はめあいのほうが有利にはたらく場合もある．下図の扇風機軸のように，1 本の軸に対して軸受は高精度のすきまばめ，リテーナもすきまばめ，スピンナは脱着自在のすきまばめ，ロータは精度の必要な焼きばめ（しまりばめ）のような場合である．p.36 の小型密閉型圧縮機の軸受（高精度のすきまばめ）とロータの焼きばめ（しまりばめ）も軸基準はめあいの例である．これらをもし穴基準とすれば，1 本の軸ではめあいする場所ごとに異なる公差にしなければならず，製作はきわめて困難となる．

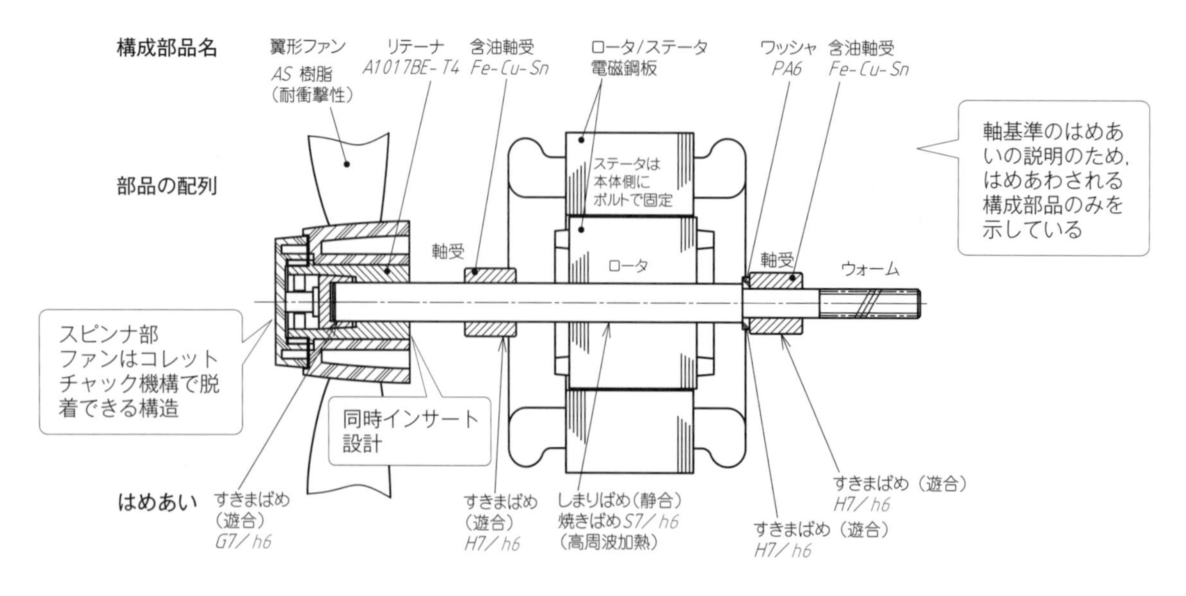

3.2 サイズ公差とはめあい

3.2.6 新旧規格用語の比較

以下の規格の用語の対比表を示す．

旧規格：JIS B 0401−1-1998「寸法公差及びはめあいの式　第１部：公差，寸法差及びはめあいの基礎」

新規格：JIS B 0401−1-2016「製品の幾何特性仕様（GPS）—長さに関するサイズ公差の ISO コード方式　第１部：サイズ公差，サイズ差及びはめあいの基礎」

	新規格	旧規格（注）		新規格	旧規格
変更された用語	図示サイズ	基準寸法	変更のない用語	許容差	許容差
	当てはめサイズ	実寸法		穴	穴
	許容限界サイズ	許容限界寸法		基準穴	基準穴
	上の許容サイズ	最大許容寸法		軸	軸
	下の許容サイズ	最小許容寸法		基準軸	基準軸
	サイズ差	寸法差		すきま	すきま
	上の許容差	上の寸法許容差		最小すきま	最小すきま
	下の許容差	下の寸法許容差		最大すきま	最大すきま
	基礎となる許容差	基礎となる寸法許容差		しめしろ	しめしろ
	サイズ公差	寸法公差		最小しめしろ	最小しめしろ
	基本サイズ公差	基本公差		最大しめしろ	最大しめしろ
	基本サイズ公差等級	公差等級		はめあい	はめあい
	サイズ許容区間	公差域		すきまばめ	すきまばめ
	公差クラス	公差域クラス		しまりばめ	しまりばめ
	はめあい幅	はめあいの変動量		中間ばめ	中間ばめ
	ISO はめあい方式	はめあい方式	片方しかない用語	サイズ形体	—
	穴基準はめあい方式	穴基準はめあい		図示外殻形体	—
	軸基準はめあい方式	軸基準はめあい		Δ値	—
				サイズ公差許容限界	—
				—	局部実寸法
				—	寸法公差方式
				—	基準線
				—	公差単位

（注）旧規格の用語を文章や図面で絶対に使用しないこと．

3.3 幾何公差

3.3.1 幾何公差の指定と記入

品物の形状や姿勢（ゆがみ，ねじれ，曲がりなど）に関する公差が，幾何公差である．

幾何公差の種類

それぞれの公差の定義と指示方法は，JIS B 0021 で定められており，3.3.2 ～ 3.3.5 項にまとめる．

（JIS B 0021）

幾何公差の種類		記　号	データム指示
形状公差	真直度公差	—	不要
	平面度公差	▱	不要
	真円度公差	○	不要
	円筒度公差	⌭	不要
	線の輪郭度公差	⌒	不要
	面の輪郭度公差	⌓	不要
姿勢公差	平行度公差	//	必要
	直角度公差	⊥	必要
	傾斜度公差	∠	必要
	線の輪郭度公差	⌒	必要
	面の輪郭度公差	⌓	必要
位置公差	位置度公差	⌖	必要・不要
	同心度公差	◎	必要
	同軸度公差	◎	必要
	対称度公差	⌯	必要
	線の輪郭度公差	⌒	必要
	面の輪郭度公差	⌓	必要
振れ公差	円周振れ公差	↗	必要
	全振れ公差	⌰	必要

POINT

(1) データム指示は必要な場合と不要な場合とがある．
(a) その形状自体で幾何公差を決めることができる形態（単独形体という）
➡ データム指示が「不要」
(b) データムを基準にして，必要な形状の幾何公差を決める形態（関連形体という）
➡ データム指示が「必要」
つまり，データムは，基準面，基準線と考えると理解しやすい．

(2) 引出線が寸法数値の矢印の延長と一致するときと一致しないときとで，データムや幾何公差記入枠の定義は異なる．
(a) 一致するとき ➡ 寸法数値で指示された形状全体が対象となる．
(b) 一致しないとき ➡ 指示された場所のみが対象となる．ただし，これは関連形体のみで，単独形体は除く．

幾何公差の記入例

下の例のように，細枠で囲み，必要な場所に指示する．応用編の第 5，6 章の図例で感覚を養ってほしい．

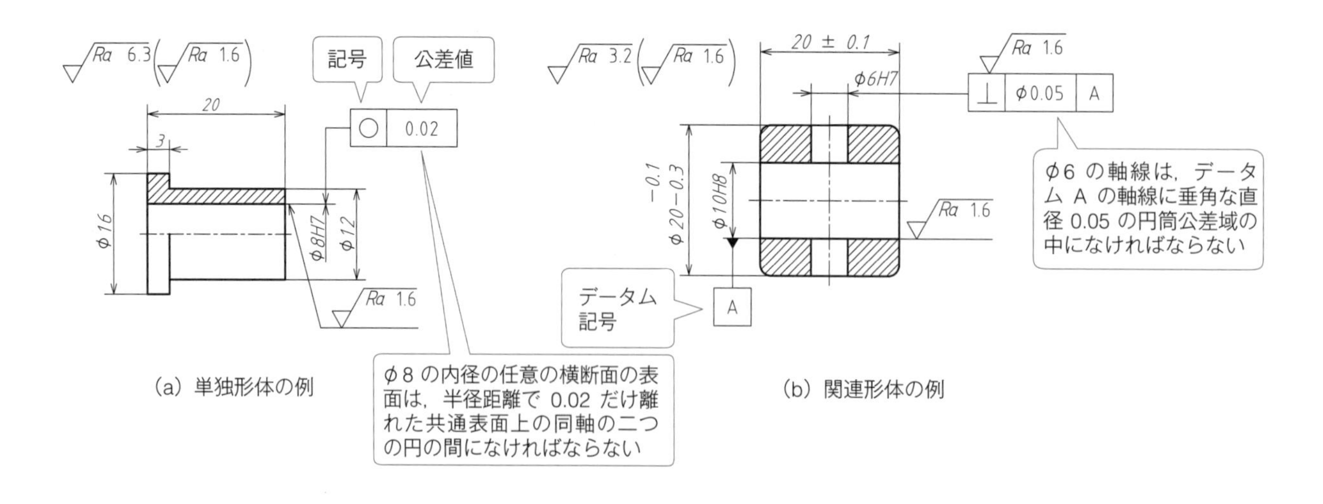

(a) 単独形体の例　　(b) 関連形体の例

3.3 幾何公差

3.3.2 幾何公差の定義と指示方法（1）

定義の図中の線　太い実線・破線：形体，　細い実線・破線：公差域，　太い一点鎖線：データム，　細い一点鎖線：中心線

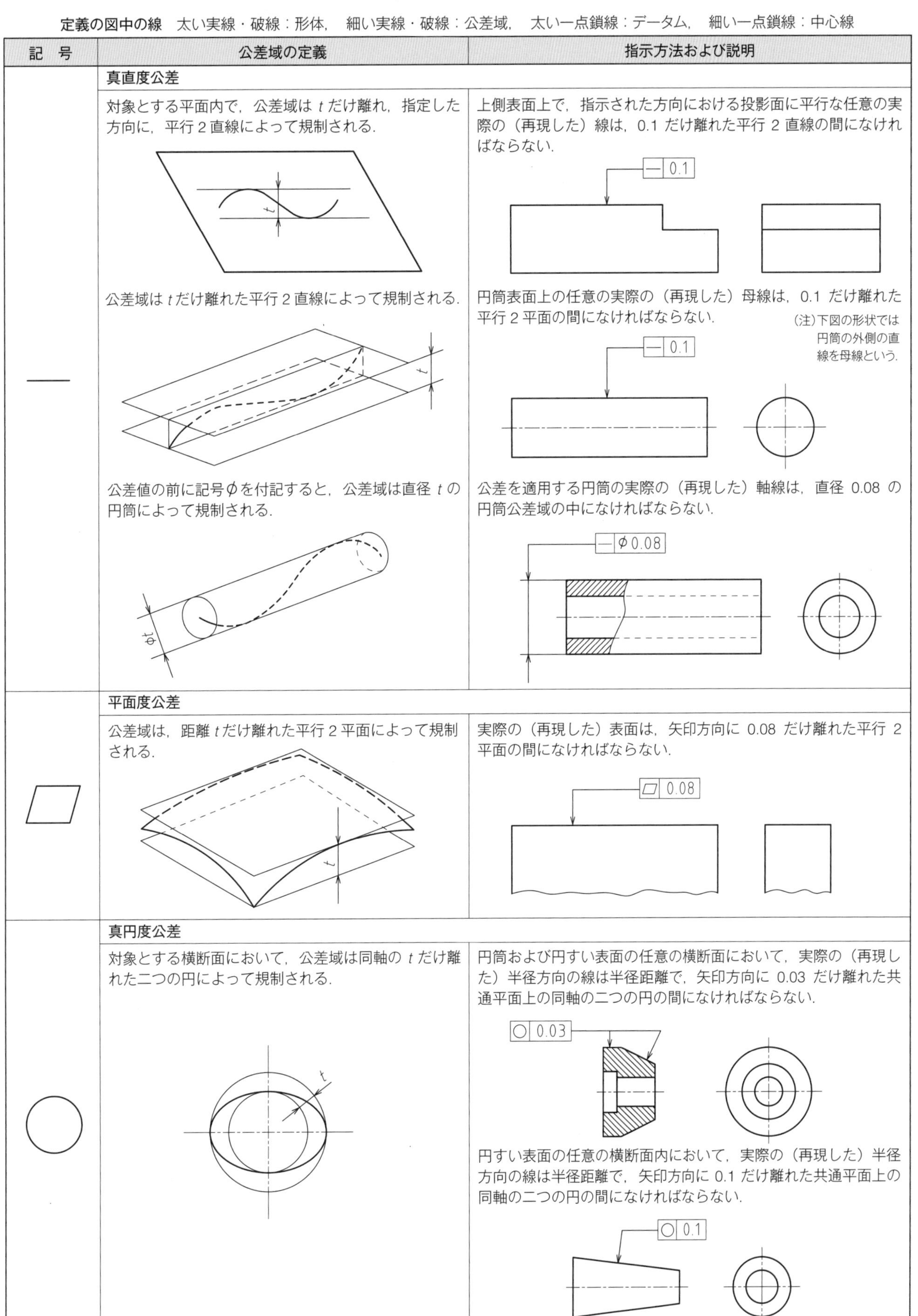

記　号	公差域の定義	指示方法および説明
—	**真直度公差**	
	対象とする平面内で，公差域は t だけ離れ，指定した方向に，平行２直線によって規制される.	上側表面上で，指示された方向における投影面に平行な任意の実際の（再現した）線は，0.1 だけ離れた平行 2 直線の間になければならない. — 0.1
	公差域は t だけ離れた平行２直線によって規制される.	円筒表面上の任意の実際の（再現した）母線は，0.1 だけ離れた平行２平面の間になければならない. (注)下図の形状では円筒の外側の直線を母線という. — 0.1
	公差値の前に記号 ϕ を付記すると，公差域は直径 t の円筒によって規制される.	公差を適用する円筒の実際の（再現した）軸線は，直径 0.08 の円筒公差域の中になければならない. — ϕ0.08
▱	**平面度公差**	
	公差域は，距離 t だけ離れた平行２平面によって規制される.	実際の（再現した）表面は，矢印方向に 0.08 だけ離れた平行 2 平面の間になければならない. ▱ 0.08
○	**真円度公差**	
	対象とする横断面において，公差域は同軸の t だけ離れた二つの円によって規制される.	円筒および円すい表面の任意の横断面において，実際の（再現した）半径方向の線は半径距離で，矢印方向に 0.03 だけ離れた共通平面上の同軸の二つの円の間になければならない. ○ 0.03 円すい表面の任意の横断面内において，実際の（再現した）半径方向の線は半径距離で，矢印方向に 0.1 だけ離れた共通平面上の同軸の二つの円の間になければならない. ○ 0.1

3.3 幾何公差

3.3.3 幾何公差の定義と指示方法（2）

記　号	公差域の定義	指示方法および説明
	円筒度公差	
⌭	公差域は，距離 t だけ離れた同軸の二つの円筒によって規制される．	実際の（再現した）円筒表面は，半径距離で矢印方向に 0.1 だけ離れた同軸の二つの円筒の間になければならない． ⌭ 0.1
	平行度公差	
//	**データム直線に関連した線の平行度公差** 公差値の前に ϕ が付記されると，公差域はデータムに平行な直径 t の円筒によって規制される．	実際の（再現した）軸線は，データム軸直線 A に平行な直径 0.03 の円筒公差域の中になければならない． // φ0.03 A
	データム平面に関連した線の平行度公差 公差域は，距離 t だけ離れ，データム平面 B に平行な平行 2 平面によって規制される． データムB	実際の（再現した）軸線は，0.03 だけ離れ，データム平面 B に平行な平行 2 平面の間になければならない． // 0.03 B
	データム平面に関連した表面の平行度公差 公差域は，距離 t だけ離れ，データム平面 C に平行な平行 2 平面によって規制される． データムC	実際の（再現した）軸線は，0.01 だけ離れ，データム平面 C に平行な平行 2 平面の間になければならない． // 0.01 C
	直角度公差	
⊥	**データム直線に関連した表面の直角度公差** 公差域は，距離 t だけ離れ，データムに直角な平行 2 平面によって規制される．	実際の（再現した）表面は，0.05 だけ離れ，データム軸直線 D に直角な平行 2 平面の間になければならない． ⊥ 0.05 D

3 3.3 幾何公差

3.3.4 幾何公差の定義と指示方法（3）

記号	公差域の定義	指示方法および説明
	傾斜度公差	
∠	**データム平面に関連した平面の傾斜度公差** 公差域は，距離 t だけ離れ，データムに対して指定した角度で傾いた平行 2 平面によって規制される． 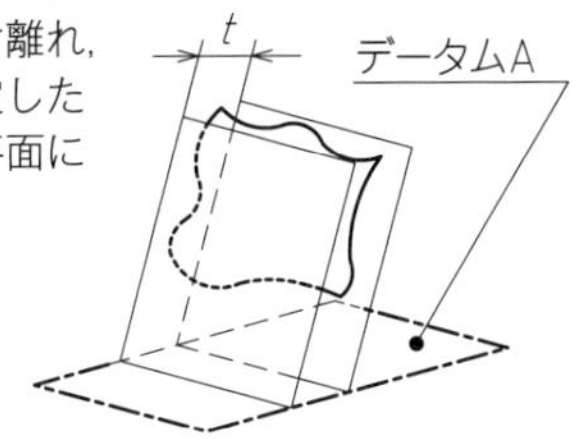 	実際の（再現した）表面は，0.05 だけ離れ，データム平面 A に対して理論的に正確に 40° 傾斜した平行 2 平面の間になければならない． 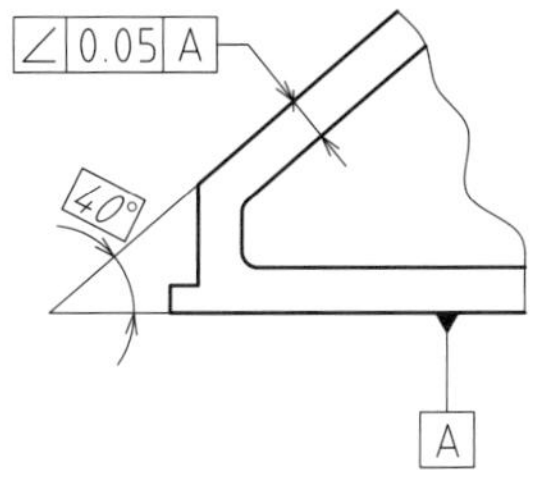
	位置度公差	
⌖	**線の位置度公差（方向を指定している場合）** 公差域に ϕ がつけられた場合，公差域は直径 t の円筒によって規制される．その軸線は，データム平面 B に垂直で，C および D に関して理論的に正確な寸法によって位置付けられる． 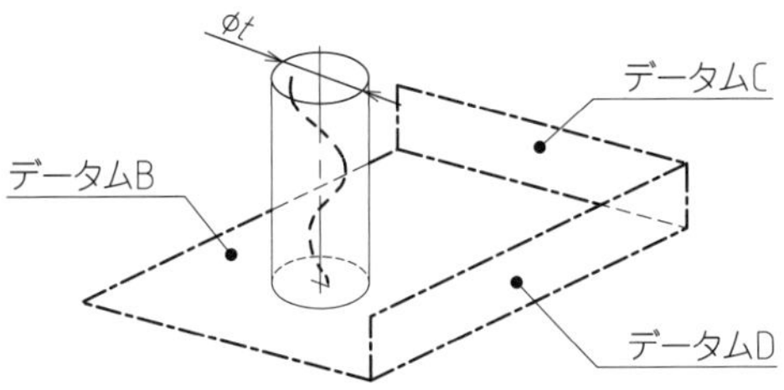 **線の位置度公差（方向を定めてない場合）** 理論的に正確な寸法によって位置付けられた穴の軸線は，データムとは関係なく与えられ，公差域は真位置を軸線とする直径 t の円筒により規制される． 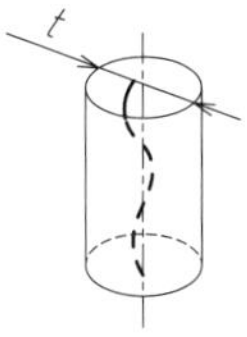 	実際の（再現した）軸線は，その穴の軸線がデータム平面 B に垂直で，C および D に関して理論的に正確な位置にある直径 0.05 の穴の円筒公差域の中になければならない． 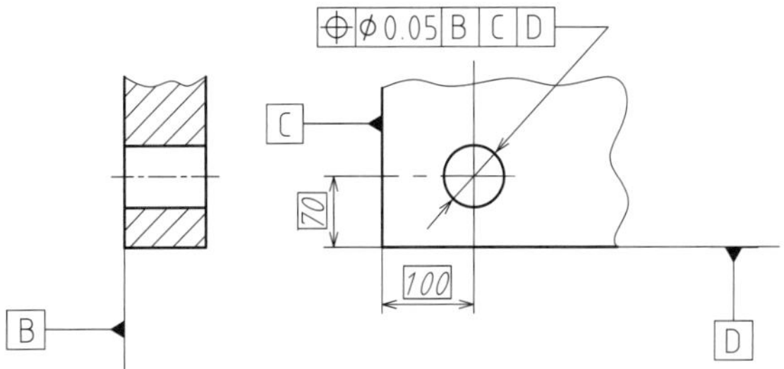 指示線で示された六つの穴の軸線相互の関係位置は，30 mm 離れた理論的に正確な位置にある． 公差域は真位置を軸線とする直径 0.05 の円筒の中になければならない． 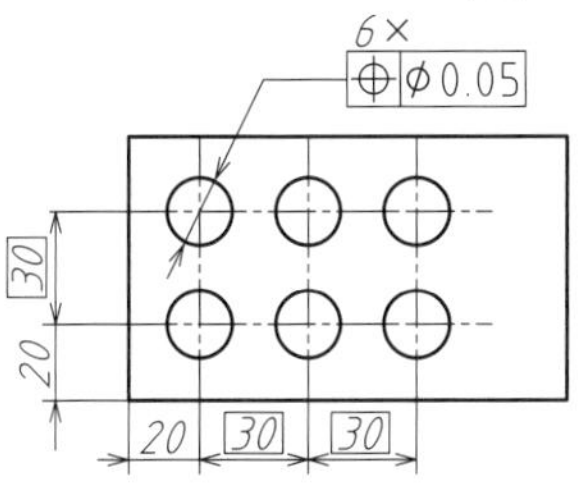
	同軸度公差	
◎	**軸線の同軸度公差** 公差域に ϕ がつけられた場合，公差域は直径 t の円筒によって規制される．円筒公差域の軸線は，データムに一致する． 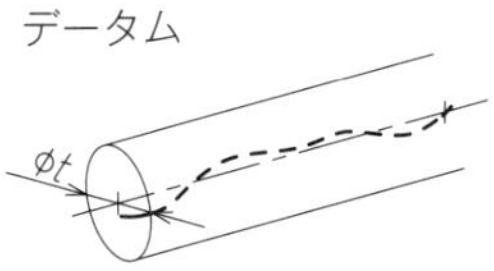 	指示線で示した円筒（ϕ_2）の実際の（再現した）軸線は，共通データム軸直線 E–F に同軸の直径 0.05 の円筒公差域の中になければならない． 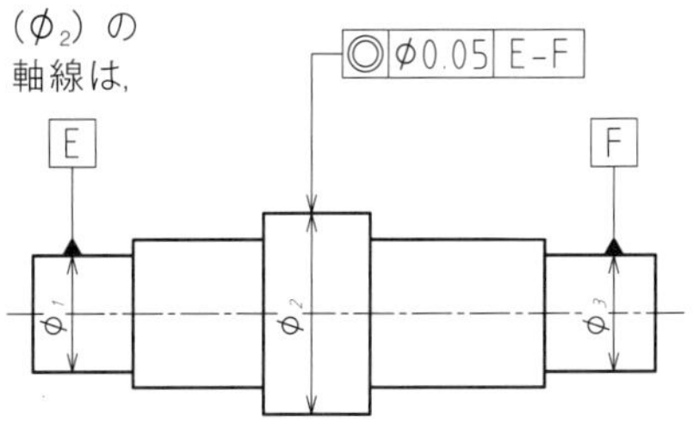
	対称度公差	
⌯	**中心平面の対称度公差** 公差域は，t だけ離れ，データムに関して中心平面に対称な平行 2 平面によって規制される． 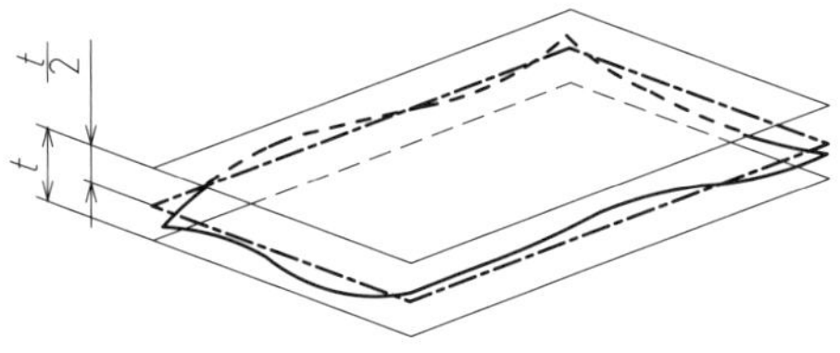 	実際の（再現した）中心平面は，データム中心平面 G に対称な 0.08 だけ離れた平行 2 平面の間になければならない． 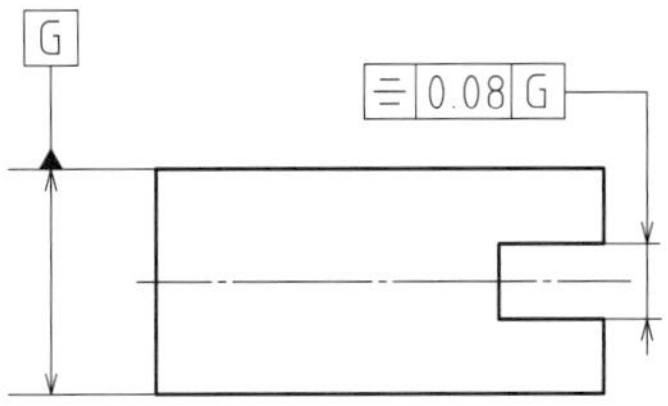 実際の（再現した）中心平面は，共通データム中心平面 H–K に対称で，0.08 だけ離れた平行 2 平面の間になければならない． 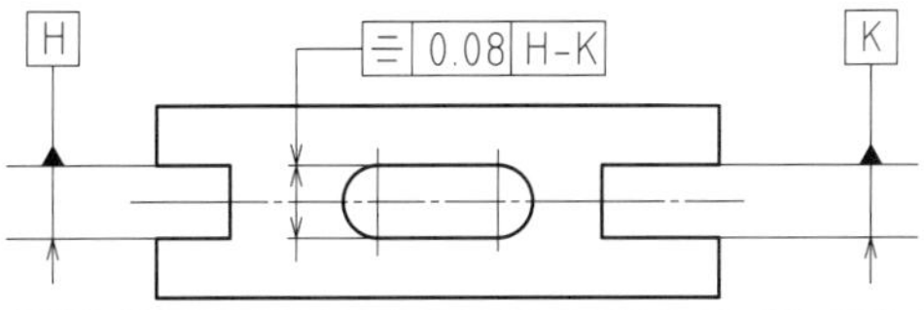

3.3 幾何公差

3.3.5 幾何公差の定義と指示方法（4）

記号	公差域の定義	指示方法および説明
	円周振れ公差	
	円周振れ公差─半径方向 公差域は，半径が *t* だけ離れ，データム軸直線に一致する同軸の二つの円の軸線に直角な任意の横断面内に規制される． 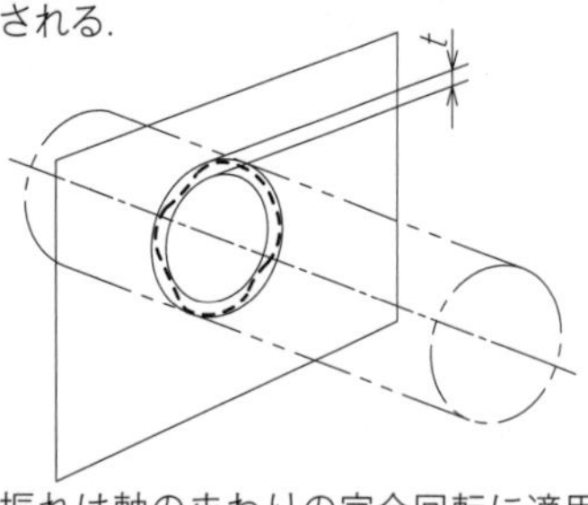	回転方向の実際の（実現した）円周振れは，データム軸直線 A のまわりを，そしてデータム平面 B に同時に接触させて回転する間に，任意の横断面において 0.1 以下でなければならない． 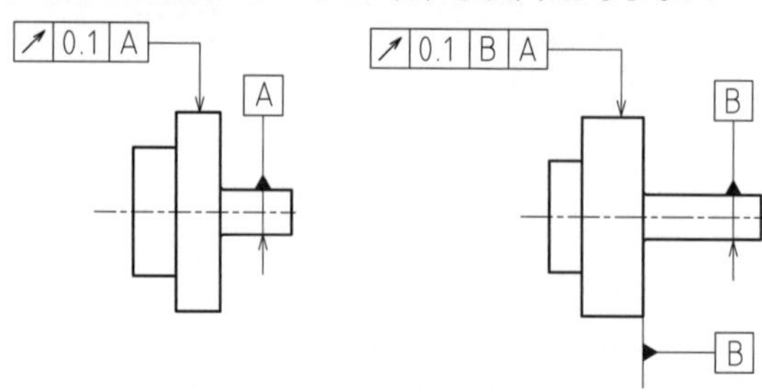
	通常，振れは軸のまわりの完全回転に適用されるが，1 回転の一部分に適用するために規制することができる．	実際の（実現した）円周振れは，共通データム軸直線 C-D のまわりに 1 回転させる間に，任意の横断面において 0.1 以下でなければならない． 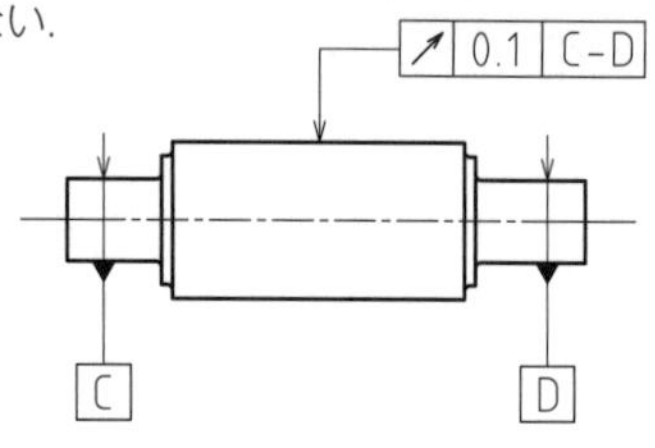
	**円周振れ公差─軸方向** 公差域は，その軸線がデータム軸直線に一致する測定円筒断面内にあり，軸方向に *t* だけ離れた二つの円の間の任意の半径方向の位置で規制される． 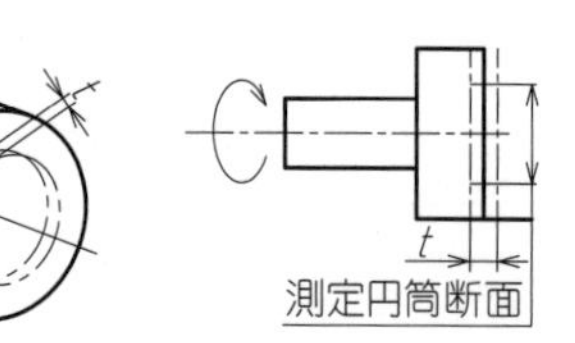	データム軸直線 E に一致する円筒において，軸方向の実際の（再現した）線は 0.1 離れた，二つの円の間になければならない． 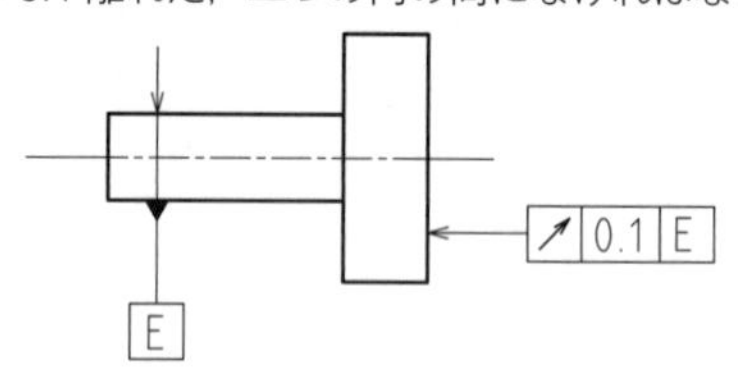
	円周振れ公差─任意の方向 公差域は，*t* だけ離れ，その軸線がデータムに一致する任意の円すいの断面の二つの円の中に規制される． 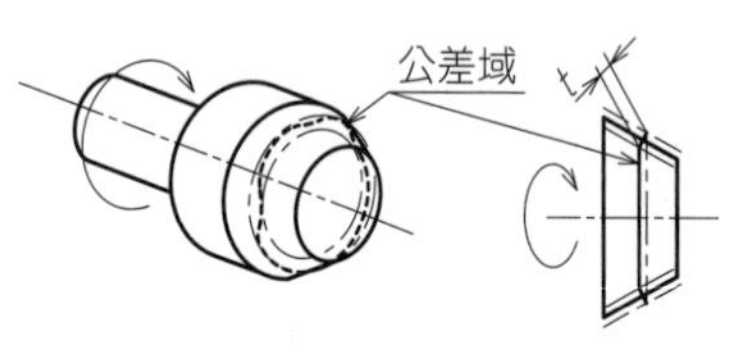	実際の（実現した）振れは，データム軸直線 F のまわりに 1 回転させる間に，任意の円すいの横断内で 0.1 以下でなければならない． 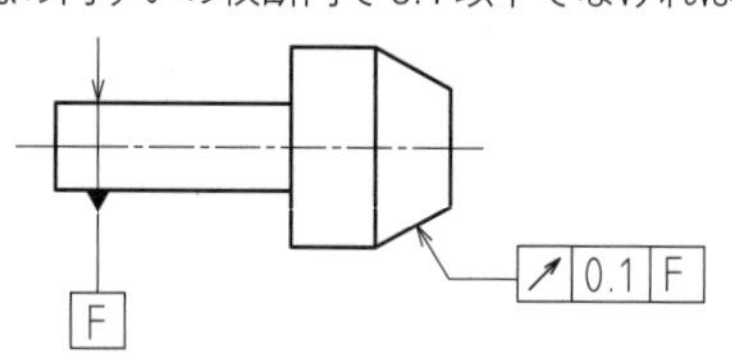
	円周振れ公差─指定した方向 公差域は，半径が *t* だけ離れ，データム軸直線に一致する同軸の二つの円の軸線に直角な任意の横断面内に規制される． 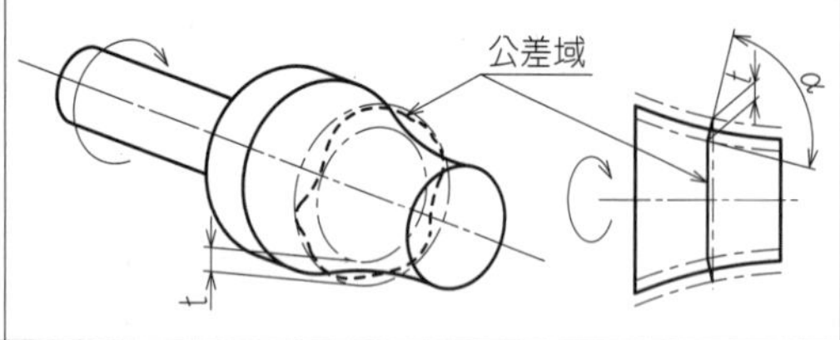	指定した方向における実際の（実現した）円周振れは，データム軸直線 G のまわりに 1 回転させる間に，円すいの任意の横断内において 0.1 以下でなければならない． 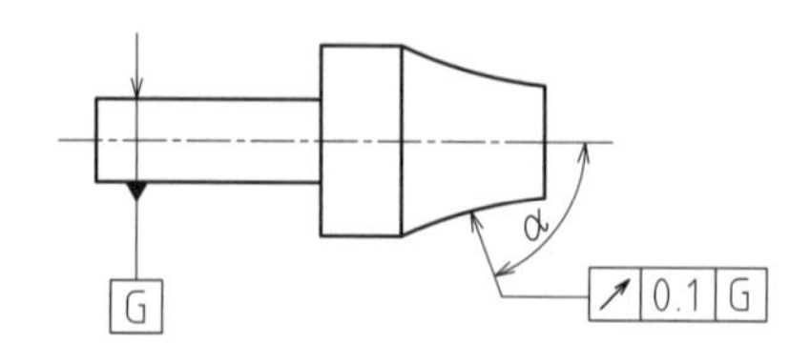
	全周振れ公差	
	**円周方向の全周振れ公差** 公差域は，*t* だけ離れ，その軸線はデータムに直角な平行 2 平面によって規制される． 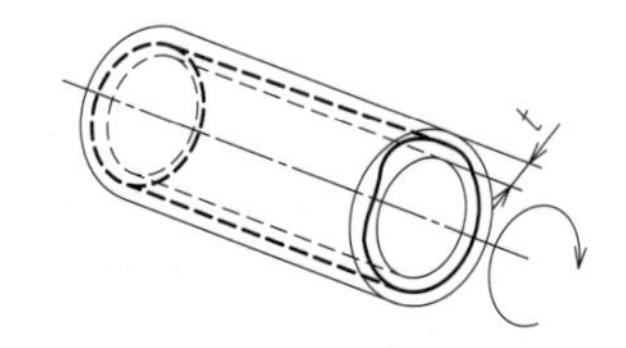	実際の（実現した）表面は，0.1 の半径の差で，その軸線が共通データム軸直線 H-J に一致する同軸の二つの円筒の間になければならない． 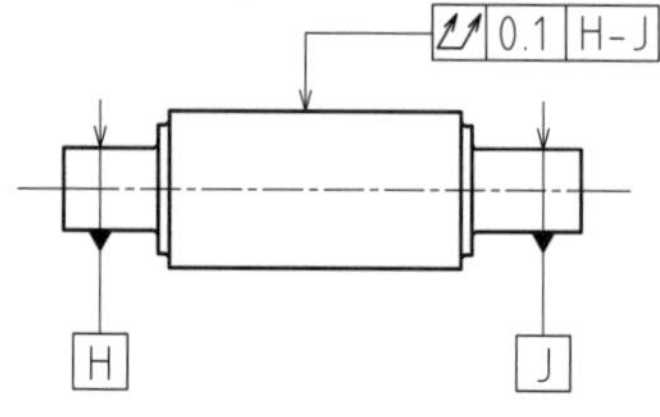

3.3 幾何公差

3.3.6 理論的に正確な寸法と突出公差域

理論的に正確な寸法（TED）

寸法許容差を認めない寸法を**理論的に正確な寸法**（theoretically exact dimension：TED）といい，寸法数値を長方形の細線枠で囲んで図示する．

幾何公差を指定する際，その位置や角度を示す寸法に許容差を設定すると，寸法の ± 値と公差域の ± 値の解釈に矛盾が生じ，公差域の解釈が複雑になる．このような場合，寸法許容差を認めず TED を利用する．

TED は，位置度公差，輪郭度公差，傾斜度公差の寸法に使用されることが多い．

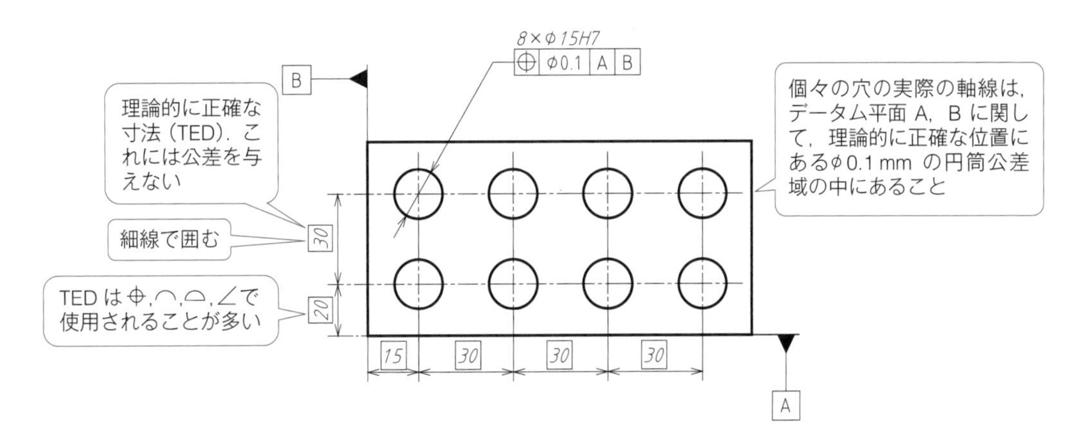

突出公差域

普通，幾何公差は形体の範囲内に指示するが，相手部品の仮想領域に指示できるのが突出公差域（projected tolerance zone）であり，Ⓟで表す．

この指示で，相手部品を確実に組付けられるようになる．

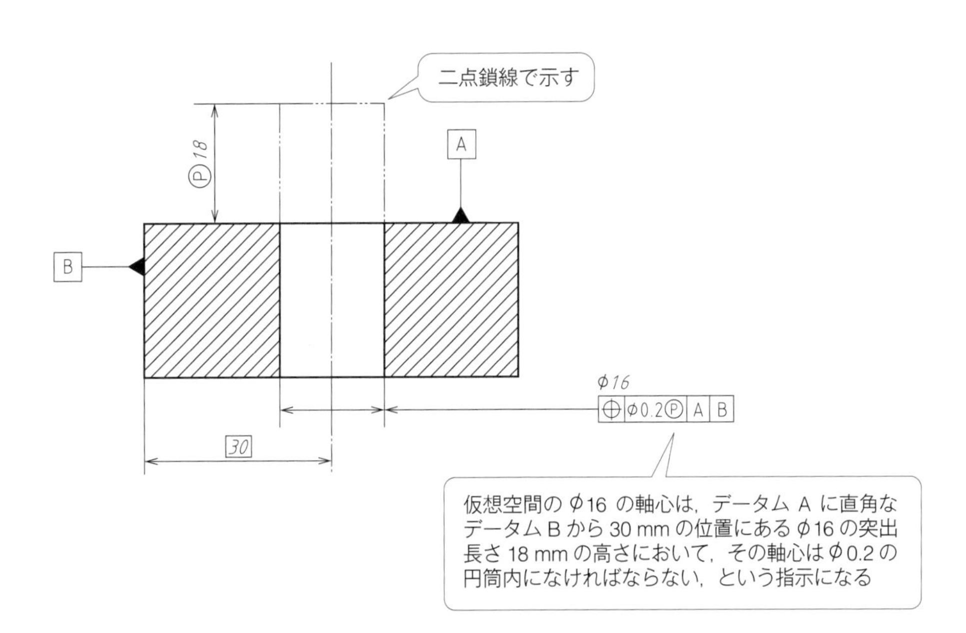

3.4 独立の原則

3.4.1 独立の原則とその例外（1）

独立の原則

JIS B 0024 で定義されている独立の原則とは，「特に指定されない限り，サイズ公差と幾何公差は互いに無関係に適用すること」である．

独立の原則から外れるものには，以下の三つがある．

(a) 包絡の条件

(b) 共通公差域

(c) 最大（最小）実体公差方式

> **NOTE**
> 独立の原則は，JIS B 0024-2019 に記載されているが，より詳しい説明が旧規格の 1988 年版にある．

(a) 包絡の条件

単独形体，つまり円筒面または平行 2 辺面によって決められるサイズ形体に対し，形体が最大実体寸法（次ページ参照）における完全形状（形体）の包絡面を越えてはならないことを，包絡の条件という．

包絡の条件は，長さ寸法公差の後ろに記号Ⓔ（マルイー）を付記して指定する．

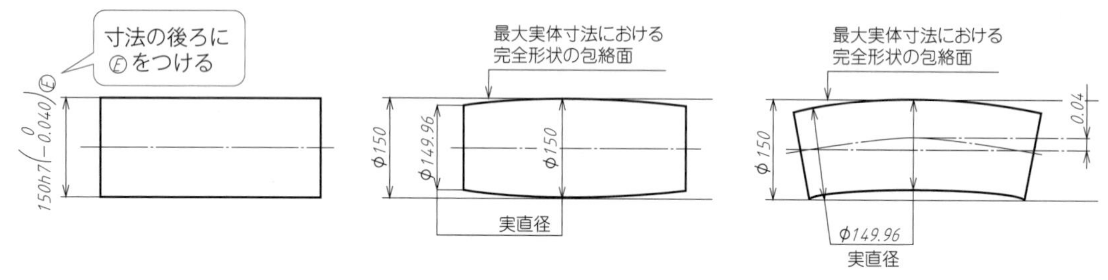

(b) 共通公差域

数個の離れた形体に同じ公差値を適用する場合は，図（a）のように図示する．

図（b）のように一つの公差域を適用する場合には，公差記入枠内の公差値の後ろに CZ を付記する．

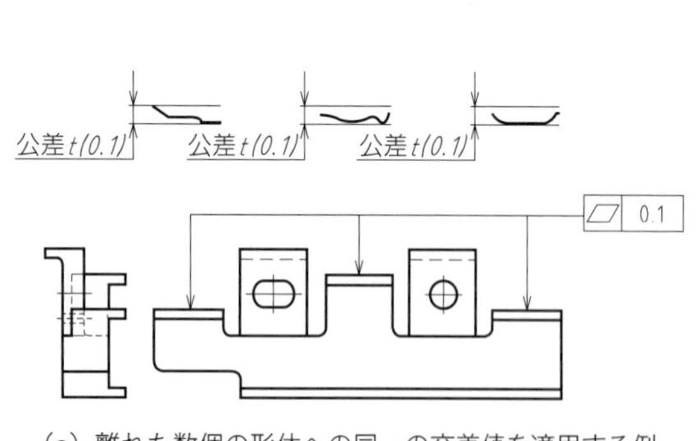

(a) 離れた数個の形体への同一の交差値を適用する例

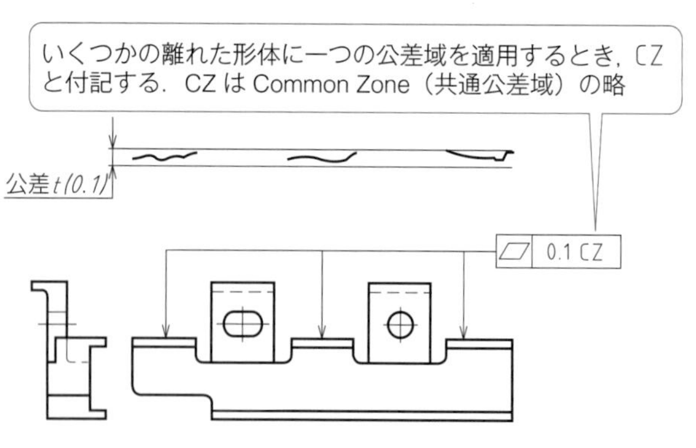

(b) 離れた数個の形体に対して同じ公差域を適用する例

3.4　独立の原則

3.4.2　独立の原則とその例外（2）

（c）最大実体公差方式と最小実体公差方式

最大実体状態（maximum material condition：MMC）：形体のどこにおいても，その形体の実体が最大となるような許容限界寸法（たとえば，最小の穴径，最大の軸径）をもつ形体の状態．

最小実体状態（least material condition：LMC）：形体のどこにおいても，その形体の実体が最小になるような許容限界寸法（たとえば，最大の穴径，最小の軸径）をもつ形体の状態．

実効状態（virtual condition：VC）：図面指示によってその形体に許容される完全状態の限界．この状態は，最大実体寸法と幾何公差の総合効果によって生じる．この状態の寸法を実効寸法という．

最大実体公差方式・最小実体公差方式：サイズ公差と幾何公差の関係を加味して，現場の効率を上げるのに利用する．

名　称	最大実体公差方式	最小実体公差方式
英語（略号）	Maximum Material Requirement；MMR	Least Material Requirement；LMR
記号（呼び方）と例	Ⓜ（マルM）　例）⌖│0.3Ⓜ	Ⓛ（マルL）　例）⌖│0.3Ⓛ
適用可な幾何公差	— // ⊥ ∠ ◎ ⌯ ⌖	⌖ ◎

中心線が中心平面をもつサイズ形体にのみ適用可能

最大実体公差方式と最小実体公差方式の実例

（mm）

	最大実体公差方式		最小実体公差方式[1]
実　例	4×φ8 −0.1/−0.2　⌖│φ0.1Ⓜ　32　32	4×φ8 +0.2/+0.1　⌖│φ0.1Ⓜ　32　32	φ51 0/−0.1　A　φ39 +1/0　◎│φ0Ⓛ│AⓁ
最大実体状態の寸法	φ 7.9	φ 8.1	外径 φ 51／内径 φ 39
最小実体状態の寸法	φ 7.8	φ 8.2	外径 φ 50／内径 φ 40
合成許容差値	（実効状態）MMRにのみ適用する　許容差（理論的に正確な位置からの偏差）0.3　0.2　0.1　緩和できる領域　軸の許容差　軸径　緩和できる領域　穴の許容差　穴径　14.7　14.8　14.9　15.0　15.1　15.2　15.3		最小実体寸法　φ0　5（最小厚さ）　50　40　最小実体実効寸法　最小実体寸法　最小実体寸法　最小実体状態における完全形状の境界　最大実体寸法　50　40　最小実体状態における完全形状の境界　最小実体実効寸法　39　51　2　得られた合成許容差値 5 最小厚さ　最大実体寸法　最大実体寸法
得られる合成許容値差	サイズ公差（0.1）＋幾何公差値（0.1）→ 0.2		サイズ公差（1）＋幾何公差値（0）→ 1
効果の実際例	幾何公差値が 0.1 増加し，穴，軸の組付干渉緩和		半径が最大 1 mm 偏芯にも最小厚さ 5 mm の確保

注（1）　JIS B 0023

NOTE
最大実体公差方式と最小実体公差の例は，JIS B 0023 にいろいろ載っている．

3.5 表面性状

3.5.1 表面性状の表し方

表面は，加工方法などにより凹凸やうねりなどが生じる．このような部品の最終加工状態を表面性状とよぶ．表面性状は，サイズ交差や幾何公差とともに機械の性能，寿命，加工コストなどに大きく影響するため，的確に指示する必要がある．

表面性状の表記法の変遷

下表のように，表面性状の表記法の規格はこれまでに数回変わっている．現場では，いまだに旧記号を用いることもあるので，過去の規格も知っておくとよい．記号の形が変わっているだけではなく，適用範囲も異なることに注意が必要である．

最新の表面性状記号では，さまざまな内容を精度よく指定できるようになったが，現場で活用するのは，ほとんど「表面粗さ」と「加工方法」のみである．これが旧記号がいまだに通用している理由である．表面性状の数値の単位は，3.5.3 項で示すように，μm である．

名称（JIS 年代）		三角記号（～ 1978 年）	面の肌記号（1978 ～ 2002 年）	現在の規定 表面性状記号（2003 年～）
対称面を指示する記号	加工する面	▽　▽▽		
	加工しない面	～（波記号）		
表面粗さのパラメータ定義		*Rmax*（最大高さ粗さ） （*a*と*ɑ*を区別する）	*Ra*（中心線平均粗さ）（～ 1994） *Rɑ*（算術平均粗さ）（1994 ～） *Ry*（最大高さ粗さ）	*Rɑ*（算術平均粗さ） *Rz*（最大高さ粗さ） 両方併記可 （併記可だが，ほとんどが *Rɑ*を採用している）
指示できる主な内容		表面粗さと加工方法のみ （この 2 点を示せば十分なので，現在も三角記号を用いる企業もある）	面の肌 ・表面粗さ ・筋目方向 ・表面うねり　など	表面性状 ・輪郭曲線パラメータ 粗さ曲線 うねり曲線 断面曲線 ・モチーフパラメータ 粗さモチーフ うねりモチーフ ・プラトー構造の表面 ・筋目方向 ・削り代（しろ）　など
内容の表示位置		a：▽の数とともに *Rmax* の値 b：加工方法	a：*Ra*，*Rɑ* の値 b：加工方法 c：カットオフ値 評価長さ d：筋目方向の記号	a：通過帯域または基準長さ，表面性状パラメータ b：二つ目のパラメータ指示 c：加工方法 d：筋目方向の記号 e：削り代（しろ） （実際には，このように表面粗さと加工方法のみ指定することが多い．旋削 *Rɑ* 3.1）

表面粗さ定義の変化

過　去	現　在	備　考
Rmax，*Rx*（最大高さ粗さ）	*Rz*（最大高さ粗さ）	
Ra（中心線平均粗さ）	*Rɑ*（算術平均粗さ）	*Ra* は Ra_{75} と表記され，時期をみて廃止される
Rz（十点平均粗さ）	*Rzjis*（十点平均粗さ）	日本だけの表記

3.5 表面性状

3.5.2 仕上面の例と測定

実際に指定した表面性状を満たしているかを調べるには，測定をする必要がある．工作機械により，仕上面には異なる波形が現れるので，注意が必要である．

仕上面の例

表面粗さの測定には，接触式または非接触式の表面粗さ測定器を用いる．これらは，表面をたどるときの上下動を電気的に変換・増幅することで，断面曲線，粗さ曲線，Ra などのパラメータを記録できる．縦方向の拡大倍率は 100 倍から 10 万倍が標準である．以下に加工方法による仕上面の例を示す．

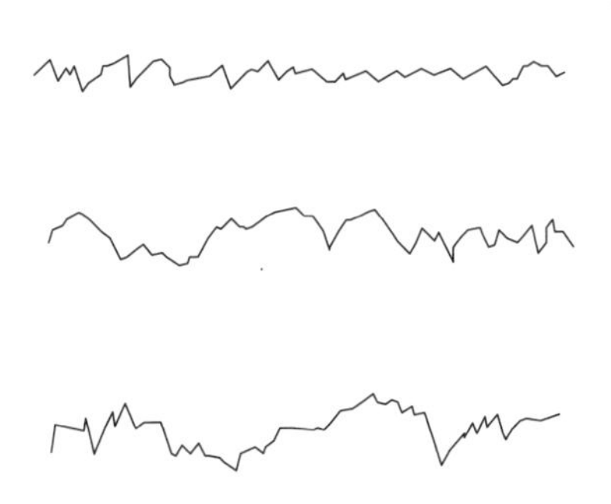

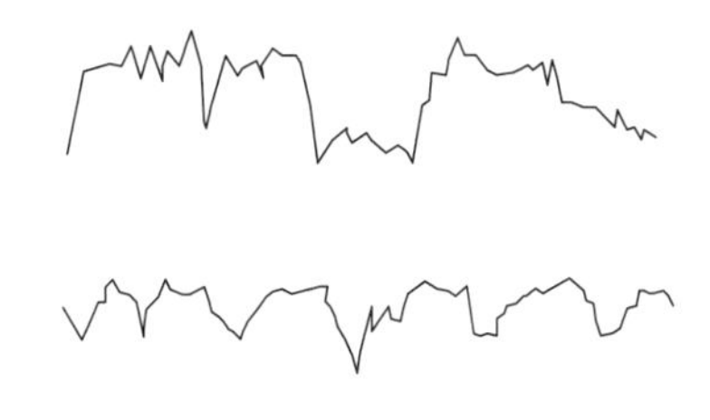

Ra と Rz の比較

通常，$Ra/Rz \fallingdotseq 0.25$ とされているが，これは，粗さ曲線が三角波と仮定した場合であることに注意する．実際の波形では，粗さ曲面の波形が複雑なので，パラメータの換算は難しい．また，Ra や Rz の値が同じであっても，加工方法が異なると，表面の状態は異なる．

波　形	Ra/Rz 比
矩形波	0.5
正弦波	0.32
三角波	0.25
不定形波（研削＋超仕上げ）	0.12～0.2
旋削，フライス削り	0.16～0.26
研削，サンドブラスト	0.10～0.17

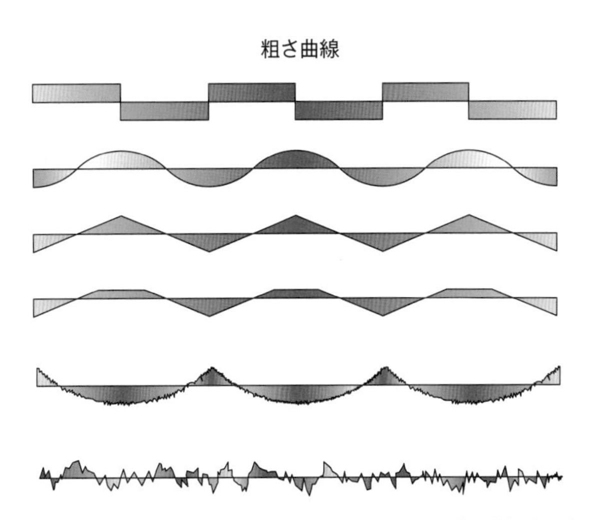

（注）各種加工での Ra/Rz の数値範囲はある実験により求めた例である（（株）東京精密ホームページ 表面性状 規格解説より）．

測定値のまとめ方

(a) 表面性状記号の規定以前→規定はなく，各社の経験で決められた．

(b) 表面性状記号の規定以後→記号で何も指示しないときは 16％ルール（測定値のうち，指示値より大きいあるいは小さい値の数が 16％以内なら合格とする）と判定する．
max と記入するときは最大値ルール（測定値のうち，1 個でも指示値より出ていると不合格）と規定する．

例：
Ra 3.2
16%ルール
Ra max3.2
最大値ルール

（注）・他社の図面を見るときは (a)，(b) のこともよく理解していないといけない．
・(b) に関する簡易手順については，『初心者のための機械製図（第 5 版）』（森北出版，2020 年）を参照のこと．
・関連 JIS 規格：JIS B 0633，JIS B 0031，JIS B 0601．

3.5 表面性状

3.5.3 はめあい公差と表面性状との関係および実用例

はめあい公差がわかると，経験により表面性状値が換算できる．もちろん，逆も換算できる．

実用例　はめあい公差と表面性状値の関係を示す（軽機械に適用する）．値は経験値から記入する

長さの区分 / 基本サイズ公差等級	表面性状 *Ra* (μm)							はめあいの等級選定での加工法
	3 mm 以下	3 mm を超え 18 mm 以下	18 mm を超え 80 mm 以下	80 mm を超え 250 mm 以下	250 mm を超える	特別な場合		
IT6	0.2	0.32	0.5	0.8	1.25	1.25	一般機械部品のはめあい部	研削・精密丸削りおよび中ぐり・手作業のリーマ仕上げ
IT7	0.32	0.5	0.8	1.25	2	2	一般機械部品のはめあい部	高級丸削り・ブローチ加工・ホーニング・高級機械リーマ仕上げ
IT8	0.5	0.8	1.25	2	3.2	3.2	一般機械部品のはめあい部	センタ作業の丸削り・中ぐり作業・リーマ作業・ターレットおよび自動盤
IT9	0.8	1.25	3	3.2	5	5	一般機械部品のはめあい部	ターレットおよび自動盤による一般加工・一般の中ぐり・高級フライス削り
IT10	1.25	2	3.2	5	8	8	一般機械部品のはめあい部	一般のフライス削り・形削り・平削り・ドリル穴・金属ロール加工
IT11	2	3.2	5	8	12.5	12.5	はめあわない部分	粗丸削り・粗中ぐり・その他の粗加工・精密引抜管・パンチ穴・プレス作業
IT12	3.2	5	8	12.5	20	20	はめあわない部分	引抜管・軽プレス製品
IT13	5	8	12.5	20	32	32	はめあわない部分	プレス製品・ロール管
IT14	8	12.5	20	32	50	50	はめあわない部分	金型鋳造・ダイカスト・シェルモールド・ゴム型プレス

「基本サイズ公差等級」は通称「IT 公差表」ともよばれる（IT8 は，H8 や h8 の 8 に相当する）．

どの程度の値を適用してよいかわからないとき

下表の値も経験値から記入するのが常道である．

算術平均粗さ *Ra* の表示	適　応　例
Ra 12.5	軸受の底面・軸の先端・ほかの部品と接触しない荒仕上面
Ra 6.3	ピストン，スピンドル，プランジャの両端面・ボス端面・ハンドル角穴の面・接合棒旋削面
Ra 3.2	フランジ継手の接合面・回転/摺動しないはめあい面・キー溝面
Ra 1.6	玉軸受の外輪外面・精密ねじの面・一般的な歯車の歯面
Ra 0.8	普通の横軸受面・精密ねじ山・シリンダ内面
Ra 0.4	精密歯車の歯面・軸受の面・カムの表面・光沢ある精密仕上面
Ra 0.2	高速軸受・メカニカルシールの摺動面・ポンプのプランジャ
Ra 0.1	高速精密軸受・高速プランジャポンプのプランジャ

（自動車部品メーカの事例）

こうした実用事例を引用しながら，自己の経験値を確立していく．

第4章
スケッチについて

部品の形状をフリーハンドで写生し，寸法および精度，表面性状や材質などの諸情報を書き込むことをスケッチという．一般的に，スケッチは以下の手順で行う．

① 全体の立体図を描き主要寸法を記入する．
② 立体図に部品の番号を振っておく．
③ 分解して部品のスケッチと計測をする（3 面図で描き計測すべき寸法線を先に入れておく．重複寸法はあってもかまわない）．
④ ドラフタか CAD で部品図を製図する．
⑤ 完成した部品図のみで組立図を製図する．
⑥ 不具合を調整して部品図，組立図を完成する．

スケッチの対象は，構成する部品だけではなく，梱包形態や印刷物，伝票類まで幅広い．

企業においては，競合相手のすぐれた機械を分解・スケッチして研究したり，あるいは VA，VE（p.124 参照）がしばしば行われたりする（Tear down または Bench marking とよばれる）．正確なスケッチ能力は，各部品の形状や機能を理解するために重要なスキルである．

本 章 の 目 次

4.1 スケッチの描き方

4.1.1 スケッチの方法

製図用具を用いずにフリーハンドで描く図面は，すばやく，手軽に，場所を問わず，設計者や開発者の意図を正確に表すことができる．また，参考品や市場調査などで記憶したことをもとに，手早く図面上に再現できる．さらに，そのまま製作指令書として活用できる．

スケッチの用途として，下記の三つがあげられる．

① 製図用スケッチ：簡単な組立図，部品図などとして，一時的あるいはすぐに必要な場合．

② 品物のスケッチ：機械の修理や，現存の機械や部品の再製，参考品の再現をする場合など．

③ 説明用スケッチ：設計者や開発者の意図を図面化し，機械や構造のしくみ，特殊形状の説明をする場合など．

スケッチの方法

スケッチには以下の方法があり，組み合わせて能率よく作業を進める．

フリーハンドによる方法

できるだけ対象物と相似寸法になるように形状をフリーハンドで描いていく方法である．この場合，用紙に方眼紙を使用すると描きやすい．

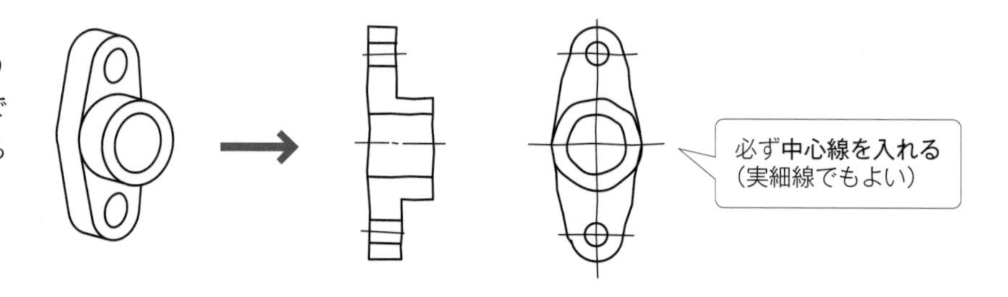

プリントによる方法

スケッチする面に光明丹（粉末の酸化鉛）や油などをうすく均一に塗り，これに紙を押しあて，指先で部品表面を軽くこすって形を転写する方法である．

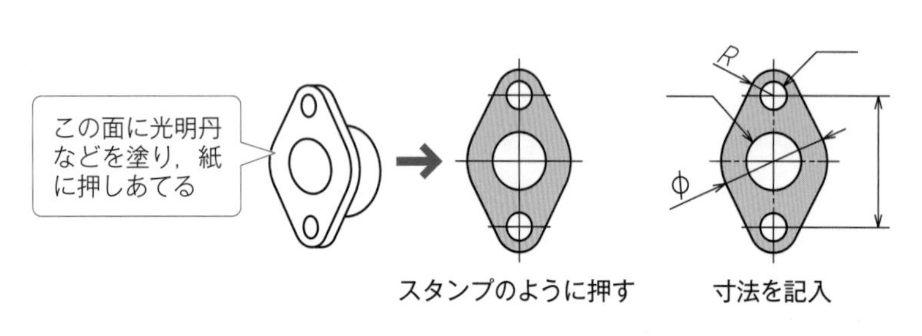

(a) 対象物面に光明丹を塗り，紙に押しあてる方法

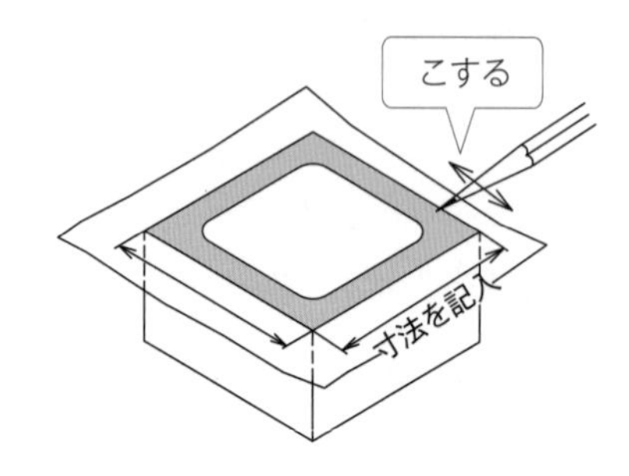

(b) 対象物面に紙をあて，鉛筆などでこする方法

型どりによる方法

スケッチする面を紙の上に置いて，実物の外形を鉛筆でなぞり，型をとる方法である．

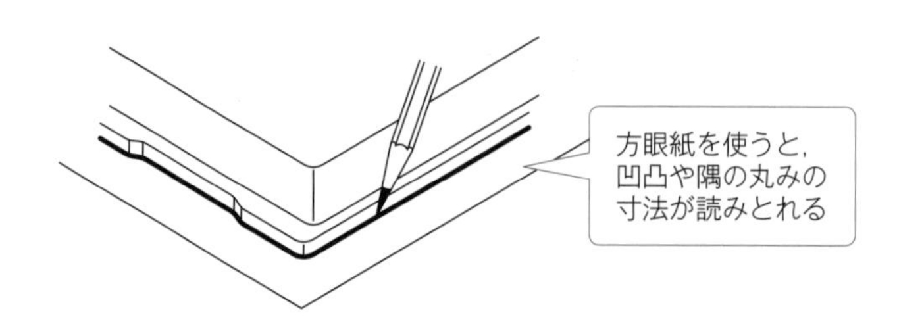

写真による方法

スケッチだけでは理解しにくい複雑な品物や，大きい機械などの場合に，全体を多方向から撮影し，3次元データとして直接取り込む方法である．

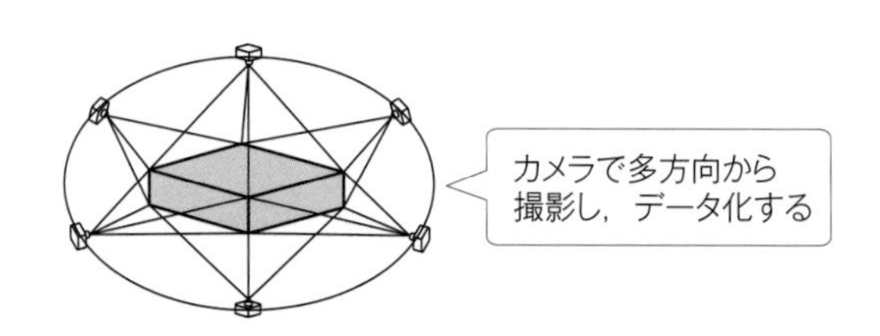

4.1 スケッチの描き方

4.1.2 描き方の基本

形状のスケッチに際して，次のような事項に注意しておく．

① できるだけ現尺で描く．

② スケッチする品物の構造，機能，締結状態をよく観察して，分解の手順をまとめておく．また，観察して感じたことはスケッチの横にメモをしておく．

③ 重要と思われる部分と，形が多少異なっても差し支えない部分とに分け，用紙の大きさに対してバランスよく作図する．

④ 最初に，第三角法に従って組立図をフリーハンドで描く，このとき，構成するすべての部品や構造などがすぐわかるように，断面，部分断面，部分投影などを組み合わせて描いていく．

⑤ 部品の組立方向，表面のきず，潤滑油や塗装の状態，重要と思われる箇所の寸法，留意すべき点を記入しておく．

⑥ 組立図が完成したら，分解した順序に部品を並べ，整理番号をつけてそれぞれの部品をフリーハンドで描いていく．

線の描き方

直線の描き方

紙面上に描く線の始点と終点あたりに目印の点をうすくマークする．次に，終点を見ながら左（始点）から右（終点）に向かって製図用具を用いずにはっきりとした線を細線で描いていく．長い線の場合は，一度に全体を描かずに長さの中間の通過点あたりにうすくマークし，細線でつないで一つの線とした後に，濃いはっきりとした一本の線に仕上げる（下図は水平線の場合を示す）．

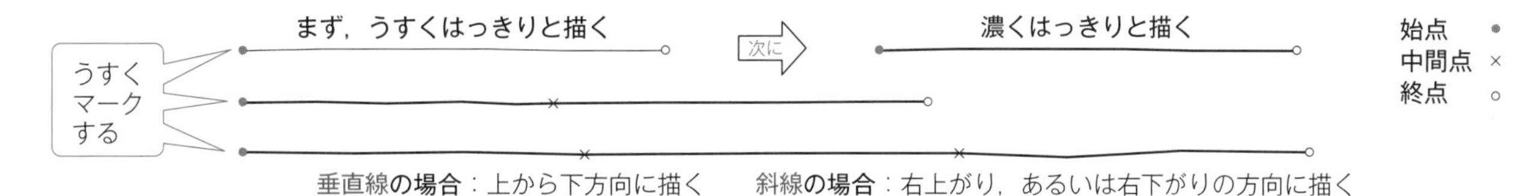

垂直線の場合：上から下方向に描く　斜線の場合：右上がり，あるいは右下がりの方向に描く

円弧の描き方

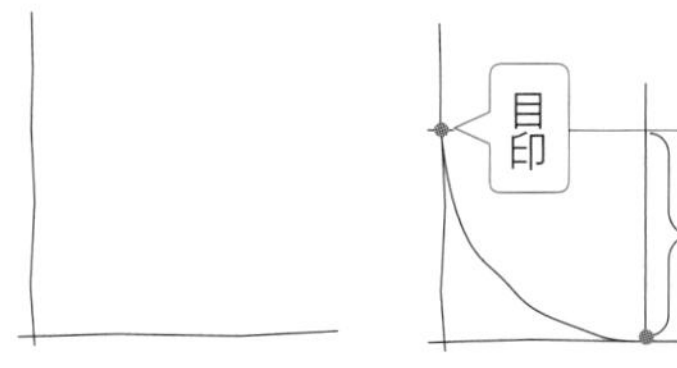

直交線をうすく描く

交点から円弧の半径に近い位置に目印を描く

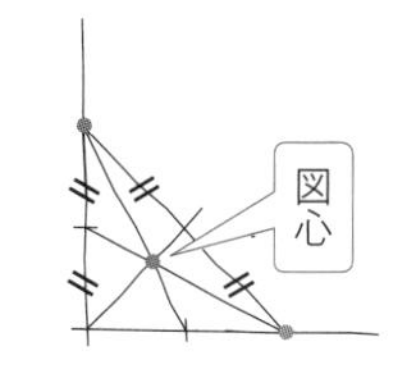

目印を結ぶ線をうすく描く．その図心をマークする

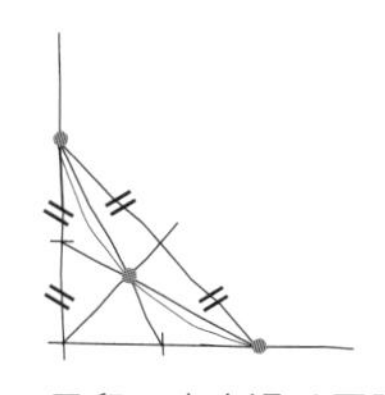

目印３点を通る円弧をうすく描く

不要な線を消し，濃いはっきりとした１本の線に仕上げる

円形の描き方（中心線法）

水平線，垂直線をうすく描く

半径の長さに等しく，線上にマークする

マークした各点を通る短い円弧を描く

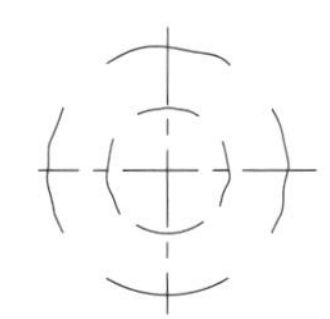

さらに円弧の長さを広げる

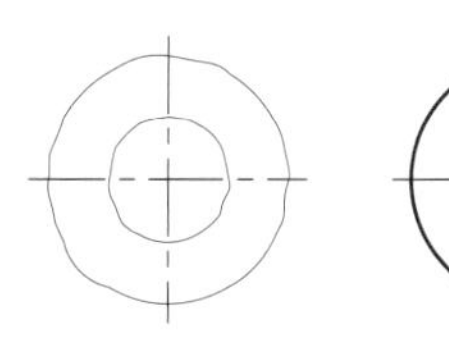

円をうすく描いた線で仕上げる

円を濃いはっきりとした線で仕上げる

NOTE

正方形法の場合

円弧の描き方を応用

円の等角図（中心線法）

① 円の直径を一辺としてひし形を描き，各辺の中点を 1, 2, 3, 4，各頂点を A，B，C，D とする．

② B−3，B−4，D−1，D−2 を結び，その交点をおのおの O_1，O_2 とする．

③ O_1，O_2 を中心として，O_1−1，O_2−2 を半径として円弧を描く．

④ B を中心として B−3 を半径とし，D を中心として D−1 を半径として円弧を描く．

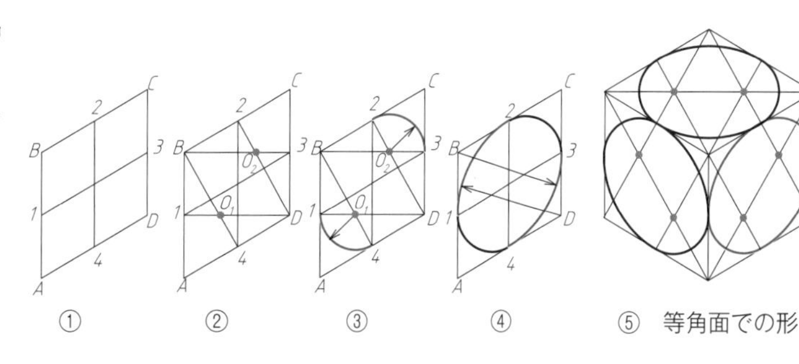

①　②　③　④　⑤ 等角面での形

4.2 寸法の測り方

4.2.1 長さ，深さ，厚さ，丸みの測り方

形状をスケッチした後は，下記の手順で寸法などを記入する．

① スケッチした図に整理番号を記入する．

② 描かれた形状の必要と思われる箇所すべてに寸法補助線と寸法線を記入しておき，その寸法を測定しながら測定値を順次記入していく．寸法の測定は，1カ所あたり少なくとも3回測定を繰り返し，測定値を確かめてから記入する．

③ 表面の仕上程度は，表面粗さ標準片と比較して判定するが，用途からの推定も加えておく．

④ 材料の詳細な判定は難しいので，鉄・非鉄・樹脂程度の判定をしたのち，定量分析などを行う．

⑤ はめあいについては，3.2.4項を参照し，推定する．

⑥ できあがった図面をよく見直し，寸法の見落としやその他不備がないかを確かめ，正式に製図にかかる．

⑦ スケッチ後の品物は，正式な製図に着手する前に必要に応じて防錆油を塗布し，再組立しておく．

寸法測定に必要な道具の使い方を以下にまとめる．

長さの測り方

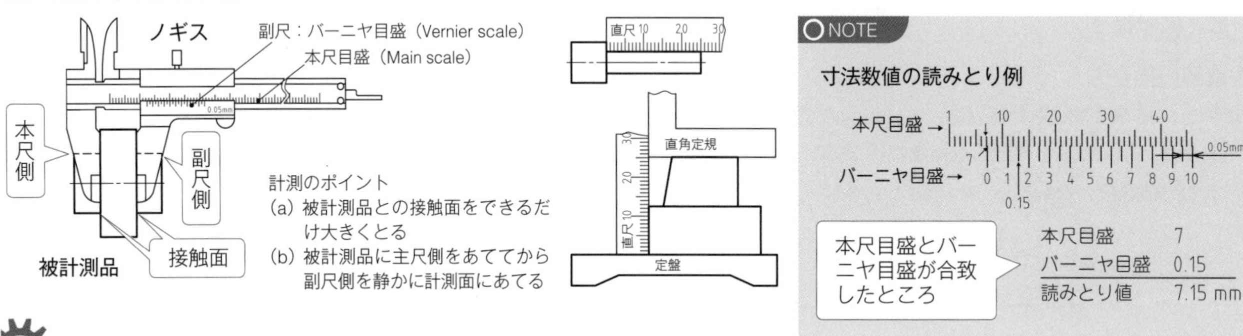

深さの測り方

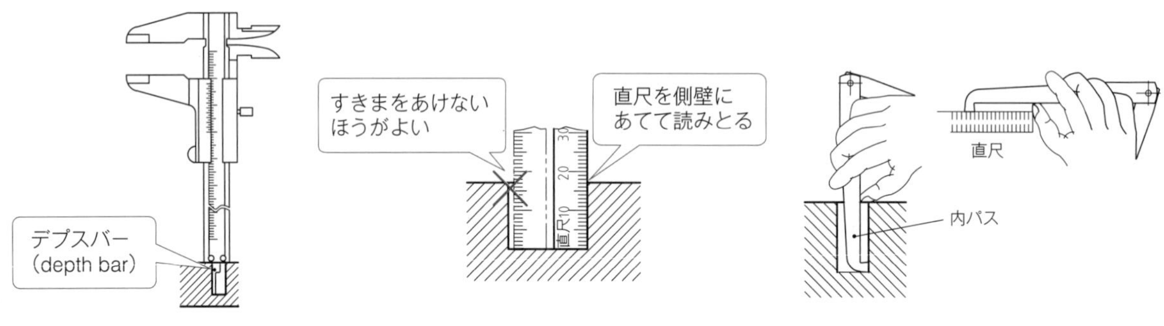

厚さの測り方

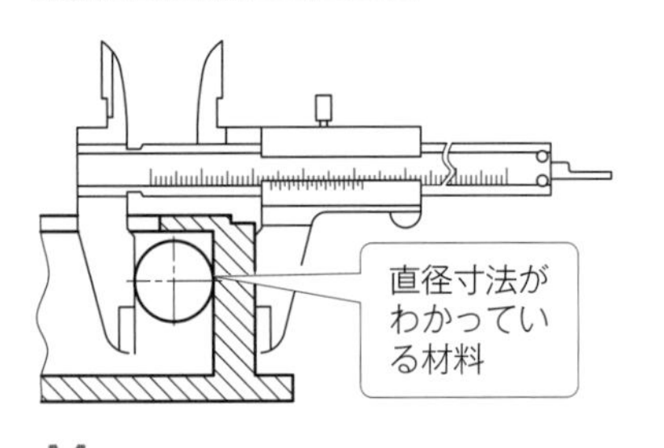

内パスでの例

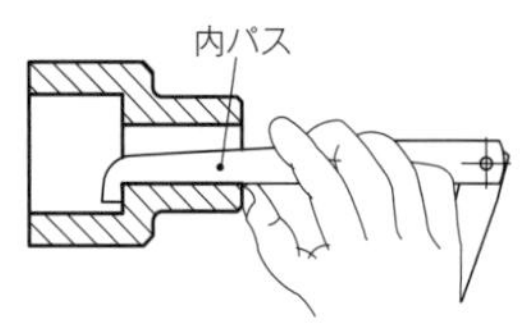

外パスでの例

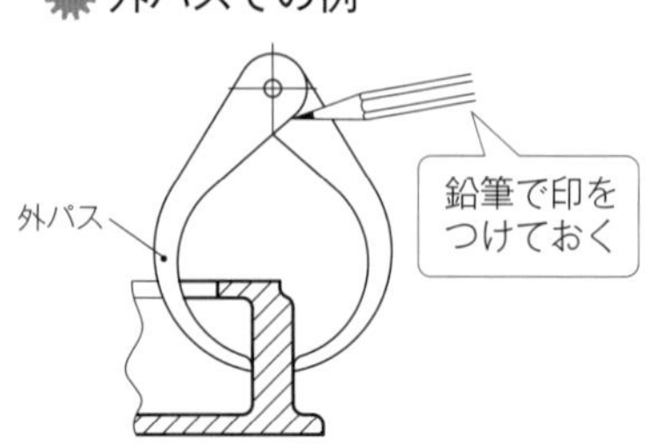

丸み部の測り方

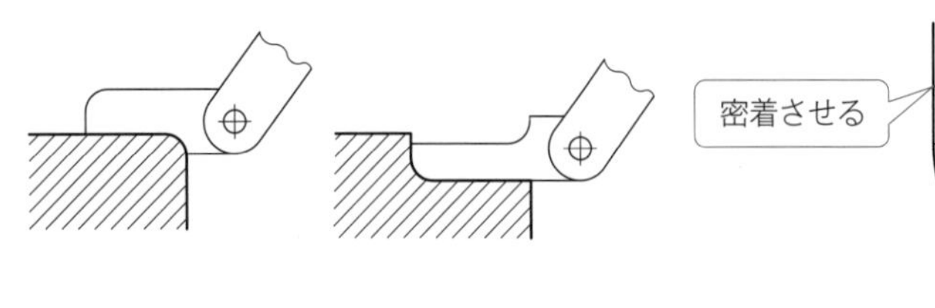

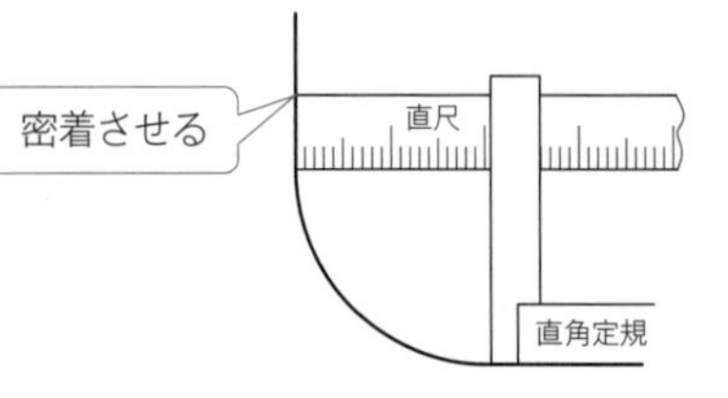

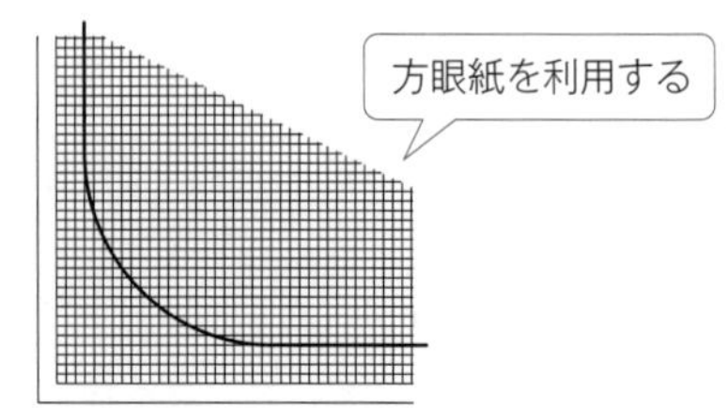

4.2 寸法の測り方

4.2.2 直径，段差，中心距離の測り方

直径の測り方

3 点で接触できる場合

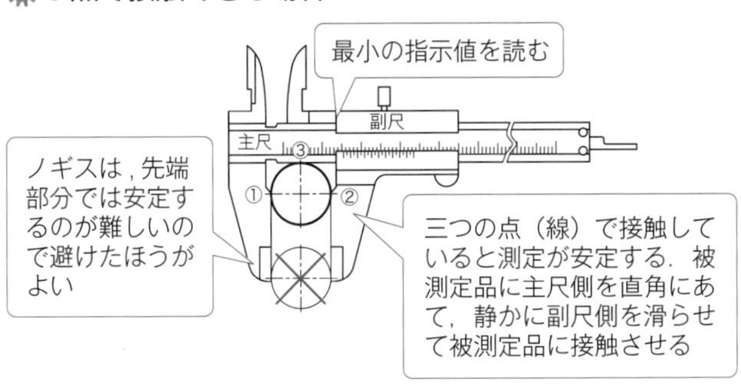

3 点で接触できない場合

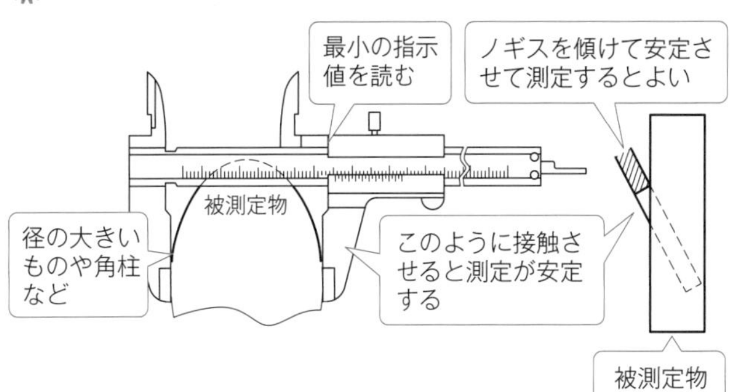

マイクロメータによる測定

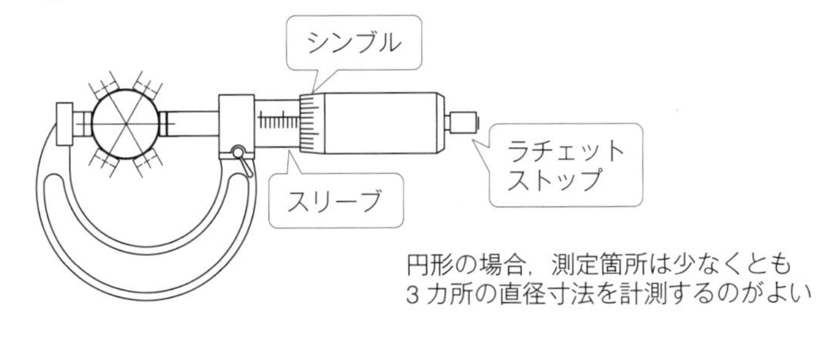

円形の場合，測定箇所は少なくとも3 カ所の直径寸法を計測するのがよい

目盛の読み方

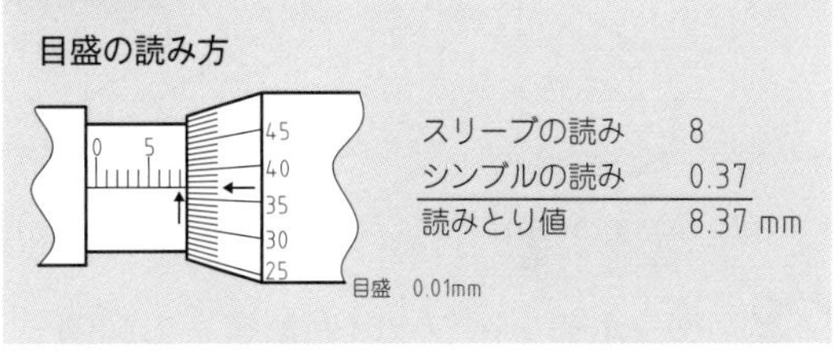

スリーブの読み	8
シンブルの読み	0.37
読みとり値	8.37 mm

内径の測定

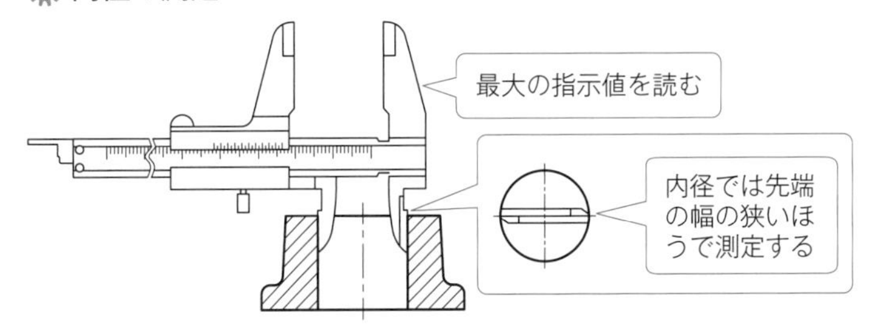

直尺での測定

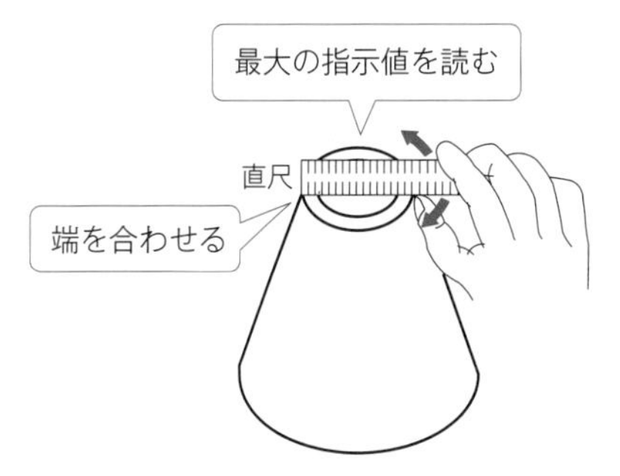

段差の測り方

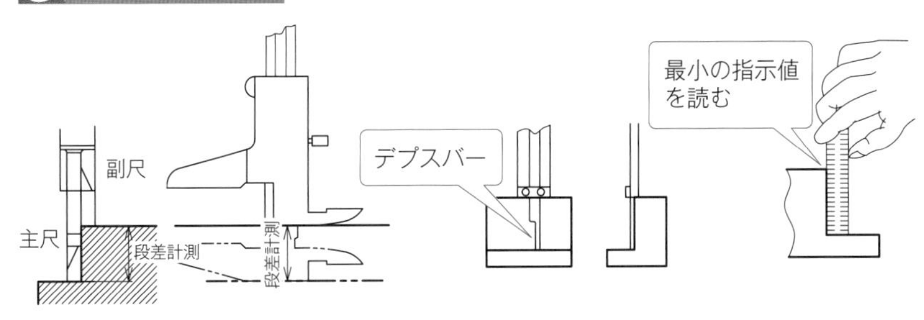

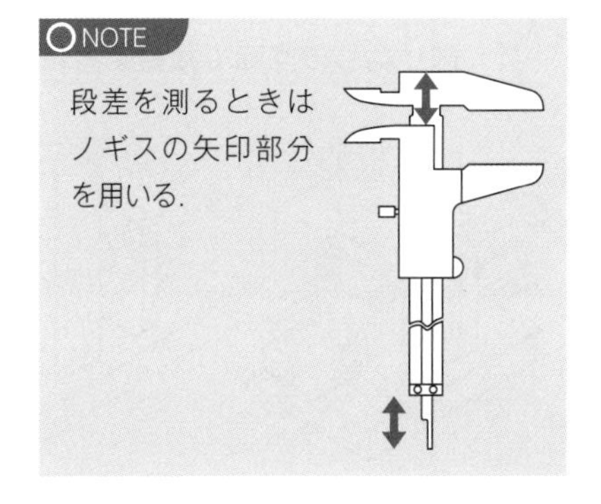

中心距離の測り方

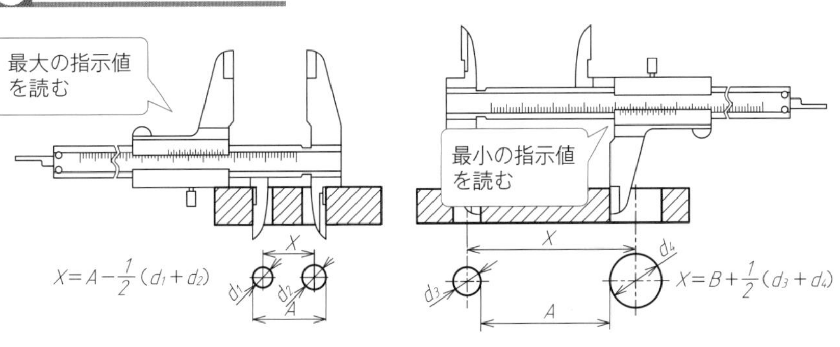

$X=A-\frac{1}{2}(d_1+d_2)$

$X=B+\frac{1}{2}(d_3+d_4)$

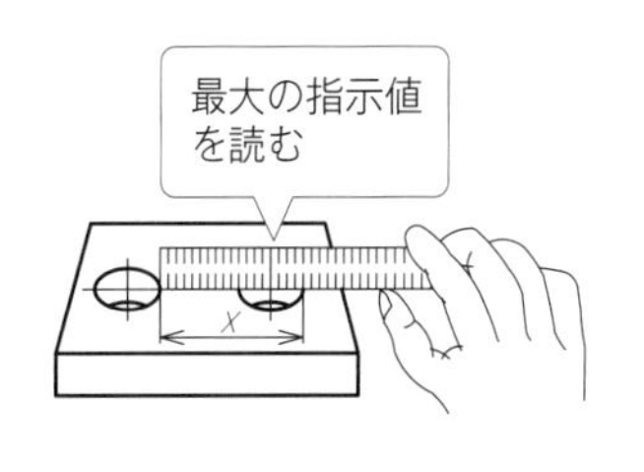

4.3 スケッチからの図面作成

4.3.1 立体図について

工業上で用いられている立体図には，等角図（isometric drawing），斜投影図（oblique projection drawing），透視図（perspective drawing）があり，とくによく用いられるのが等角図である．

等角図

① 特殊な尺度を使用せずに，対象物のそれぞれ縦，横，高さ方向を示す三つの等角軸が互いに120°の角度となる方向をとって投影し，各軸方向の長さを実長にして描く（縮み率＝1）．

② かくれ線は省略する．中心線は，対称図形であることを示すときや，図をわかりやすくしたいとき，寸法記入のために必要なときにだけ記入する．

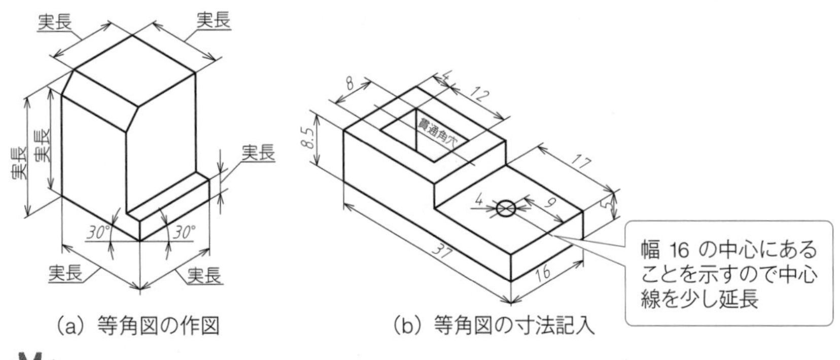

（a）等角図の作図　（b）等角図の寸法記入

POINT

斜投影図

対象物の正面の形を正投影で表し，奥行きだけを斜めに描く．

実長
実長 × 0.5
実長
実長
実長
45°
実長
実長 × 0.5

ターボチャージャ（過給気）の図例

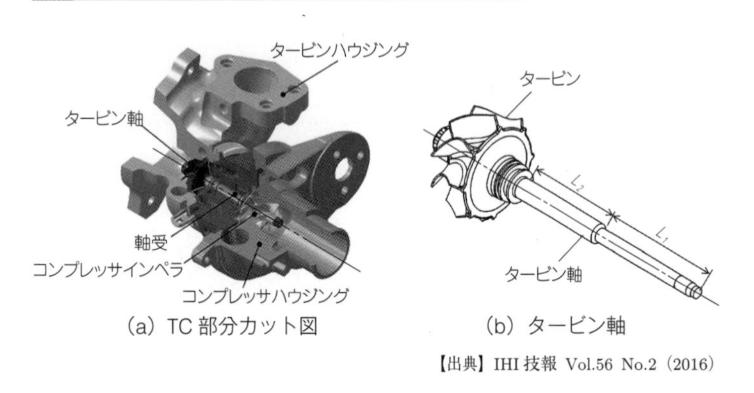

（a）TC 部分カット図　（b）タービン軸

【出典】IHI 技報 Vol.56 No.2（2016）

NOTE

ターボチャージャ（TC）

エンジンの排気によって駆動されるタービンが圧縮機を回し，高圧の空気をエンジンが吸気する仕組みである．

これによりターボチャージャが装着されていない自然吸気式に比べて高出力が得られる．

小型高速エンジンでは，燃費向上の時代の流れに沿ってターボチャージャを装備する，ダウンサイジングエンジンが増えている．

摺動機構においての参考例：
送りねじの回転で摺動する精密送り機構の図例

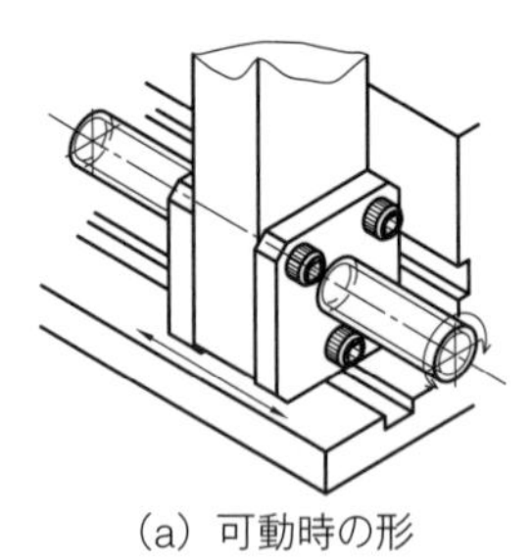

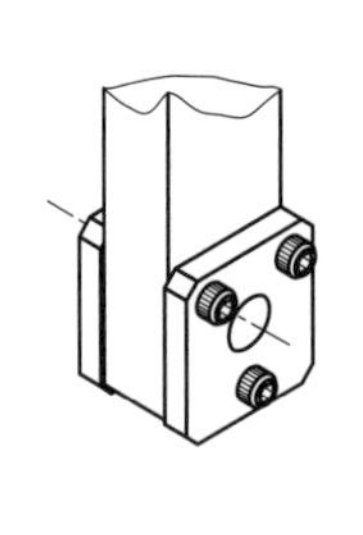

（a）可動時の形　（b）部品構成の形　（c）可動部組立品の形

ハッチングが必要な描き方

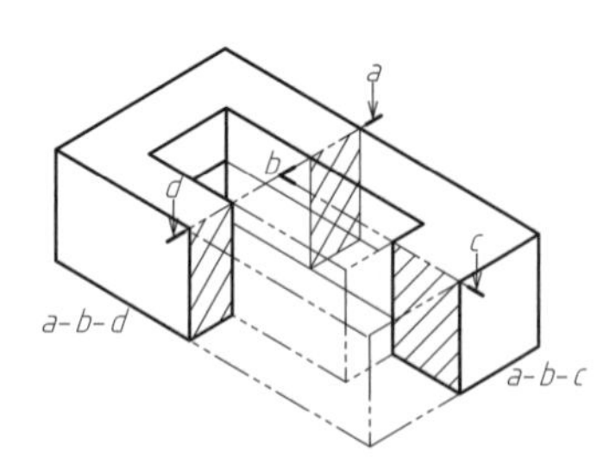

立体図を描くときの注意点

① 原則として寸法補助線は見える面に平行に記し，寸法は図外に記入する．

② 局部的な寸法は，明確に読みとることができれば図形内に記入してもよい．

③ 寸法数値の向きは，寸法補助線に平行で，上向きまたは左向きが原則．

④ 等角図および斜投影図の注記の記入は，軸線に平行またはすべて水平とする．

第5章
さまざまな製造法の図例

近年は設計の分業化が進み，自分の担当する部品以外の図面を見る機会が減っている．しかし，製造現場と連係してよい設計を行うためには，製造法の全体を理解する必要がある．また，多くの製造法に触れることで，新製品の開発時や，問題が起こったときに，異なるアプローチができるようになる．

なお，本章の図例は，図面内が煩雑になるのを避けるために，ねじ締結の際に設計する「すきま穴」の位置度公差を表示していないが，海外向けの図面には表示するほうがよい．

本章の目次

各種製造法の得失表

図例掲載節	製法	形状				寸法精度（小物）			靭性	生産1ロットのコスト		
		平面的で複雑	立体的で複雑	3次元の曲面	複合一体化	精級±1%	中級±2%	重量500 g以上		100個程度	1000個程度	5000個以上
5.1	全切削	△	○	×	×	◎	◎	◎	○	○	○	△
5.2	ダイカスト	◎	○	◎	◎	◎	○	○	○	×	△	◎
5.3	樹脂	◎	◎	○	◎	○	◎	○	△	×（形状により光造形）	○	◎
5.4	焼結	◎	◎	×	◎	◎	○	○	○	△	○	◎
5.5	鋳造	○	◎	◎	△	△	◎	◎	△	◎	○	×
5.6	鍛造	○	○	△	△	◎	○	○	◎	×	△	◎
5.7～5.9	プレス	◎	×	△	△	◎	○	○	○	×（注）（単純なものユニパンチ）	△	◎

（注）　ターレット型のユニバーサルパンチ

5.1 全切削加工部品

5.1.1 治具の部分組立図，部品図①

本部品は，歯車を自動運転で連続してつくるとき，ワーク（work，歯車の素材）を保持する部品（一般に治具とよぶ）である．加工される素材が自動的に供給され，加工機に固定して歯切り加工を行う．

はめあう個々の治具の精度が，加工される部品精度に直接現れるので，治具自体高度な仕上精度が要求される．

部分組立図

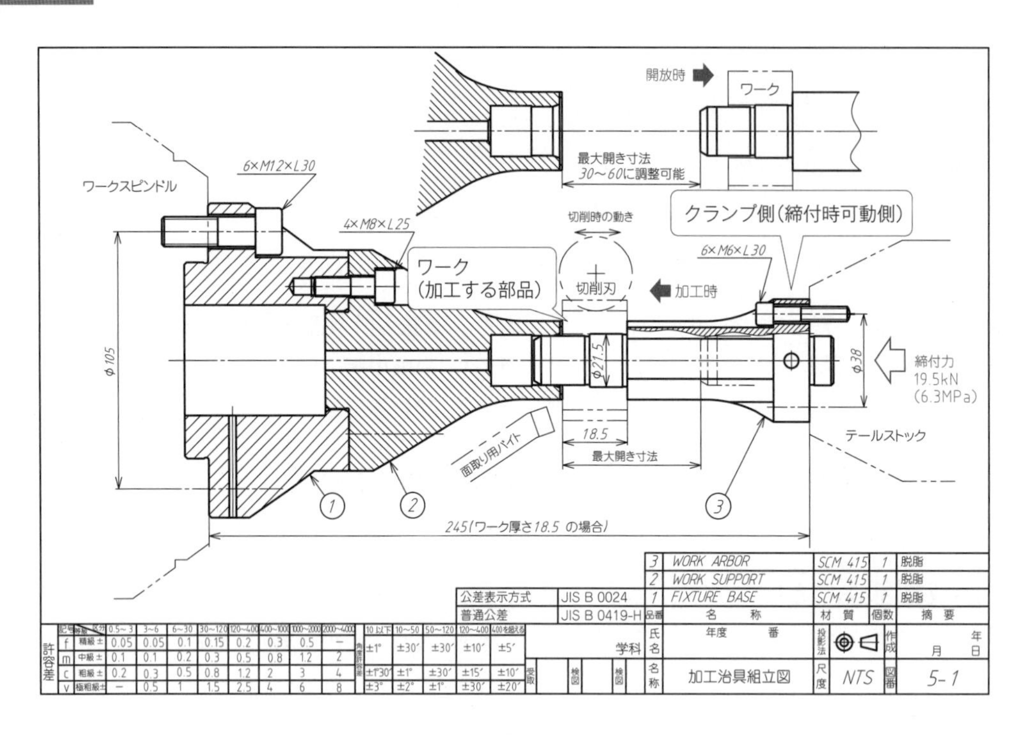

部品図①

正面図の左側（φ 80f7）は加工機のワークスピンドル側へ，右側（φ40）にはワークサポートがともにはめあわされる．

浸炭処理する部品の指示や，幾何公差の指示方法などを参考に示す．

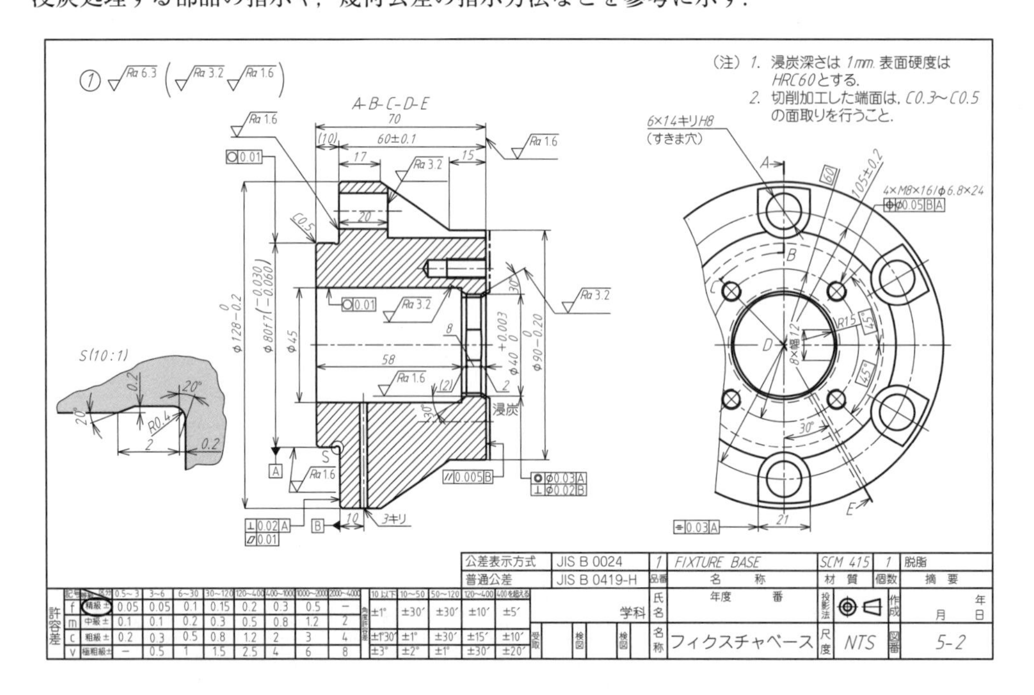

5.1 全切削加工部品

5.1.2 治具の部品図②，③

部品図②

穴径$\phi 21^{+0.005}_{0}$に締付軸側がはめあわされ，$\phi 40$側（左側）はフィクスチャベース側に固定される．

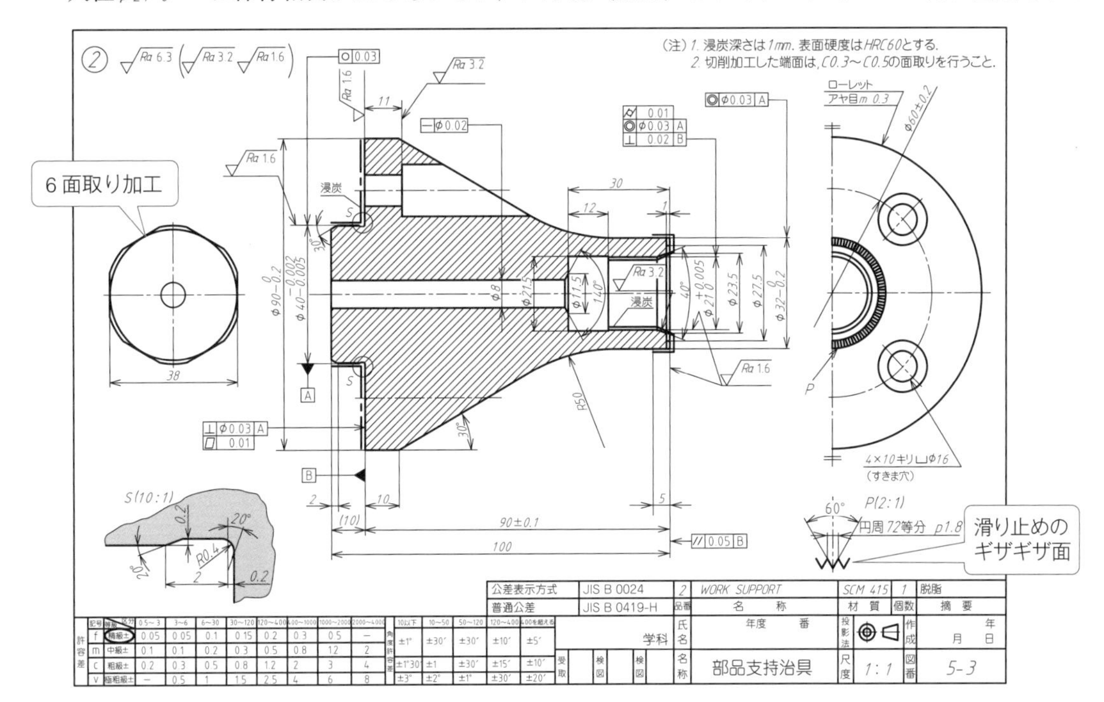

部品図③

長さが15.65の$\phi 21.5$の段付部は，はめられたワーク内径全体があたる必要がないので，2カ所で精度指示をしている（逃げを設けている）．

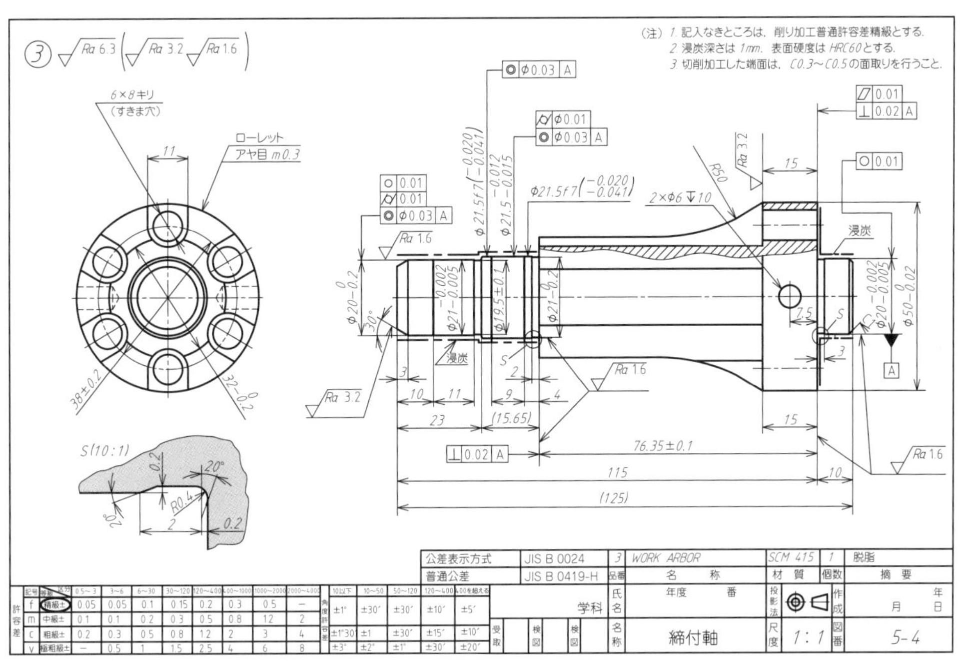

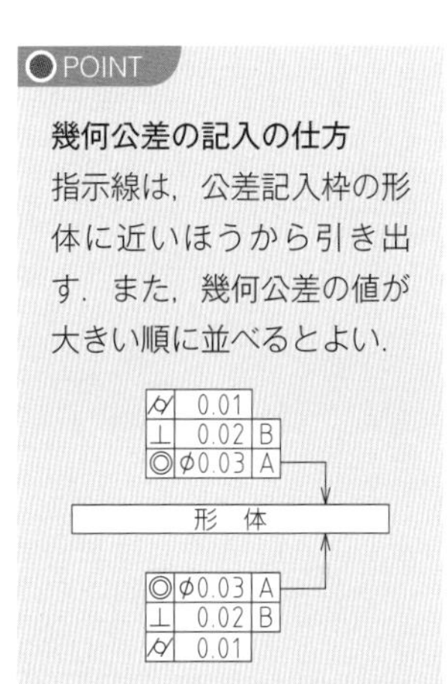

5.2 ダイカスト金型部品

5.2.1 シリンダヘッド精密ダイカスト部品

図例として，模型用空冷エンジンのシリンダヘッド精密ダイカスト部品を示す．
機械加工の部分以外は，ダイカスト成型の鋳肌のまま使用される．
抜き勾配は材質により異なるために記載していないが，実際には必ず指示する．

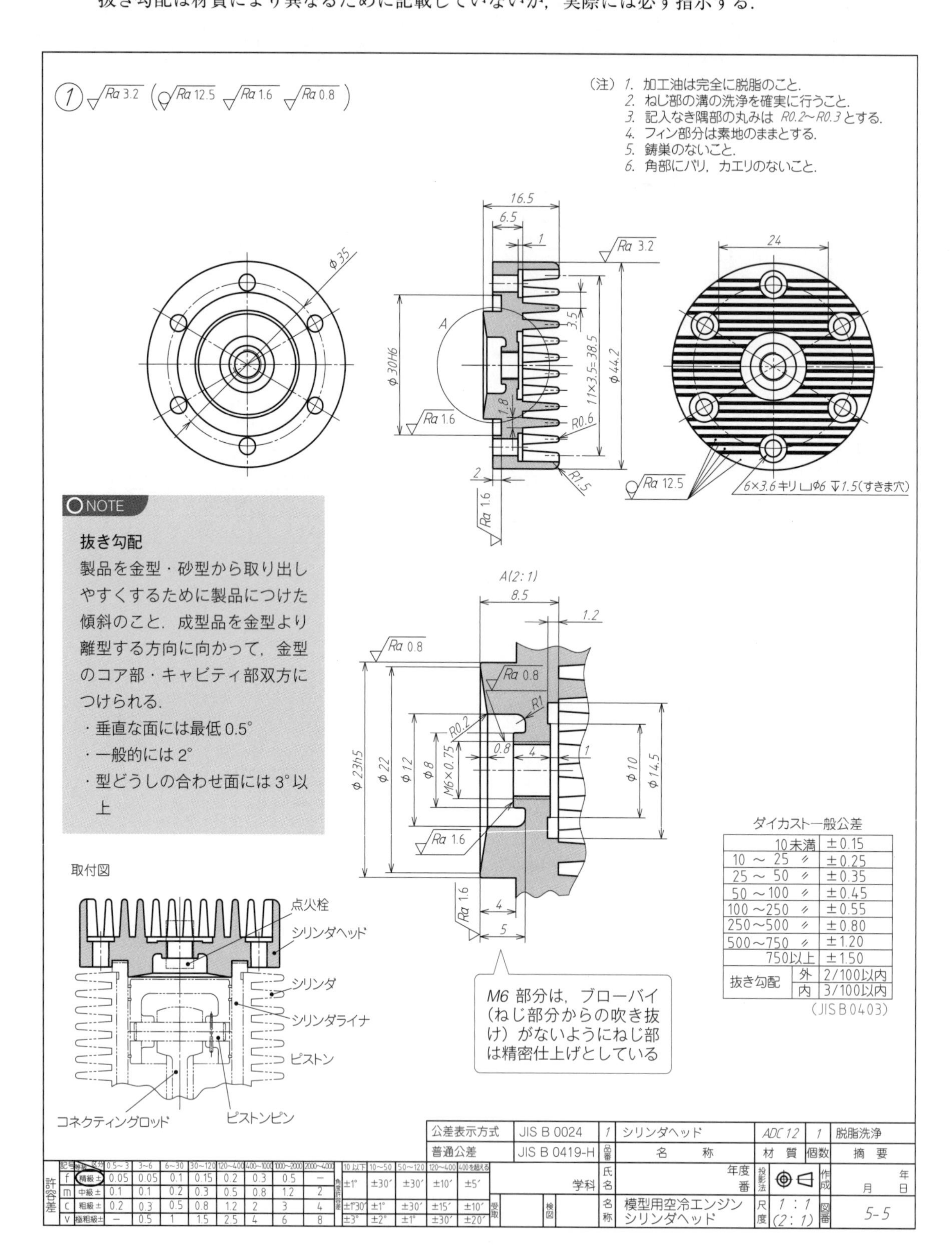

ダイカスト一般公差

10未満		±0.15
10 ～ 25	〃	±0.25
25 ～ 50	〃	±0.35
50 ～ 100	〃	±0.45
100 ～ 250	〃	±0.55
250 ～ 500	〃	±0.80
500 ～ 750	〃	±1.20
750以上		±1.50
抜き勾配	外	2/100以内
	内	3/100以内

（JIS B 0403）

公差表示方式	JIS B 0024	1	シリンダヘッド	ADC 12	1	脱脂洗浄
普通公差	JIS B 0419-H	品番	名　称	材　質	個数	摘　要
学科		氏名	年度 番	投影法	⊕◁ 作成	年 月 日
受取	検図	名称	模型用空冷エンジン シリンダヘッド	尺度	1:1 (2:1) 図番	5-5

許容差 記号	等級	0.5～3	3～6	6～30	30～120	120～400	400～1000	1000～2000	2000～4000
f	精級±	0.05	0.05	0.1	0.15	0.2	0.3	0.5	—
m	中級±	0.1	0.1	0.2	0.3	0.5	0.8	1.2	2
c	粗級±	0.2	0.3	0.5	0.8	1.2	2	3	4
v	極粗級±	—	0.5	1	1.5	2.5	4	6	8

角度許容差	10以下	10～50	50～120	120～400	400を超える
f, m	±1°	±30′	±30′	±10′	±5′
c	±1°30′	±1°	±30′	±15′	±10′
v	±3°	±2°	±1°	±30′	±20′

5.3 樹脂射出成型部品

5.3.1 リモコンカバー部品

射出成型部品，外観仕上げの指示，階段断面による表示，その他樹脂独特の注意事項を示す．

樹脂成型品では，金型加工工数の多い側を正面図にするほうがよい．また，型合わせ面，抜き勾配，ゲート，金型加工の基準点といった理解が必要である．

幾何公差や表面性状は，国内生産向けでは普通記入しない．

リモコンカバーの成型

ねじ部分の劣化，インサート部のストレスクラックおよび樹脂材のオゾンクラック（オゾンによる劣化）の発生のおそれがあれば，材質選択時に接着材の可塑剤の影響による退色や溶融などに注意する必要がある．

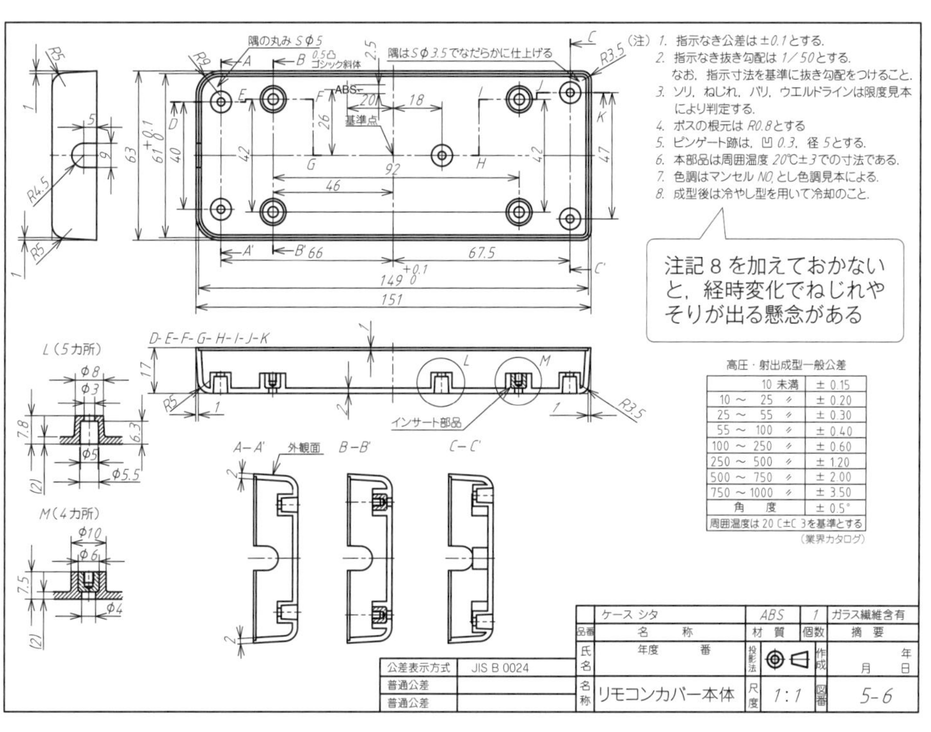

高圧・射出成型一般公差

寸法区分	公差
10 未満	± 0.15
10 ～ 25 〃	± 0.20
25 ～ 55 〃	± 0.30
55 ～ 100 〃	± 0.40
100 ～ 250 〃	± 0.60
250 ～ 500 〃	± 1.20
500 ～ 750 〃	± 2.00
750 ～ 1000 〃	± 3.50
角　度	± 0.5°
周囲温度は 20 ℃±℃ 3を基準とする	

（業界カタログ）

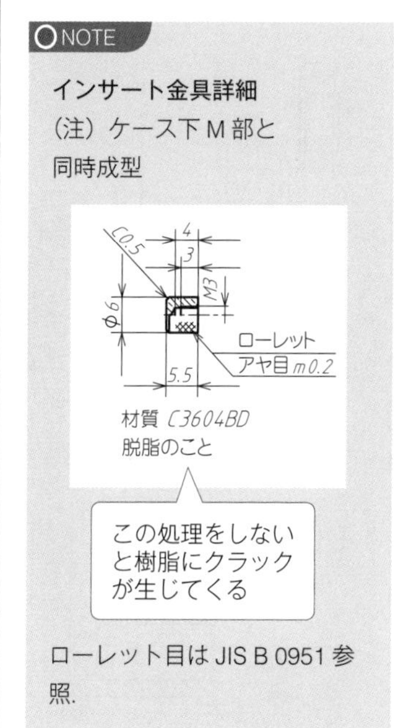

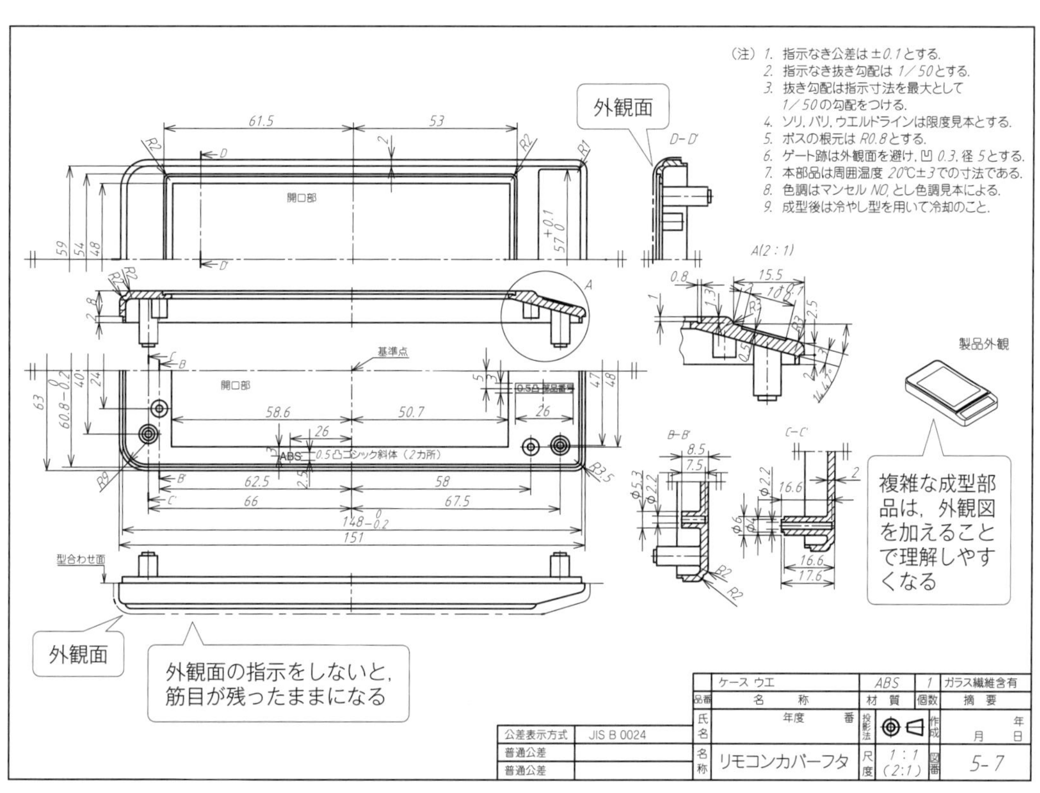

5.4 焼結合金部品

5.4.1 複写機部品

粉末冶金法による複写機部品の図例を示す.

この製造方法では，切削加工はしないので，表面性状は描かない．一般には，R8 ～ R12.5 である.

水蒸気処理（スチーム処理ともよばれる）は，耐食・耐摩耗性を向上させる目的で，450 ～ 550℃の加熱水蒸気の雰囲気中に約 1 時間保持して，部品の表面に 5 μm 前後の Fe_3O_4 皮膜を形成させる処理をいう.

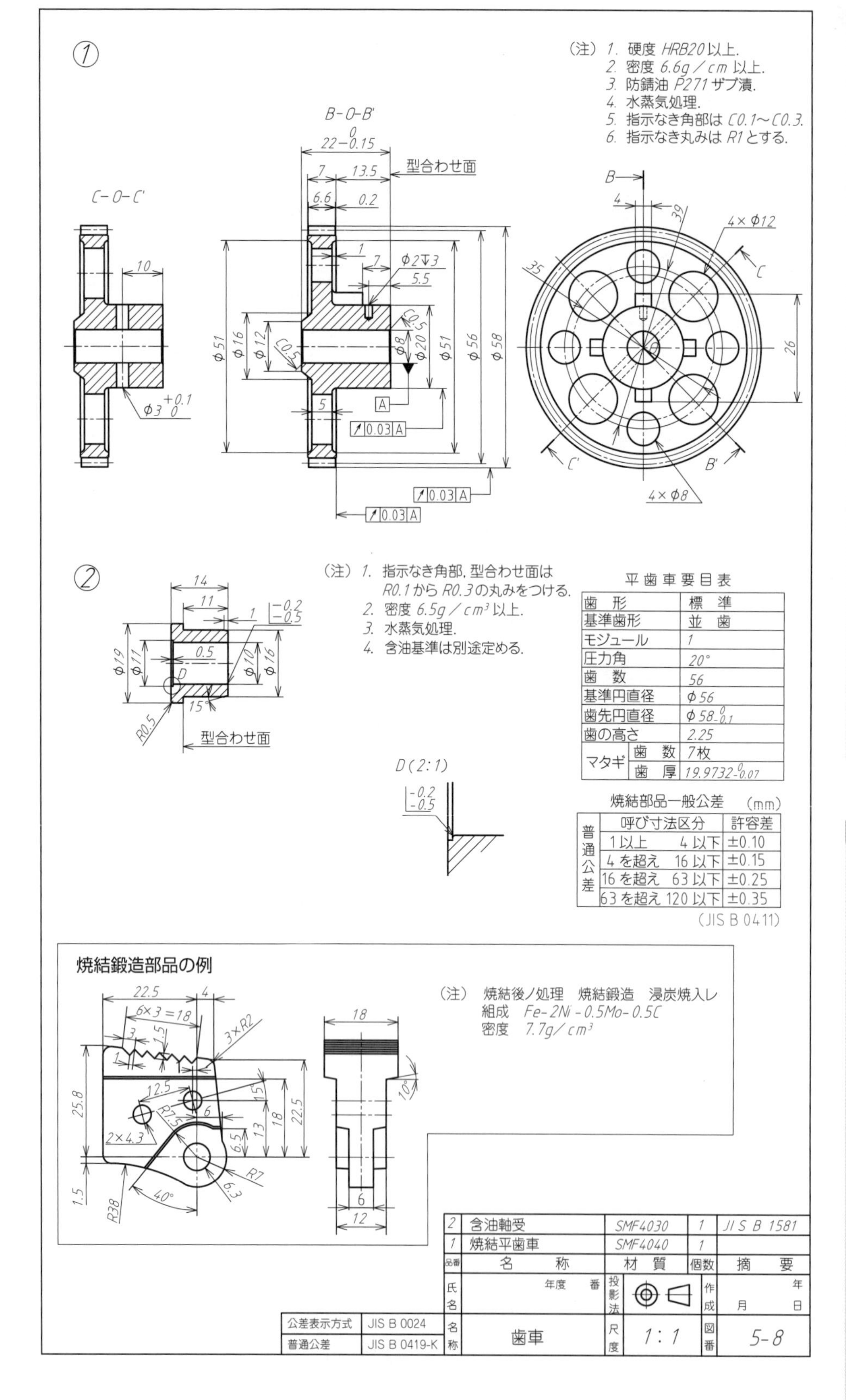

平歯車要目表

歯形		標準
基準歯形		並歯
モジュール		1
圧力角		20°
歯数		56
基準円直径		ϕ56
歯先円直径		ϕ58 $^{0}_{-0.1}$
歯の高さ		2.25
マタギ	歯数	7枚
	歯厚	19.9732 $^{0}_{-0.07}$

焼結部品一般公差 (mm)

	呼び寸法区分	許容差
普通公差	1 以上 4 以下	±0.10
	4 を超え 16 以下	±0.15
	16 を超え 63 以下	±0.25
	63 を超え 120 以下	±0.35

(JIS B 0411)

品番	名称	材質	個数	摘要
2	含油軸受	SMF4030	1	JIS B 1581
1	焼結平歯車	SMF4040	1	

公差表示方式	JIS B 0024	名称	歯車	尺度	1:1	図番	5-8
普通公差	JIS B 0419-K						

NOTE

焼結合金の基本工程

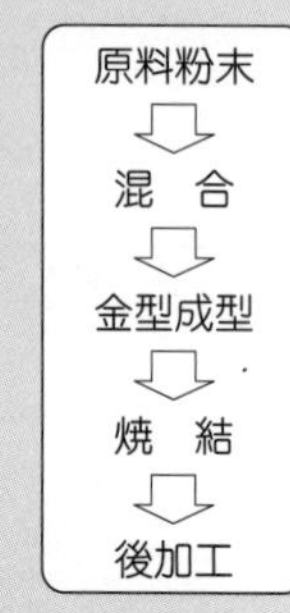

後加工の種類

・サイジング（しごき）

（管端末の外径あるいは内径を縮管あるいは拡管する加工または太管を一定の細い直径に絞る加工）

・コインニング（圧印）

（強圧で押し，正確な寸法にする加工，通称「つぶし」ともいう）

・機械加工
・表面処理
・熱処理
・浸油処理

NOTE

焼結鍛造の基本工程

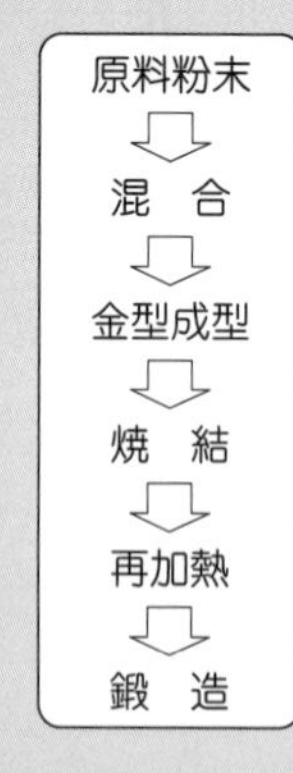

焼結鍛造の特徴

・粗形材精度が高い
・ばりを出さずに高精度の加工ができる
・所望の成分の原材粉を自由に選び，成型・鍛造できる

5.5 鋳造部品

5.5.1 高圧フランジ圧力部品

高圧フランジ圧力部品の図例を示す．これらの部品は圧力容器安全規則や高圧ガス取締法などで規定されており，一般に 1 MPa 以上の圧力が対象となる．ここでは，削り代（しろ），エッジの指示，略画法を示す．

締結部からの微細な漏洩でも致命的な欠陥となるために，精度・表面性状・機械的な強度が要求される．

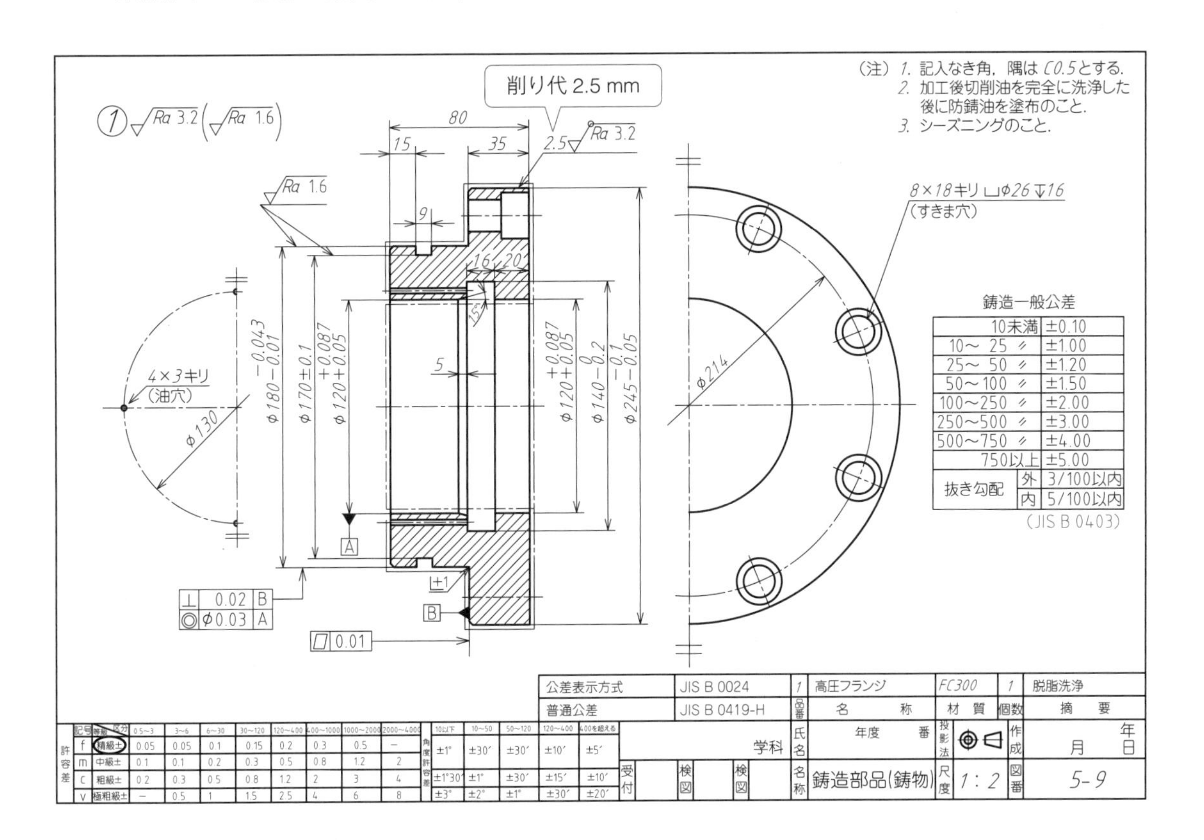

> **NOTE**
>
> **シーズニング**
>
> シーズニングとは，組織を安定させるために大気中に必要期間曝露する，または，熱処理する処理をいう．
>
> **鋳造型の種類**
>
> 鋳造型には，砂型・シェルモールド（p.137 参照）がある．

5.6 鍛造部品

5.6.1 熱間精密鍛造部品

鍛造法には，熱間鍛造と冷間鍛造とがある．図例は熱間精密鍛造部品である．

型合わせ面，裏張り，はめあい公差などを示す．

> **NOTE**
>
> **裏張り**
>
> 大端部本体に軸受となるメタルを鋳込み，一体化した後，内面仕上げをする工程．

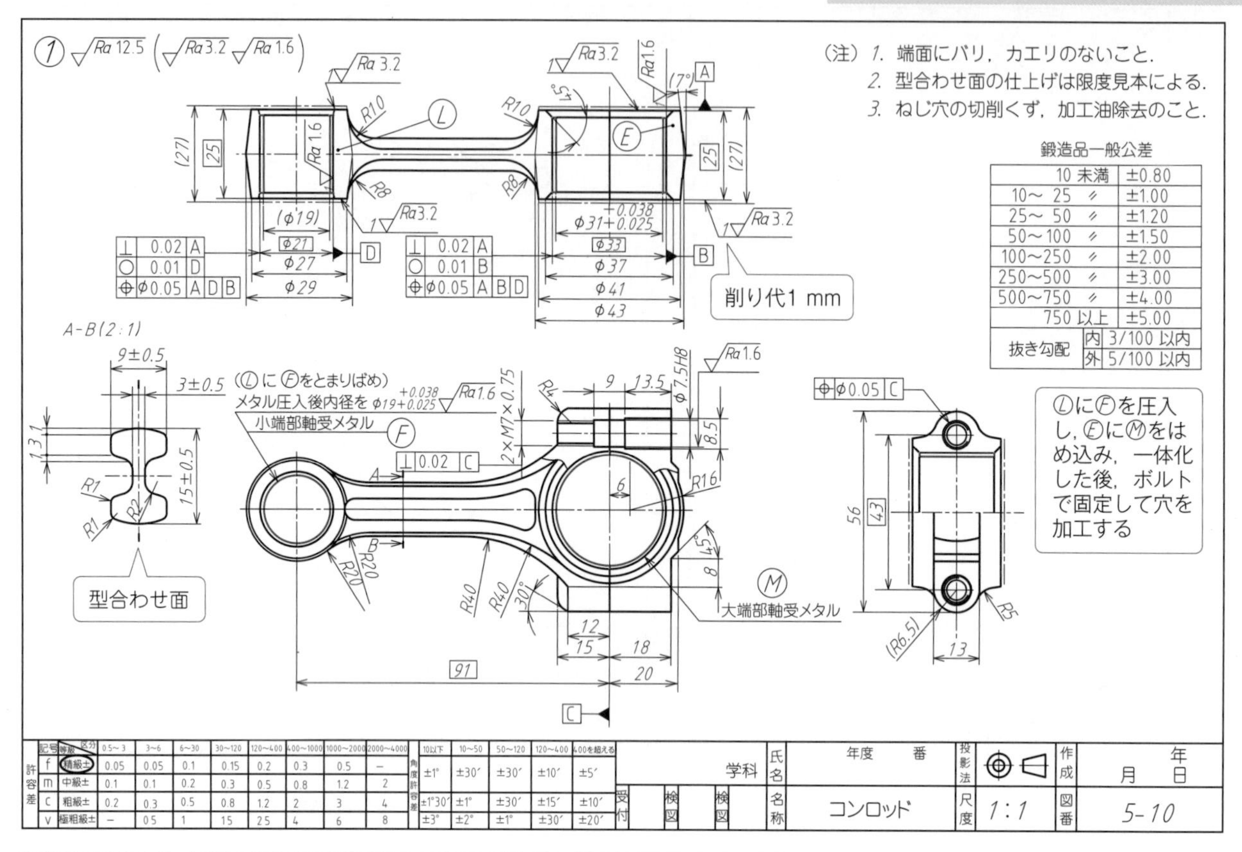

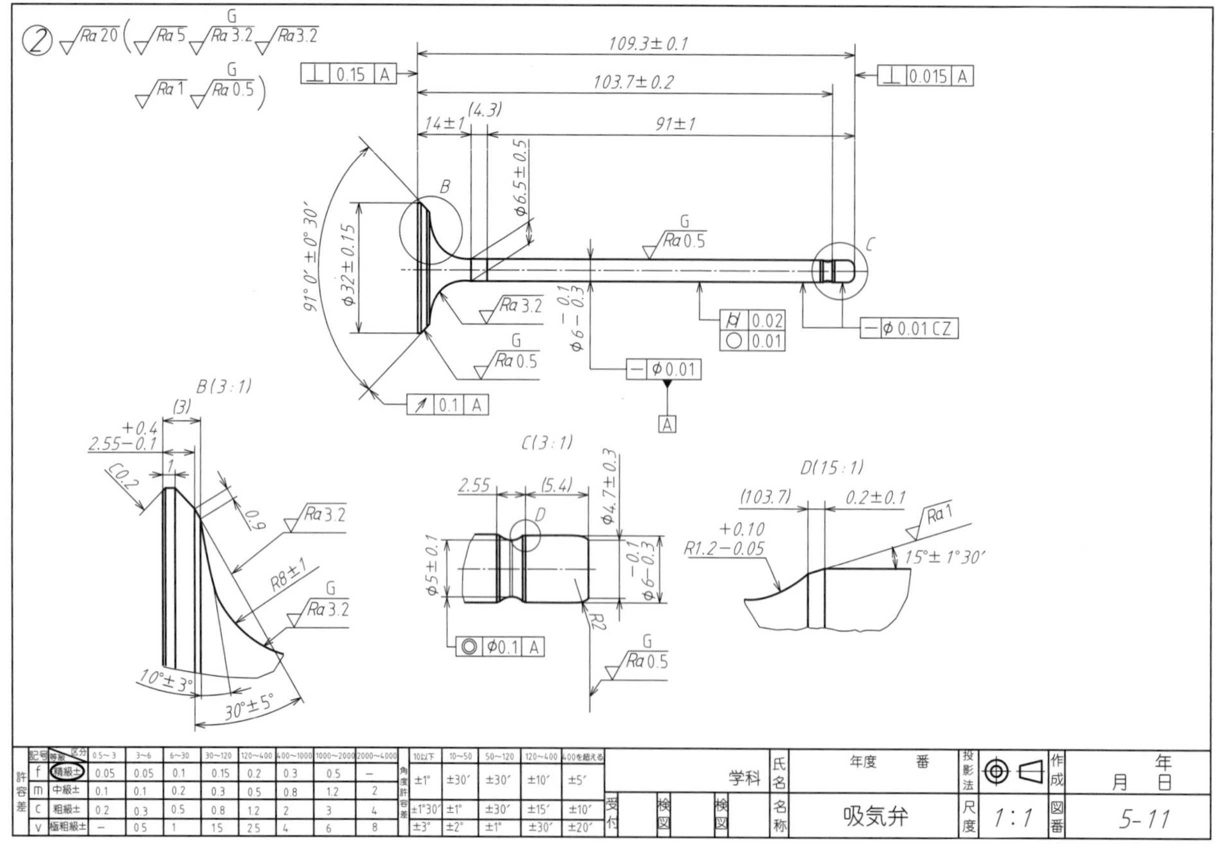

5.7 板金折り曲げ部品

5.7.1 板金小物

板金小物の対称図形の描き方を示す．

板金では展開図を描かない．加工機，素材によって曲げ部の延び率が異なるので，完成図のみを描くほうがよい．また，一般的な板金小物の描き方も示す．通常，板金図面には表面性状記号は記入しない．

寸法は曲げ外寸法を記入する．丸み半径は内寸で指示する．曲げ角90°の場合を除き，必ず角度を記入する．

対称形の板金

対称形の部品は，対称軸を示し，一方の部品に情報を集中させる．

注記に「本部品は $X-X'$ 軸に対して対称な部品である．①を−*R*，②を−*L* とする」のように記す．

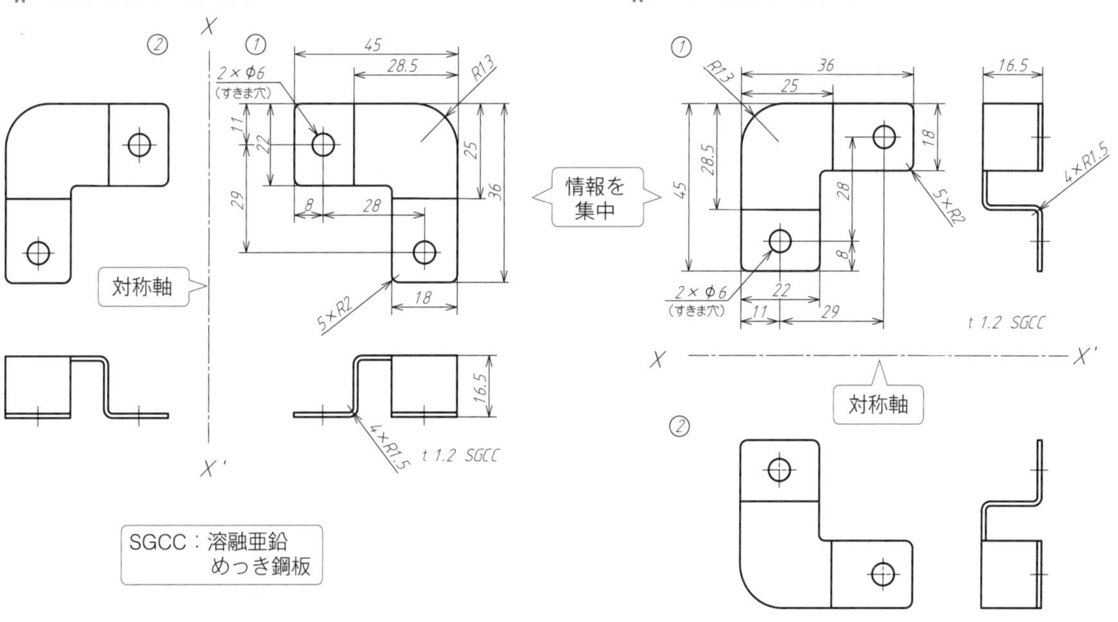

一般的な板金小物の描き方

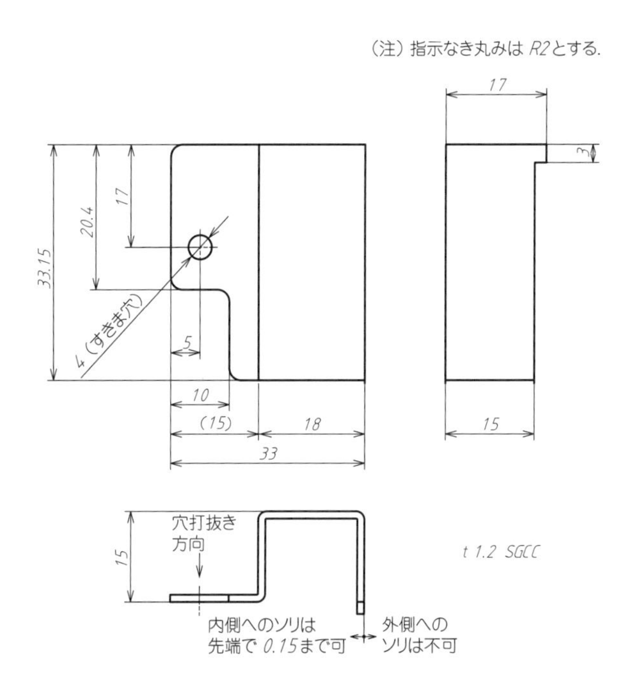

NOTE

プレス加工一般公差

寸法区分＼加工別	打抜き(外形)穴と穴の中心	曲げ絞り
5未満	±0.15	±0.20
5〜 10 〃	±0.20	±0.30
10〜 25 〃	±0.20	±0.40
25〜 50 〃	±0.30	±0.45
50〜100 〃	±0.40	±0.60
100〜250 〃	±0.50	±0.80
250〜500 〃	±0.60	±1.00
500〜750 〃	±0.80	±1.20
750以上	±1.20	±1.50
角 度	±1°	

（業界カタログ）

穴の打抜き方向を指定すると，丸みができて，指定側の面のカエリ除去の加工を省ける．

t1.2 SPG
穴打抜き方向
punch
work
die
ワーク（部品）の仕上がり

5.7 板金折り曲げ部品

5.7.2 プレス成型

板金曲げプレス加工部品の図例を示す.

外観面やカエリ除去加工を省く指示や，そり（変形限度）の発生を見越した図面表示を説明する.

なお，プレス成型品に，サイズ交差，幾何公差，表面性状記号は，普通入れない.

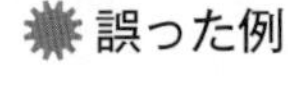

箱体での注意事項

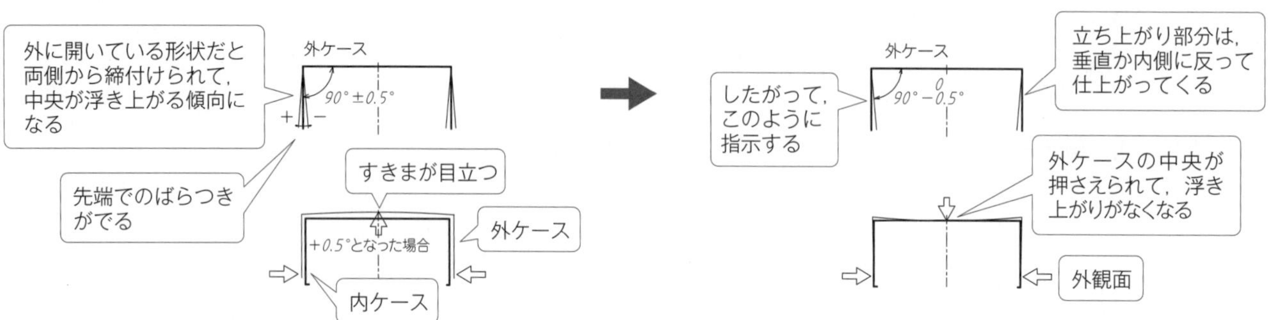

箱体板金の図例（図 5-13（p.91）の部品図）

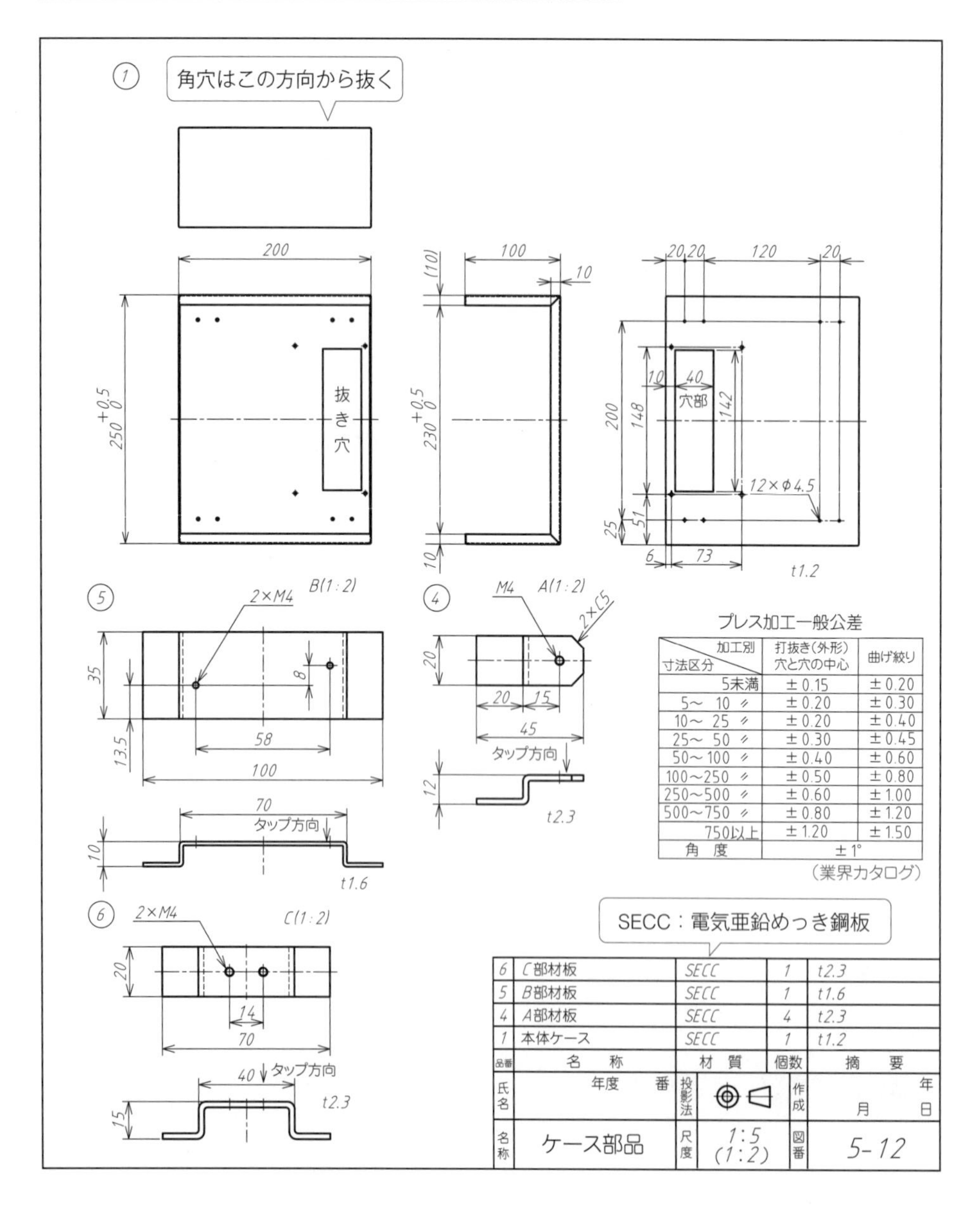

プレス加工一般公差

寸法区分＼加工別	打抜き（外形）穴と穴の中心	曲げ絞り
5未満	±0.15	±0.20
5～ 10 〃	±0.20	±0.30
10～ 25 〃	±0.20	±0.40
25～ 50 〃	±0.30	±0.45
50～100 〃	±0.40	±0.60
100～250 〃	±0.50	±0.80
250～500 〃	±0.60	±1.00
500～750 〃	±0.80	±1.20
750以上	±1.20	±1.50
角度	±1°	

（業界カタログ）

品番	名称	材質	個数	摘要
6	C部材板	SECC	1	t2.3
5	B部材板	SECC	1	t1.6
4	A部材板	SECC	4	t2.3
1	本体ケース	SECC	1	t1.2

氏名	年度 番	投影法	⊕◁	作成	年 月 日
名称	ケース部品	尺度	1:5 (1:2)	図番	5-12

NOTE

鋼板の圧延方向の指示，板金端面の処理およびタップ加工方向などを指示することが重要である.

5.8 板金溶接部品

5.8.1 溶接記号の分類と特徴

溶接には，融接，圧接，ろう接の 3 種類がある．加工の方法は JIS Z 3021-2016 に記されている記号で指示できるが，圧接の記号はない．また，本書では説明しないが，溶接後の「非破壊試験の指示方法」も同じ JIS 内で規定されており，図面内に示すことができる．

溶接方法の分類と特徴

溶接方法	解　説	加熱温度	溶加材	変　形	残留応力	溶接時硬化	溶接方法の例
融　接 (fusion welding)	接合する部分を溶融させるか，または，外部から溶融した材料を加えて部分的に溶かし，凝固させて接合する方法.	複合する部分（母材という）の溶融温度以上	必要と不要の場合がある	中程度	中程度	中程度	ガス溶接 アーク溶接 電子ビーム溶接 光ビーム溶接 エレクトロスラグ溶接
圧　接 (pressure welding)	金属の接合部を摩擦や爆発によって加熱し，圧力を加えて接合する方法.	常　温	不　要	大きい	大きい	大きい	冷間圧接，爆発溶接
		高　温		中程度	中程度	中程度	ガス圧接，鍛接 抵抗溶接，電子ビーム溶接 摩擦圧接
ろう接 (soldering)	母材を溶融せずに，母材の溶融温度より低い温度で溶けるろう材を用いて接合する.	450℃以上	必要 硬ろう	小さい	小さい	小さい	銀ろう付，黄銅ろう付 金ろう付，リン銅ろう付 ブレーズ溶接（主に鋳鉄） 誘導加熱溶接，炉内ろう付
		450℃未満	必要 硬ろう （はんだ）				はんだ付，ディップはんだ付 レーザ溶接

（注）電子機器のはんだ材は，環境負荷低減化のため，鉛フリーはんだとする．
プリント基板のはんだ材は，Sn-Pb や Sn-Ag-Cu（主流），その他 Sn-Ag，Sn-Cu，Sn-Zn-Bi が用いられている．

継手の形状比較

接合方法	突合せ継手 あて金突合せ継手	突合せ継手	T 形継手	重ね継手	重ね継手	重ね継手
溶接継手	開先には，I 形・V 形・U 形・X 形などがある 開先 開先：溶接に都合のよいように加工すること あて金を用いる場合もある	レ形開先	K 形開先			
ろう接継手	あて金	L 形継手	T 形継手			溶接付継手ではビートが見られる．低温ろう付では平坦

溶接例

鋼管の場合は，継手部分はほとんどが溶接である．銅管ではリン銅ろう接が多い（低温ろう付）.

低温ろう付は，母材を溶かさずにインローすきまでの毛細管現象を利用して合金化し，凝固させる．管内の酸化防止のため，不活性ガス（炭酸ガス，窒素ガス）雰囲気に置換して行うのが一般的である．

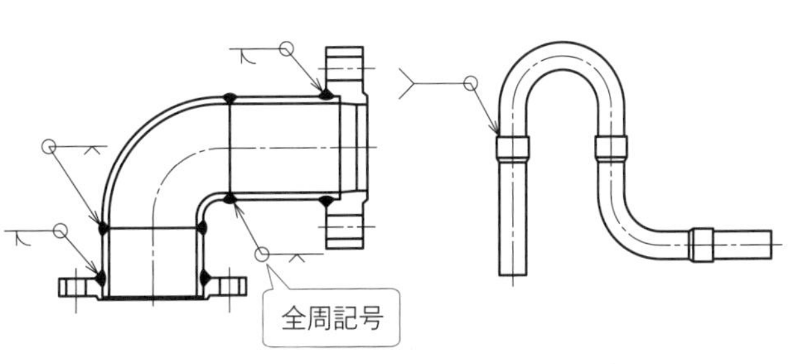

NOTE

管接手に関与する規格

日本産業規格　JIS H 3401

JWWA H102

（日本水道協会）

JCDA 0001

（日本銅センター）

5.8 板金溶接部品

5.8.2 溶接記号の記入上の注意点

JIS Z 3021-2010 は，2013 年に ISO 2553 が共存規格に改正されたため，整合性を図るために，JIS Z 3021-2016 に改正された．また，対応国際規格にない付属書 JA には溶接部の非破壊試験記号，付属書 JB には JIS と対応国際規格との対比表がある．基本記号などに少し相違点があるので，海外向けの図面には注意が必要である．

記号の描き方

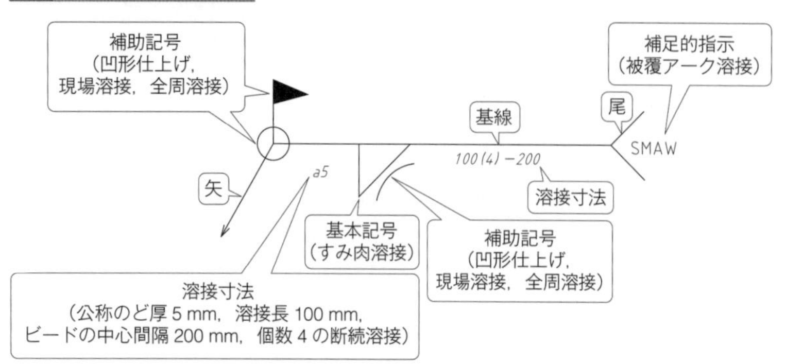

NOTE

JIS と ISO で記号が異なるので注意する．

基本記号	JIS	ISO	
	第三角法	第一角法	第三角法
手前側 溶接部			
向こう側 溶接部			

(注)　溶接部記号は JIS では細線，ISO では太線で描く．

誤った例

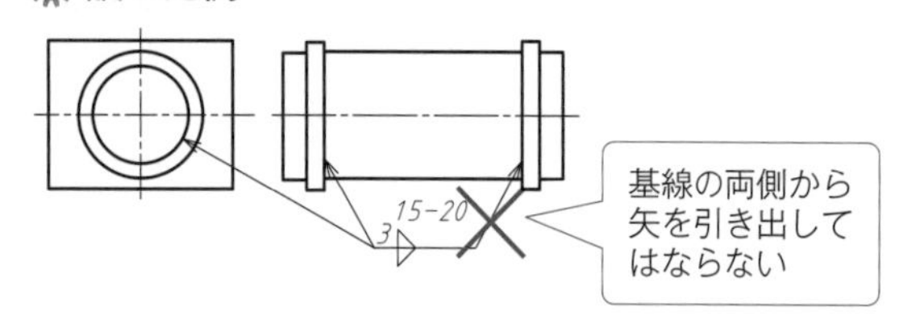

開先記入の注意

V 形，K 形，J 形，両面 J 形では，開先をとる面を指示することがある．その場合は，「開先をとる母材側に基線を引く」，「矢を折れ線として示す」方法がある．

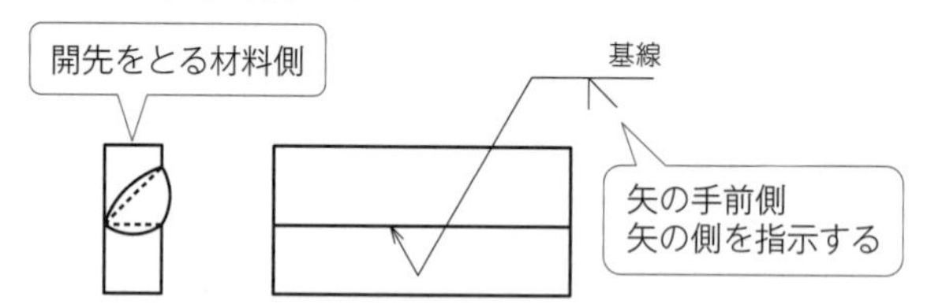

指示例

溶接部寸法

開先 5 mm，開先深さ 3.5 mm，開先角度 60°，ルート間隔 2 mm の V 形溶接の場合．

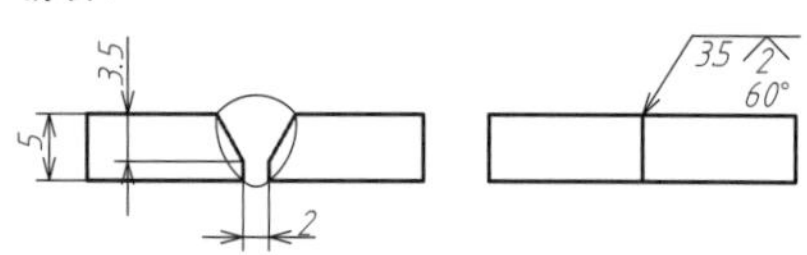

開先深さ 3 mm，開先角度 35°，ルート間隔 1.5 mm の J 形溶接の場合．

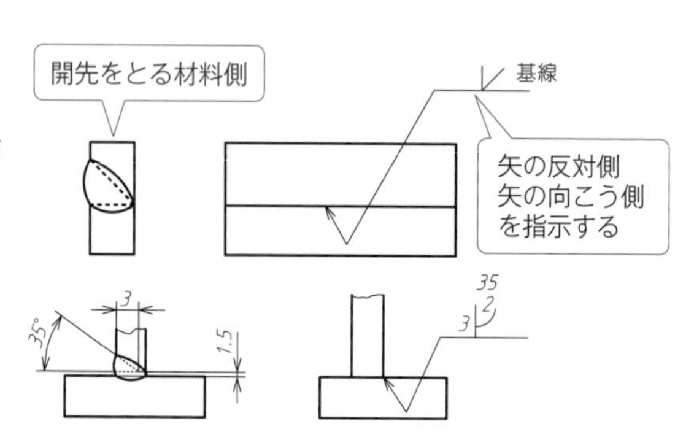

スポット溶接

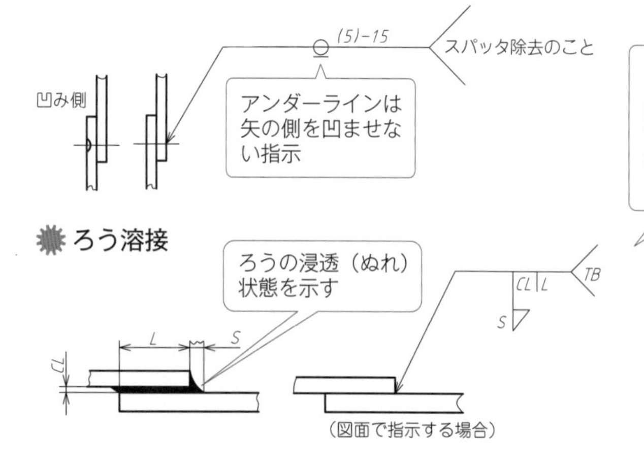

ろう溶接

ろう材指定か組合せ部品名

B：ろう接　*T*：板厚
TB：トーチろう接　*CL*：ろう接すきま
FB：炉内ろう接　*L*：重ね代
S：フィレット寸法

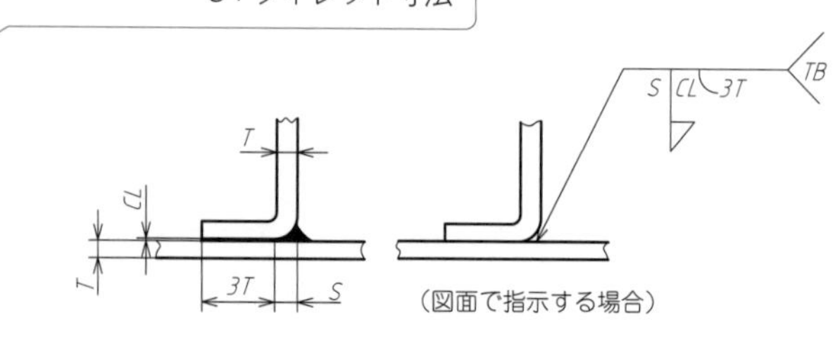

5.8 板金溶接部品

5.8.3 溶接の基本記号

（注記） 溶接記号は細線で記入するが，下図では寸法線と区別するため，少し太く描いている．

基本記号

名 称	記 号 [1] 矢の側または手前側	記 号 [1] 矢の反対側または向こう側	番 号 [2]
I 形開先溶接			p.5 表 1 No.1
V 形開先溶接			p.5 表 1 No.2
レ形開先溶接			p.5 表 1 No.3
J 形開先溶接			p.6 表 1 No.7
U 形開先溶接			p.6 表 1 No.6
V 形フレア溶接			p.6 表 1 No.8
レ形フレア溶接			p.6 表 1 No.9
へり溶接			p.7 表 1 No.19
すみ肉溶接（連続両面では旧記号使用可）			p.6 表 1 No.10
すみ肉溶接（千鳥断続では旧記号使用可）	L(n)-P	L(n)-P	p.22 表 5 No.2.6
プラグ溶接 スロット溶接			p.6 表 1 No.11
肉盛溶接			p.7 表 1 No.21
ステイク溶接			p.7 表 1 No.22
抵抗スポット溶接	＊旧記号使用可		p.6 表 1 No.12
溶融スポット溶接		＊旧記号使用可	p.6 表 1 No.13
抵抗シーム溶接	＊＊旧記号使用可		p.7 表 1 No.14
溶融シーム溶接			p.7 表 1 No.15
スタッド溶接			p.7 表 1 No.16
ビード溶接			JIS にはないが，実際には使用する
摩擦圧接 フラッシュ（突合せ）溶接も同じ記号			

備考
(1) 溶接記号 JIS Z 3021-2016 による．
(2) 番号欄は JIS Z 3021-2016 原本の記載箇所を示す．JIS には図例などが掲載されている．
(3) 本表では，基線は記号と同じ太さなので破線で描いている．

基本記号の組合せ

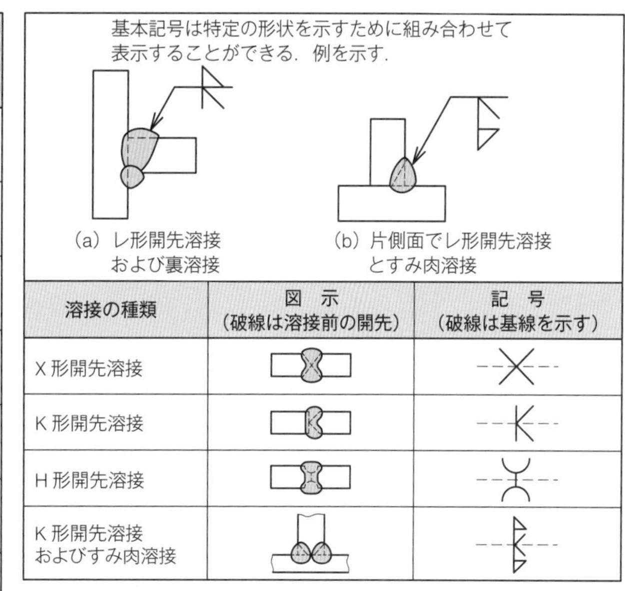
基本記号は特定の形状を示すために組み合わせて表示することができる．例を示す．

(a) レ形開先溶接および裏溶接
(b) 片側面でレ形開先溶接とすみ肉溶接

溶接の種類	図 示（破線は溶接前の開先）	記 号（破線は基線を示す）
X 形開先溶接		
K 形開先溶接		
H 形開先溶接		
K 形開先溶接およびすみ肉溶接		

補助記号

名 称 図 示	記 号	適用例
裏波溶接 フランジ・へり溶接含む		
裏当て		補助記号は基線に対して反対側につけられる
裏当て取り外さない	M	MR
裏当て取り外す	MR	
全周溶接		
現場溶接 仕上げの詳細は，作業指示書・溶接施工要領書に記載する．		

名 称	図 示	記 号	適用例
平 ら			
凸 形			
凹 形			
滑らかな止端仕上げ	止端仕上げ		

仕上げ方法（機械での仕上げ）		
チッピング	C	溶接面を凹形に仕上げる
グラインダ	G	砥石で止端を仕上げる
切 削	M	切削にて平面に仕上げる
研 磨	P	研磨で凸形面に仕上げる

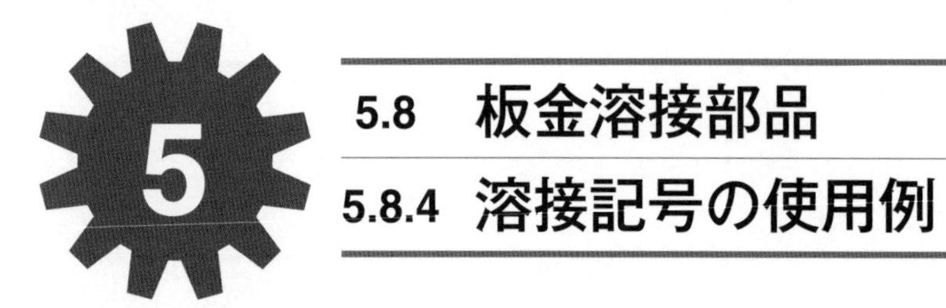

5.8 板金溶接部品

5.8.4 溶接記号の使用例

（寸法単位：mm）

溶接部	実形	記号表示	番号(注)
V形フレア溶接			p.6 表1 No.8
レ形フレア溶接			p.6 表1 No.9
I形開先 ルート間隔 2	2	2	p.5 表1 No.1
I形開先 レーザ溶接 ルート間隔 0.1～0.2		0.1～0.2 LBW LBW (laser beam welding)	p.5 表1 No.1
I形開先 フラッシュ溶接 （突合せ溶接）		フラッシュ溶接	p.5 表1 No.1
I形開先 摩擦圧接	接合例 アルミ材 銅材	摩擦圧接	p.5 表1 No.1
V形開先 部分溶込み 開先角度 60° 開先深さ 5 ルート間隔 0	12 5 0 60°	(5) 0 60°	p.19 表5 No.1.2
V形開先 完全溶込み溶接 開先角度 60° ルート間隔 2	2	2 60°	p.19 表5 No.1.1
U形開先 完全溶込み溶接 開先角度 25° ルート間隔 0 ルート半径 12	0 25°	r=6 0 25°	p.6 表1 No.6
レ形開先 開先深さ 8 開先角度 35° ルート間隔 0	12 35° 0 8	35° (8) 0	p.5 表1 No.4
レ形開先 部分溶込み溶接 開先角度 45° 開先深さ 10 溶込み深さ 10 ルート間隔 0	10 45 0	(10) 0 45	p.5 表1 No.4
X形開先 深さ 矢の側 6 反対側 9 角度 矢の側 60° 反対側 90° ルート間隔 3	60° 16 90°	90° 9 16 60°	p.8 表2 No.1
へり溶接 溶着量 2 研磨仕上げ	8 2	2 P	p.7 表1 No.19
すみ肉溶接	6 9	6×9	p.6 表1 No.10
すみ肉溶接 両側脚長 6	6 6	6	p.8 表2 No.4
すみ肉溶接 両側脚長が異なる場合	6 9	6 9	p.8 表2 No.4
すみ肉溶接 並列溶接	p p p	L(n)-p n：手前側の溶接箇所	p.22 表5 No.2.5
すみ肉溶接 千鳥溶接 旧記号使用可	pl pl pl p p p b2 b1	b2 l(m)-pl b1 L(n)-p	p.22 表5 No.2.6
プラグ溶接 穴径 φ 22 溶接深さ 6 開先角度 60° 溶接数 1	A A' 6 22 60° A-A	(22×6) 60° (3)-100 100 100	p.22 表5 No.2.6
スロット溶接 幅 22 溶接深さ 6 開先角度 0° 長さ 50 溶接数 1	C C' 22 6 22 C-C'	(22×6 0° 50(1)	p.23 表5 No.4.2
肉盛溶接 肉盛りの厚さ 6 幅 50 長さ 100	50 100 6	6 50×100	p.7 表1 No.21
スポット溶接 矢の側または手前側の面が平らなことを指示する場合 ピッチ 75 点数 2	溶融スポット溶接 (2)-75 手前が平面 E-E E 75	図は溶融スポット溶接を示す (2)-75 溶融スポット溶接 ※旧記号使用可	p.24 表5 No.5.2
プロジェクション溶接 矢の側または手前側の面が平らなことを指示する場合	突起を設けて接合	プロジェクション溶接 ※※旧記号使用可	p.34 表A-2 No.9
シーム溶接 図は抵抗シーム溶接を示す場合 シーム所要幅 4	抵抗シーム溶接 4 F F-F	4 抵抗シーム溶接	p.25 表5 No.6.1
ステイク溶接 重ね継手 溶接幅 1.0 すき間 0.0～0.2	1.0	1.0 LBW 0.0～0.2 LBW (laser beam welding)	p.7 表1 No.22
スタッド溶接 φ5のスタッドを各列80ピッチで4本接合する場合	80の間隔が3ある 20 3@80=240 20 60 60 15	SW 5 80 (4) 20 20 60 60 15	p.7 表1 No.16

（注）番号欄は JIS Z 3021-2016 原本の記載箇所を示す．JIS には図例などが掲載されている．

5.8 板金溶接部品

5.8.5 スポット溶接板金

スポット溶接は，溶接跡が外観上目立たないように仕上げることが重要である．スポット溶接の間隔をあまり小さくすると，分流現象でスポット接合部の強度が低下するので，企業での社内規格に注意すること．また，板金切断端面のカエリやばりのないように必ず指示する．スポット溶接するところは，✚あるいは●で明示する．

酸化皮膜があると塗装の密着が悪くなる．また，スポット溶接部分の電極の凹みが外観の見ばえを悪くする．スポット間隔が小さいと電流が分流して溶接強度を低下させるので，"多点のこと"などの指示は避ける．

プレス加工品をスポット溶接した部分組立図

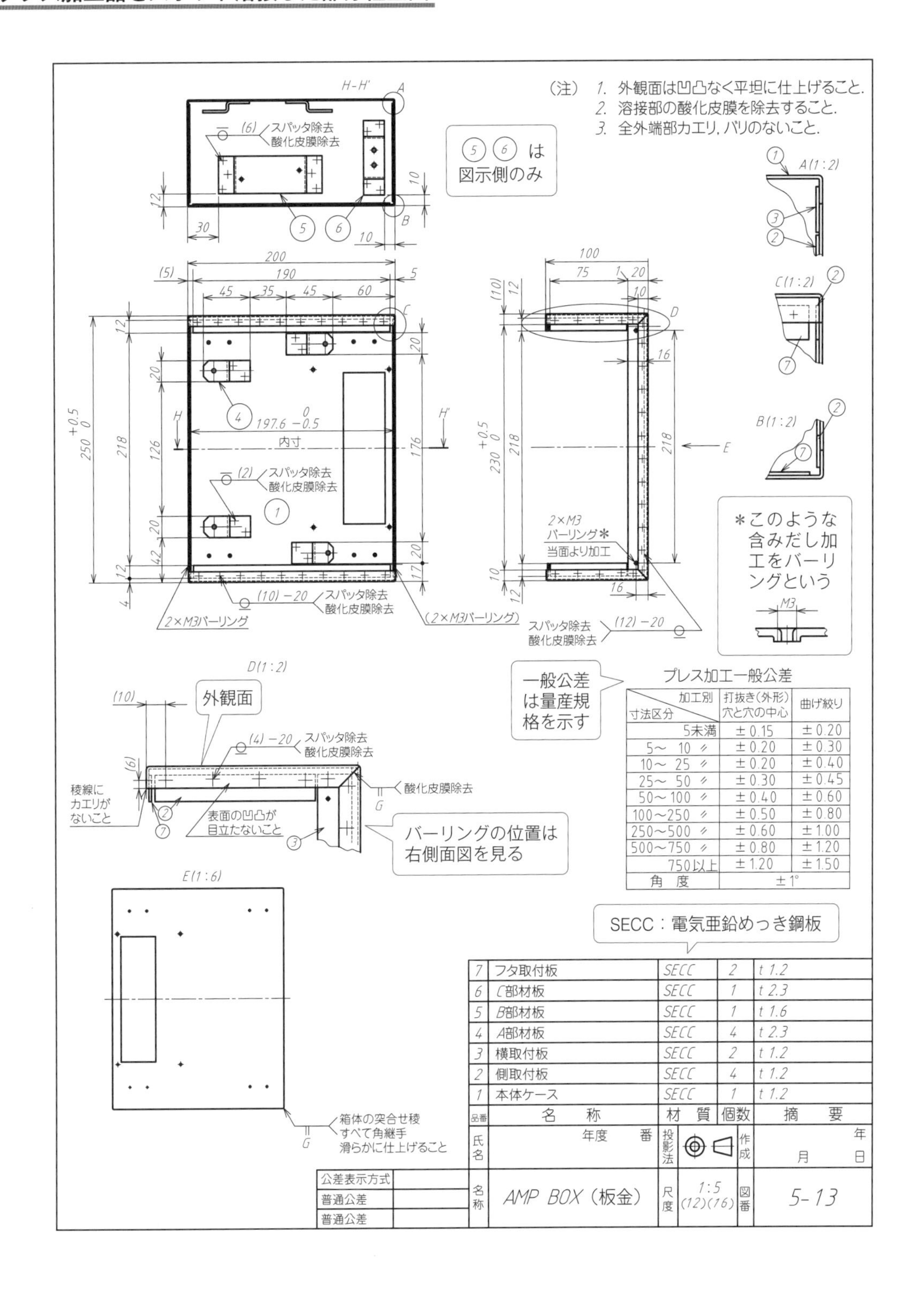

プレス加工一般公差

加工別 / 寸法区分	打抜き(外形) 穴と穴の中心	曲げ絞り
5未満	±0.15	±0.20
5～10 〃	±0.20	±0.30
10～25 〃	±0.20	±0.40
25～50 〃	±0.30	±0.45
50～100 〃	±0.40	±0.60
100～250 〃	±0.50	±0.80
250～500 〃	±0.60	±1.00
500～750 〃	±0.80	±1.20
750以上	±1.20	±1.50
角度	±1°	

品番	名称	材質	個数	摘要
7	フタ取付板	SECC	2	t 1.2
6	C部材板	SECC	1	t 2.3
5	B部材板	SECC	1	t 1.6
4	A部材板	SECC	4	t 2.3
3	横取付板	SECC	2	t 1.2
2	側取付板	SECC	4	t 1.2
1	本体ケース	SECC	1	t 1.2

公差表示方式		氏名	年度 番	投影法		作成	年 月 日
普通公差		名称	AMP BOX（板金）	尺度	1:5 (12)(76)	図番	5-13
普通公差							

5.8 板金溶接部品

5.8.6 板金溶接構造部品

すみ肉溶接とスポット溶接を利用した簡単な構造物の例を示す．スパッタ処理の指示をしておかないと，溶接跡の塗装の密着が悪く，錆が浮いてくる．板金の曲げ方向と素材の圧延方向は，直角に交わるほうが強度が大きい．

すみ肉溶接の例（部品図）

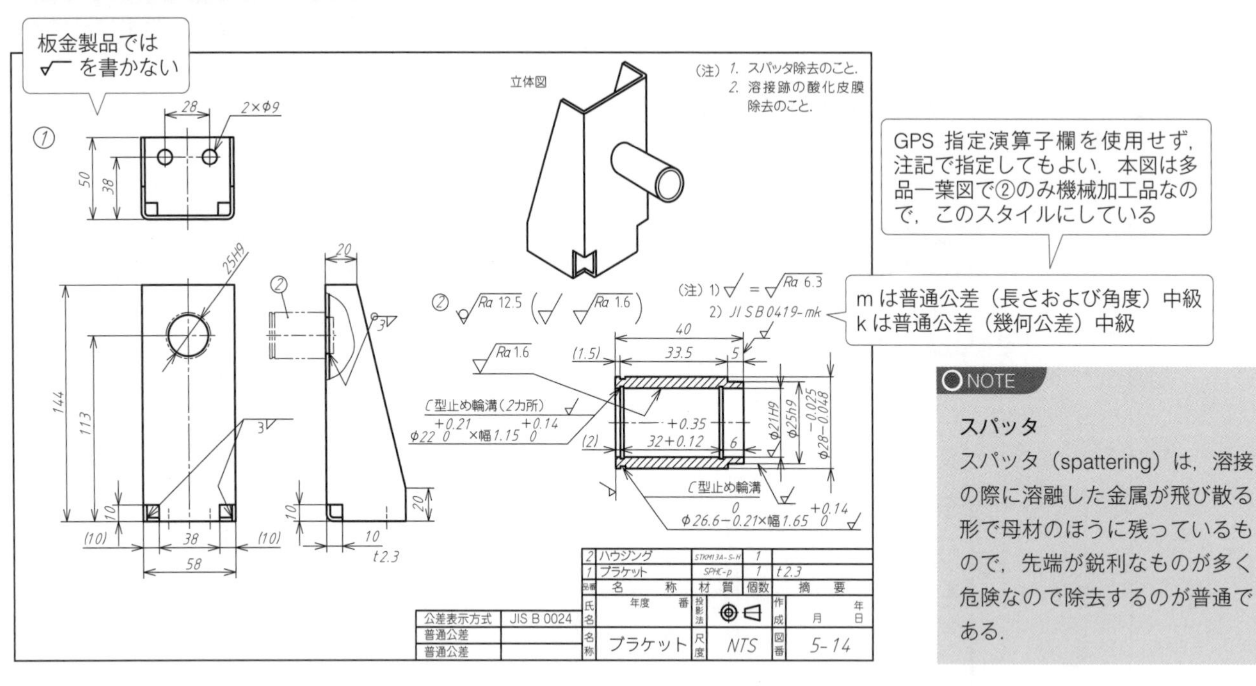

NOTE

スパッタ

スパッタ（spattering）は，溶接の際に溶融した金属が飛び散る形で母材のほうに残っているもので，先端が鋭利なものが多く危険なので除去するのが普通である．

板金をスポット溶接で固定している例（部分組立図）

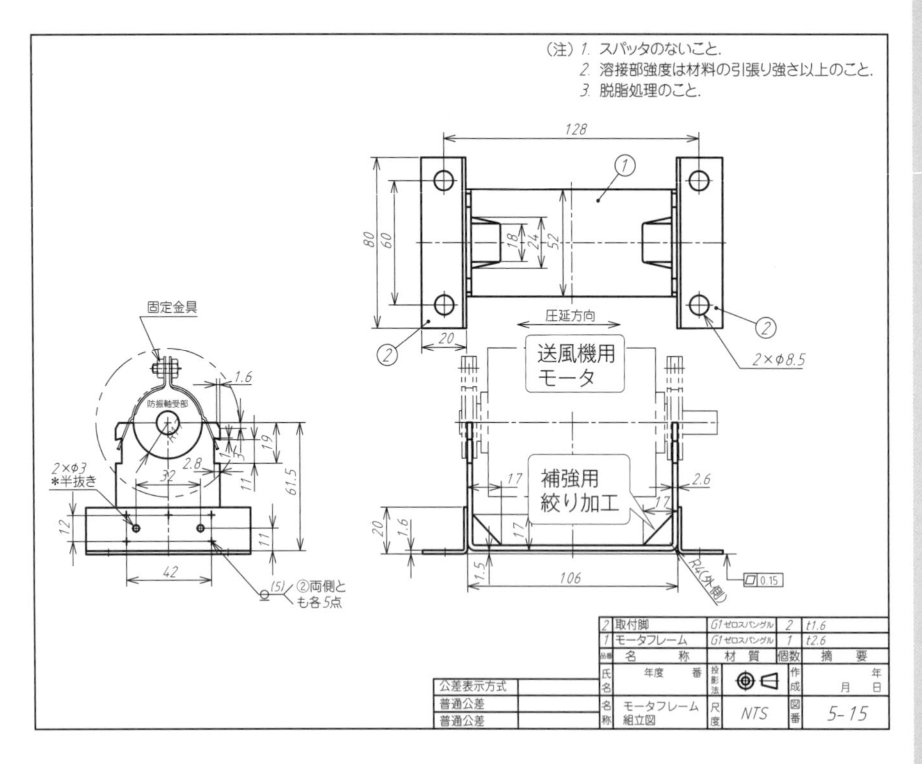

NOTE

亜鉛めっき鋼板の種類

(1) 電気亜鉛めっき鋼板（SECC）

めっき量：目付け 20 g/m²

めっき量が少ない．

そのままか，塗装する．

(2) 溶融亜鉛めっき鋼板（SGCC）

めっき量：目付け 60 ～ 90 g/m²

ほとんど素地のまま使用．

一般には，処理鋼板の表面に模様（spangle）がある．

とくにこの模様をなくしたものを zero-spangle という．

(3) 合金化溶融亜鉛めっき鋼板（GA）

めっき量：目付け 30 g/m²

表面には模様はなく，塗装して使用．また，ほかの亜鉛めっき鋼板に比べて塗料の密着性もよい．

半抜き部（位置決め用）詳細

治具を使わなくてもずれることがなく，位置決めができる．ロケータ加工とも称される．

組み合わされた状態

穴打抜き方向に注意

φ3.1　φ3　φ3　1.8

5.9 板金プレス部品

5.9.1 プレス深絞り部品

この板金プレス製品は，危険な高圧容器であることを常に念頭において，機能を十分理解して作図する．とくに，性能に関連する冷媒戻り穴および油戻り穴の位置が，寸法どおりに確保されるように寸法の指示を行う．

上段タンクは，冷凍機の運転条件が広い範囲で運転（低圧側圧力は約 0.5 ～ 0.86 MPa に変動）されるので，冷媒液が圧縮機に吸入されるのを防ぐために取り付ける．

下段タンク（液溜）は，運転条件の変化につれて負荷条件（高圧側圧力は 1.9 ～ 2.8 MPa 程度変化する）も異なるので，冷媒の変動を最小に止める機器である．

以下の図例は，二つのタンクを一体化して，互いに熱交換させて冷凍サイクルの効率向上と取付スペースの削減をはかった複合部品である．複合化することで低圧側の容器表面の結露が少なくなり，結露防止用の断熱材が省略できる利点もある．

すみ肉溶接，銀ろう付，深絞り圧力容器の部分組立図の例

本図は部分組立図であるが，溶接組立のための溶接記号を記入している．

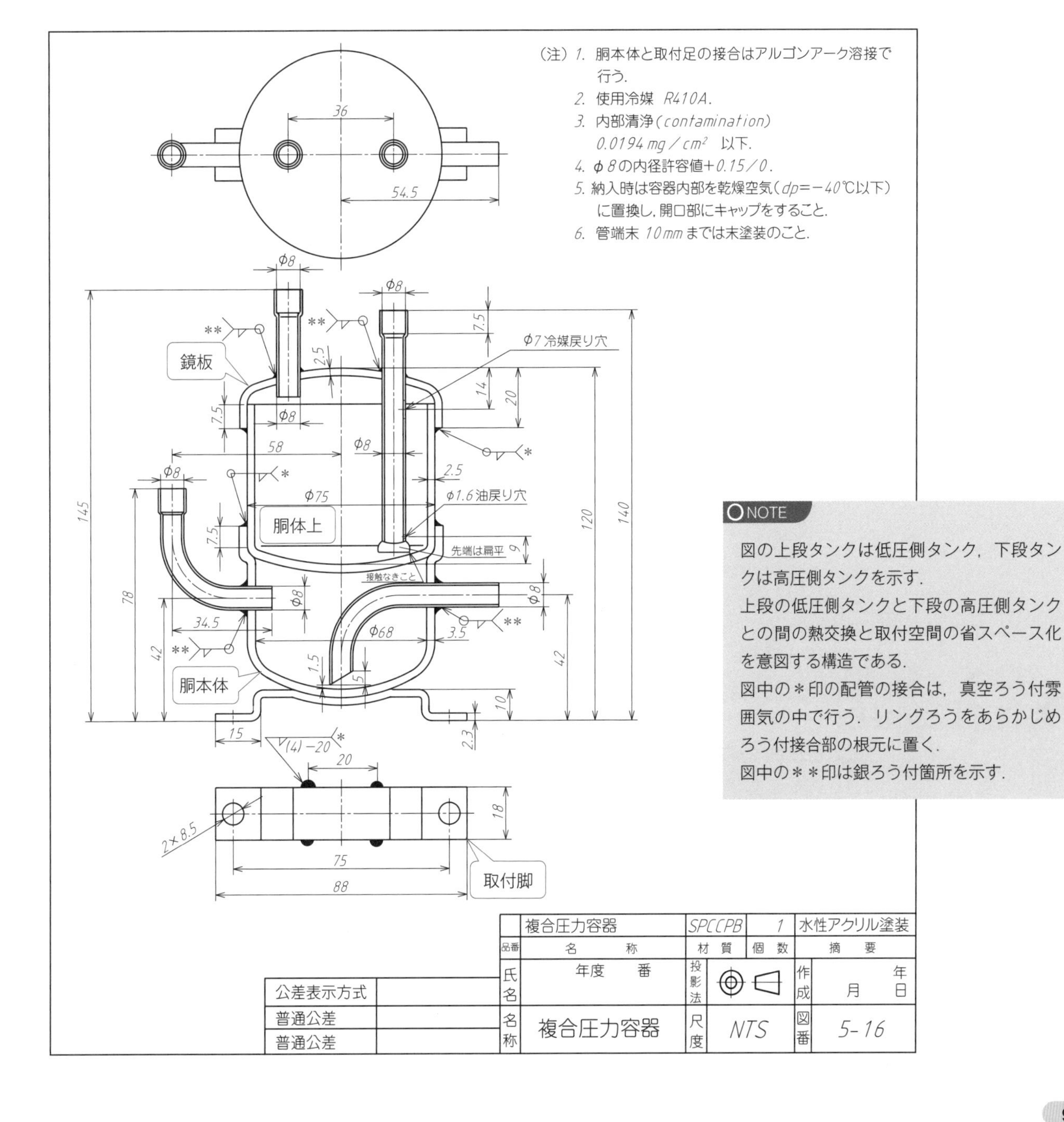

NOTE

図の上段タンクは低圧側タンク，下段タンクは高圧側タンクを示す．
上段の低圧側タンクと下段の高圧側タンクとの間の熱交換と取付空間の省スペース化を意図する構造である．
図中の＊印の配管の接合は，真空ろう付雰囲気の中で行う．リングろうをあらかじめろう付接合部の根元に置く．
図中の＊＊印は銀ろう付箇所を示す．

5.10 ばね

5.10.1 ばねの種類

ばねは，弾性変形をうまく利用する機械要素であり，機構の運動や圧力の制御，振動や衝撃の緩和・吸収，エネルギの蓄積，復元性の利用などに幅広く使用されている．

ばねの断面の形状は，丸・角または長方形で，材質としてはばね鋼を主とし，ピアノ線，ステンレス鋼，リン青銅などが用いられている．

なお，熱処理せずに納入されるのを防ぐ意味から，ばねとして用いることを念のために要目表に付記しておくほうがよい．

圧縮コイルばね

コイルの軸方向に圧縮荷重を受けるものをいう．

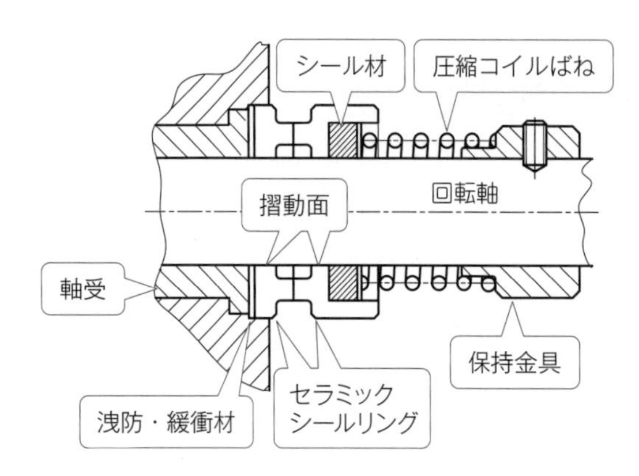

NOTE

ねじと同様に，ばねにも右巻きと左巻きがあり，用途により使いわける．

とくに指定がなければ，右巻きを用いる．

引張りコイルばね

コイルの軸方向に引張り荷重を受けるものをいう．

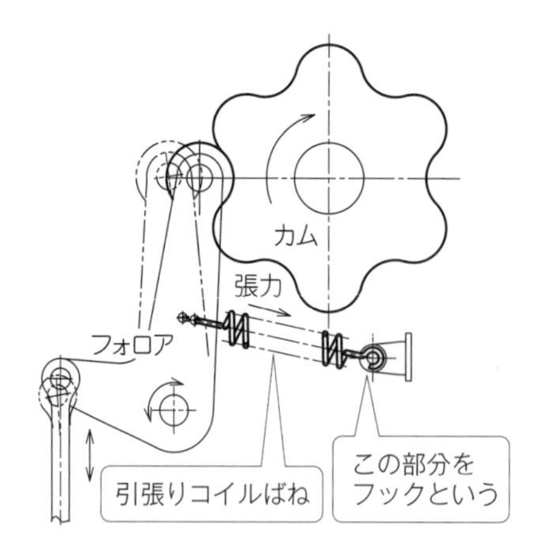

ねじりコイルばね

コイル中心線のまわりにねじりモーメントを受けるものをいう．

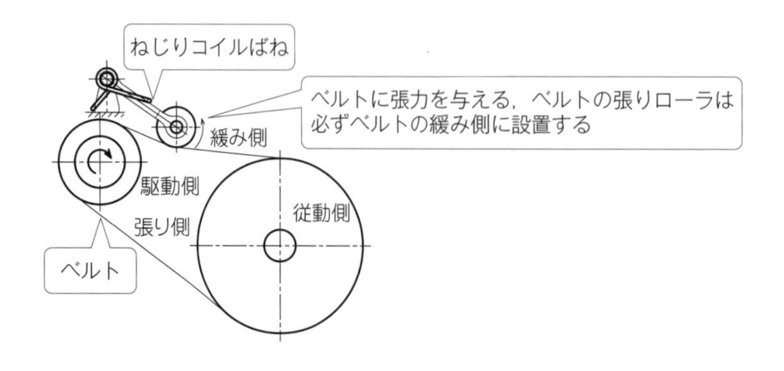

5.10 ばね

5.10.2 ばねの指定

ばね製図は図と表を併用して示す.

コイルばね, 竹の子ばね, 渦巻きばね, および皿ばねは, 原則として無荷重時の状態とし, 重ね板ばねは, 原則として板ばねを水平の状態で描く.

荷重時の状態で描いて寸法を記入する場合は, 荷重を明記する.

とくにことわりのない場合は, コイルばね, 竹の子ばねはすべて右巻きのものとする. 左巻きの場合は "巻き方向左" と記す.

圧縮コイルばね

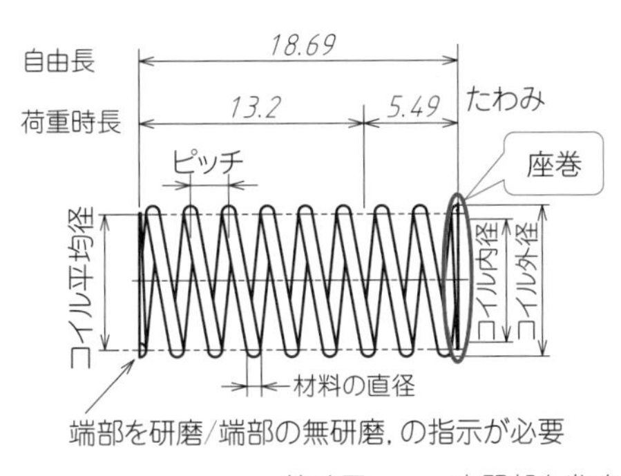

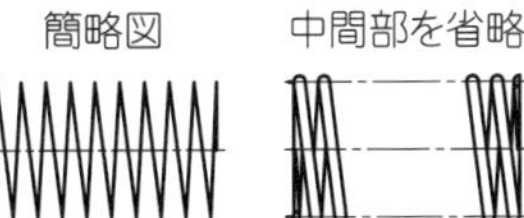

(注) 1. 脱脂を行うこと.
2. 両端のフック部の切り口にカエリやバリのないこと.
3. セッティングは, 自由長の状態から, 密着までの圧縮を 15 回行い, 規定の自由長内にあること.

回数はばねの条件で異なる

要目表

材料の直径	0.8
コイル平均径	8
コイル外径	8.8
有効巻数	6.5
総巻数	8.5
巻方向	右
自由長	18.69
熱処理	HQ, HT
セッティング	要

線材加工一般公差

25未満	±0.5
25～50 〃	±0.8
50～100 〃	±1.0
100～300 〃	±2.0
300以上	±3.0
角　度	±1.0°

(業界カタログ)

NOTE

コイルばねのコイルの端から端までの巻数を総巻数, ばねとしての機能をはたす部分の巻数を有効巻数という.

両端部に, 中心軸線に直角に切削された座巻を設ける. これで力が端面に直角にはたらく.

有効巻数＝総巻数－2(両端)×座巻数

座巻は 1 か 3/4 が多い.

引張りコイルばね

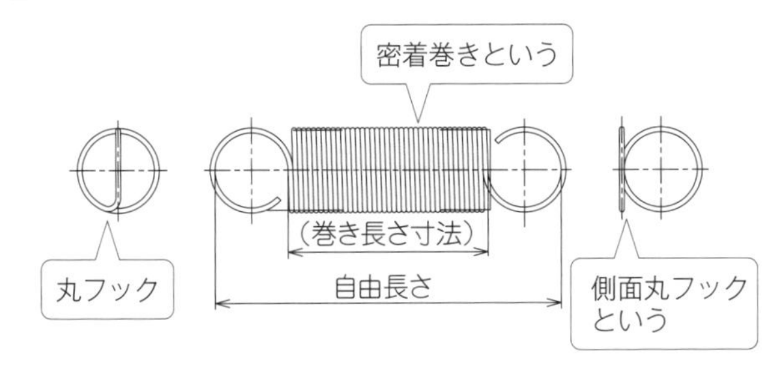

要目表

材料の直径	9
コイル平均径	10
コイル外径	11
有効巻数	39
総巻数	40
巻方向	左
自由長	50
フック形状	丸　U
熱処理	HQ, HT
セッティング	要

(注) セッティングは, 自由長の 1.5 倍の長さまで引き伸ばすことを 15 回行い, 規定の自由長さ内にあること.

フックの形状

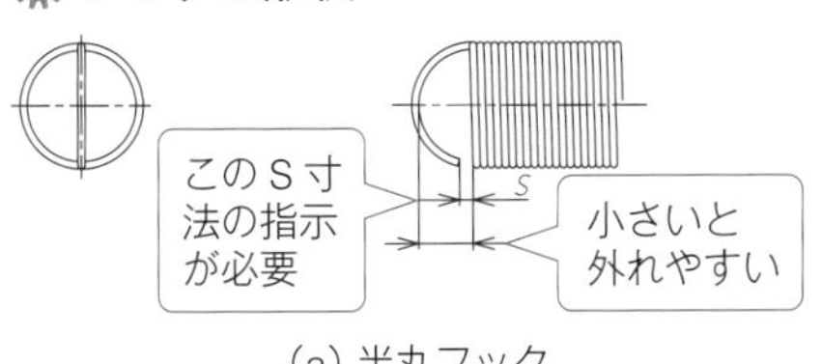

(a) 半丸フック

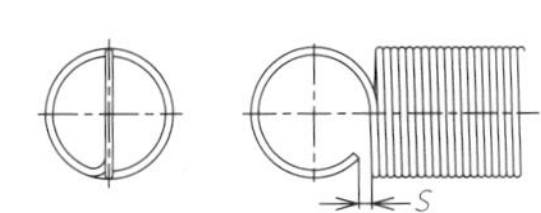

(b) 丸フック

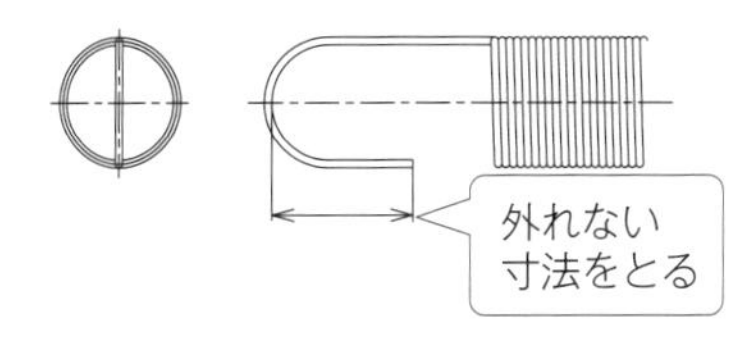

(c) U フック

ねじりコイルばね

(注) 正面図のように L_2 位置から 90° 右へ図のように水平位置までねじる. このねじり操作を 15 回行い, 規定の寸法内にあること.

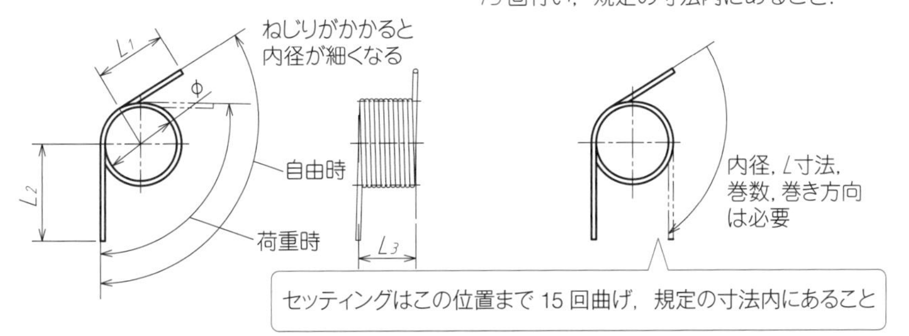

NOTE

セッティング (setting)

ばねにあらかじめ使用される最大値を超える荷重またはトルクを加えて, ある程度の永久変形を生じさせ, ばねの弾性限界を高め, 耐へたり性, 耐久性を向上させる加工.

5.10 ばね

5.10.3 ばねの応用図例

以下に，産業用搬送ロボットの部品移送装置の一部に用いられている機構の構成図を示す．

決められたプログラムに従って，制御回路からのパルス信号によりステッピングモータ（stepping motor）が所定の角度で回転し，同軸にあるカムの傾斜が変化する．

カムの面の変化に追従して，圧縮ばねでカムに押されているプランジャ・往復軸が左右に往復運動する．

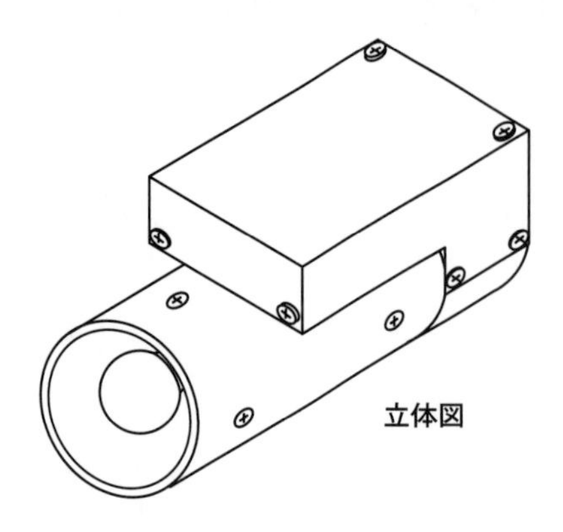

圧縮ばねの応用断面図

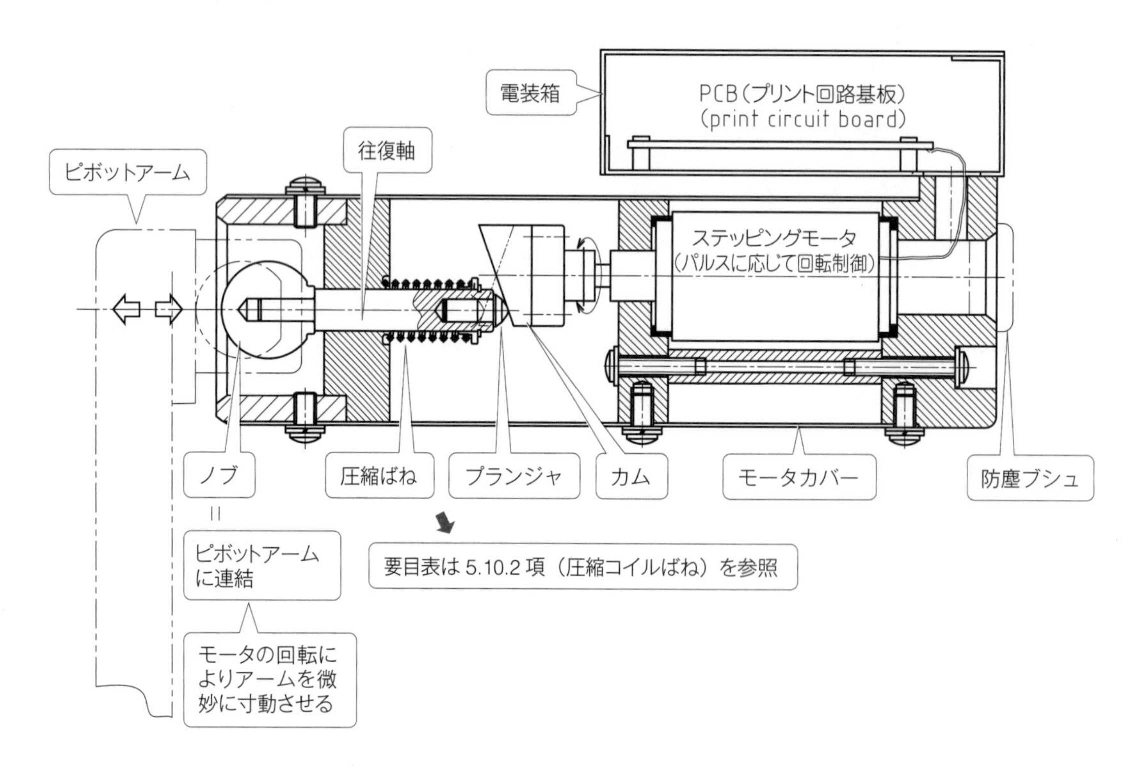

引張りばねの応用例

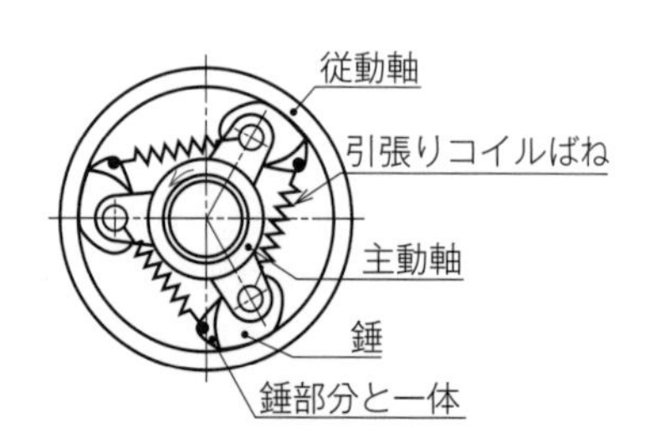

「引張りコイルばね」に引張られている錘(おもり)にはたらく遠心力作用で，矢印方向に回転する主動軸は，所定の回転数を超えたときのみ従動軸と連結して回転が伝わる．

第6章
製品に見る本格的な図例

これまで説明してきたように，ほとんどの製品は多数の部品で構成されており，それぞれに図面が必要である．本章では，JIS に準拠し，いろいろな製品図面例を掲載する．

本章の目次

6.1 小型バイス

6.1.1 総組立図と部品図①

総組立図には，大きさを表す外形寸法，機能を示す寸法（可動範囲）の表示が必要である．

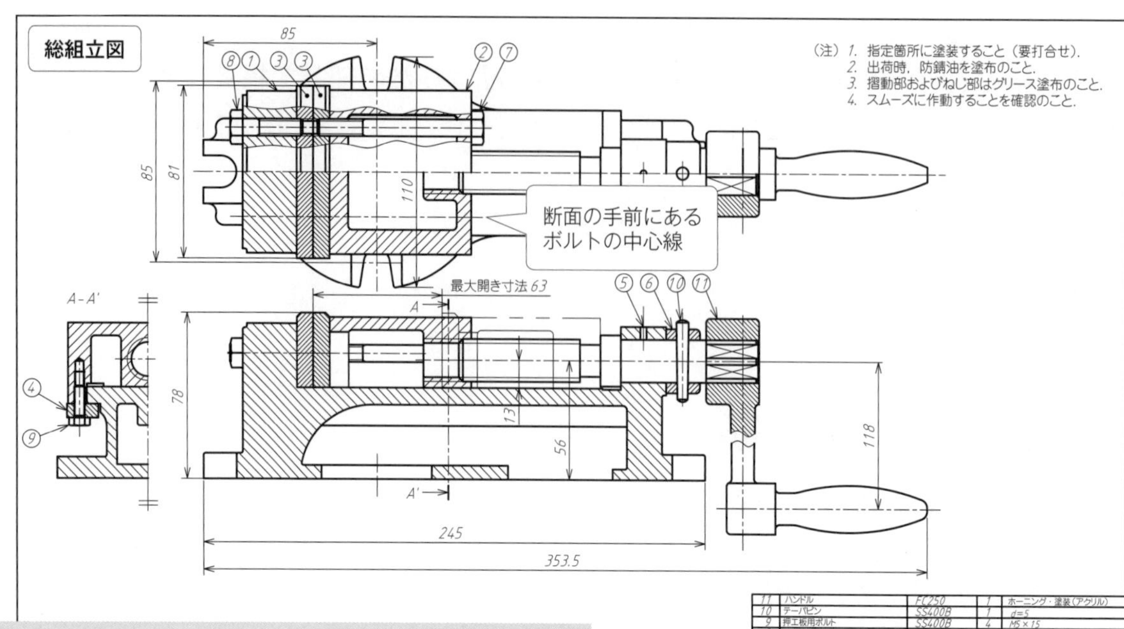

品番	名称	材質	個数	摘要
11	ハンドル	FC250	1	ホーニング・塗装（アクリル）
10	テーパピン	SS400B	1	d=5
9	押工板用ボルト	SS400B	4	M5×15
8	口金用ボルト	SS400B	2	M8×30
7	口金用ボルト	SS400B	2	M8×75
6	押エリング	SS40F	1	ホーニング
5	締付ねじ	S45C	1	六角穴付ねじ M4×6
4	押工板	SS40F	2	型鋼加工可
3	口金	S15CK	2	型鋼加工可
2	可動体	FC250	1	ホーニング
1	本体	FC250	1	液体ホーニング

NOTE

万力：作業台などに固定して，手作業で仕上げする金物をかたく押さえる保持工具．

バイス（vice）：加工機械(たとえば，フライスやボール盤)のテーブルに取り付けて，加工する金物の保持工具として用いるもの．

組立図には，全体の大きさ，最大開き寸法，ハンドルの回転半径，取付穴の寸法，全高，口金の幅などを記入しておく必要がある．

作図は，外形の大きさを把握し，必要な投影図の配置を考え，バイスが取り付けられる面を「まず描いてから」，次に締付ねじの中心線を描き，全体の形状をうすく作図していく．

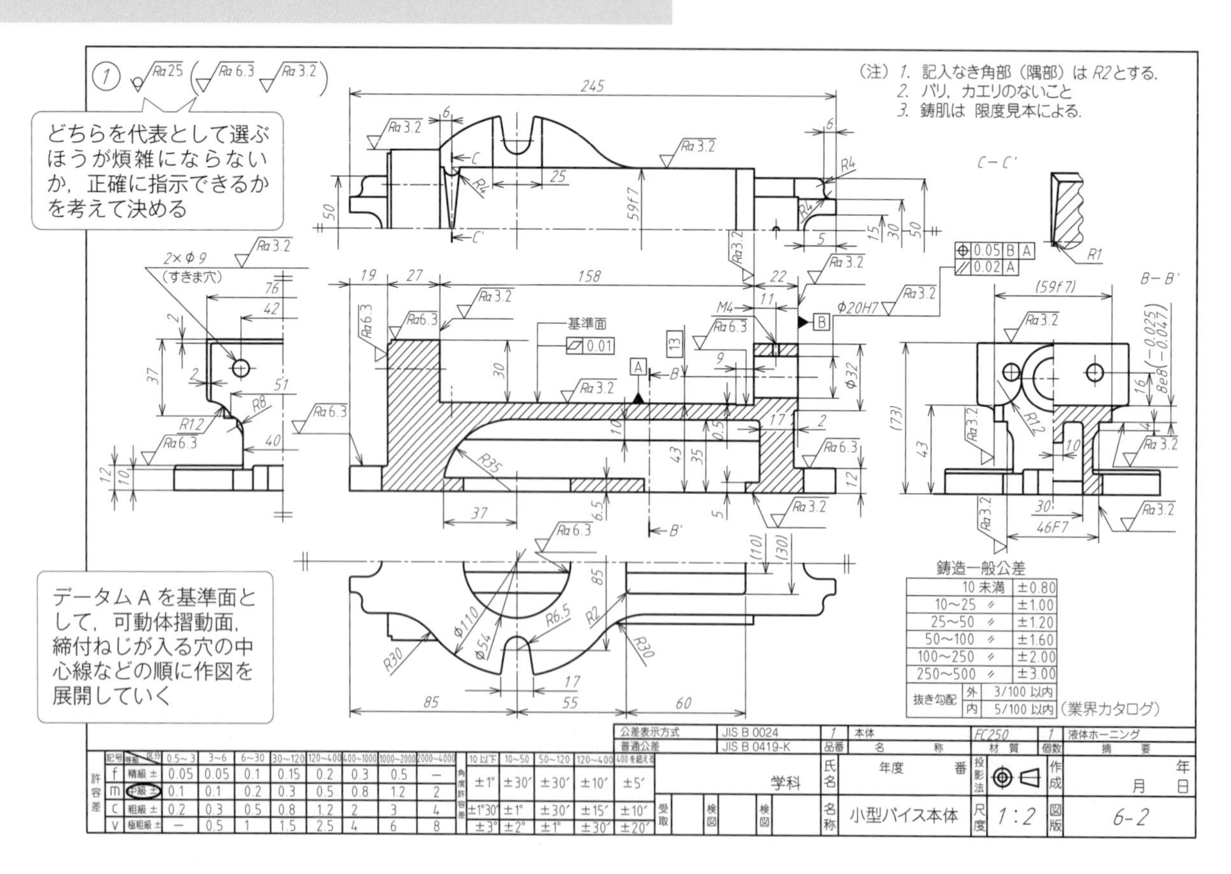

鋳造一般公差		
10 未満		±0.80
10〜25	〃	±1.00
25〜50	〃	±1.20
50〜100	〃	±1.60
100〜250	〃	±2.00
250〜500	〃	±3.00
抜き勾配	外	3/100 以内
抜き勾配	内	5/100 以内

記号	等級＼区分	0.5〜3	3〜6	6〜30	30〜120	120〜400	400〜1000	1000〜2000	2000〜4000
f	精級 ±	0.05	0.05	0.1	0.15	0.2	0.3	0.5	−
m	中級 ±	0.1	0.1	0.2	0.3	0.5	0.8	1.2	2
c	粗級 ±	0.2	0.3	0.5	0.8	1.2	2	3	4
v	極粗級 ±	−	0.5	1	1.5	2.5	4	6	8

角度許容差	10 以下	10〜50	50〜120	120〜400	400 を超える
f, m	±1°	±30′	±30′	±10′	±5′
c	±1°30′	±1°	±30′	±15′	±10′
v	±3°	±2°	±1°	±30′	±20′

公差表示方式	JIS B 0024	1	本体	FC250	1	液体ホーニング
普通公差	JIS B 0419-K	品番	名称	材質	個数	摘要

6.1 小型バイス

6.1.2 部品図②～④，⑥

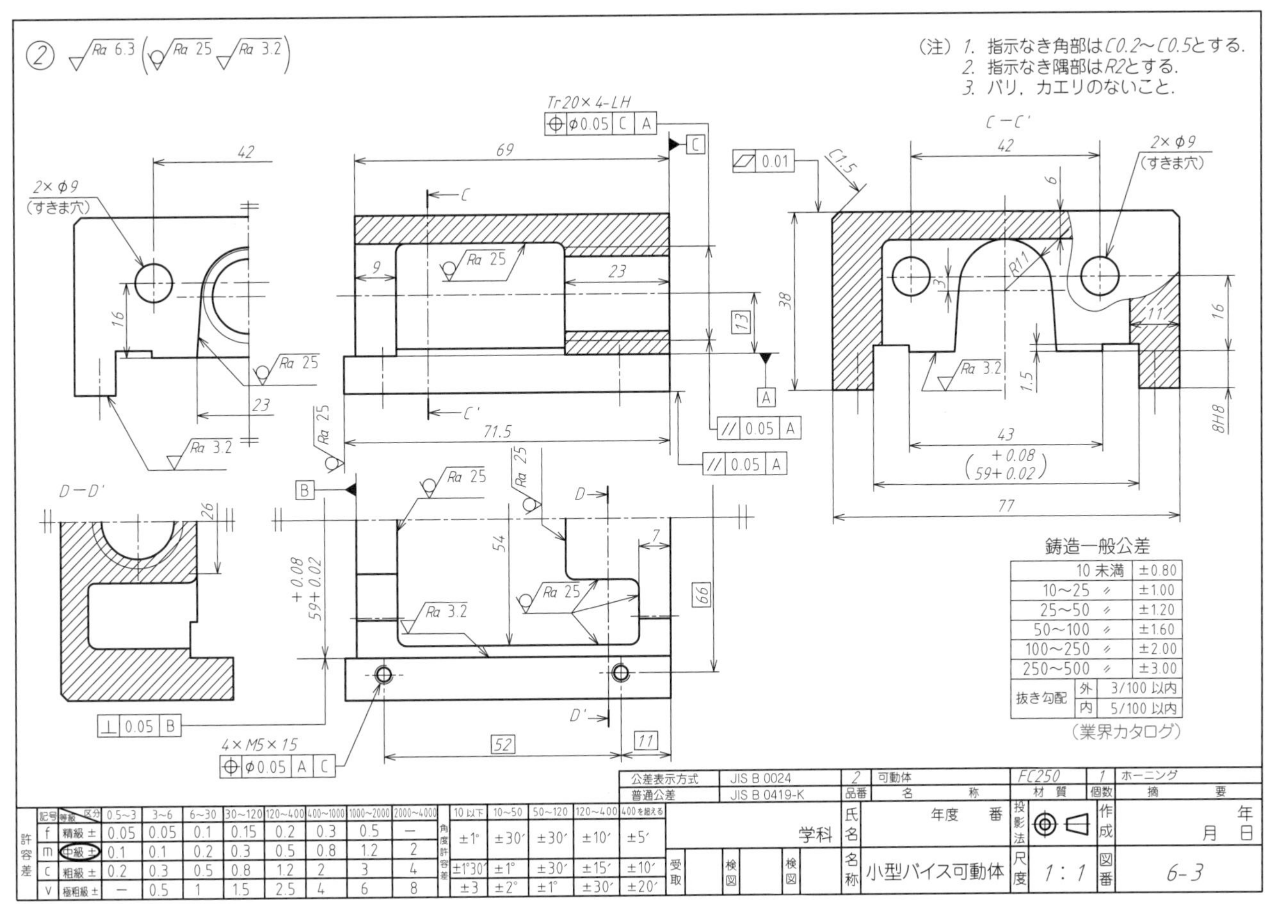

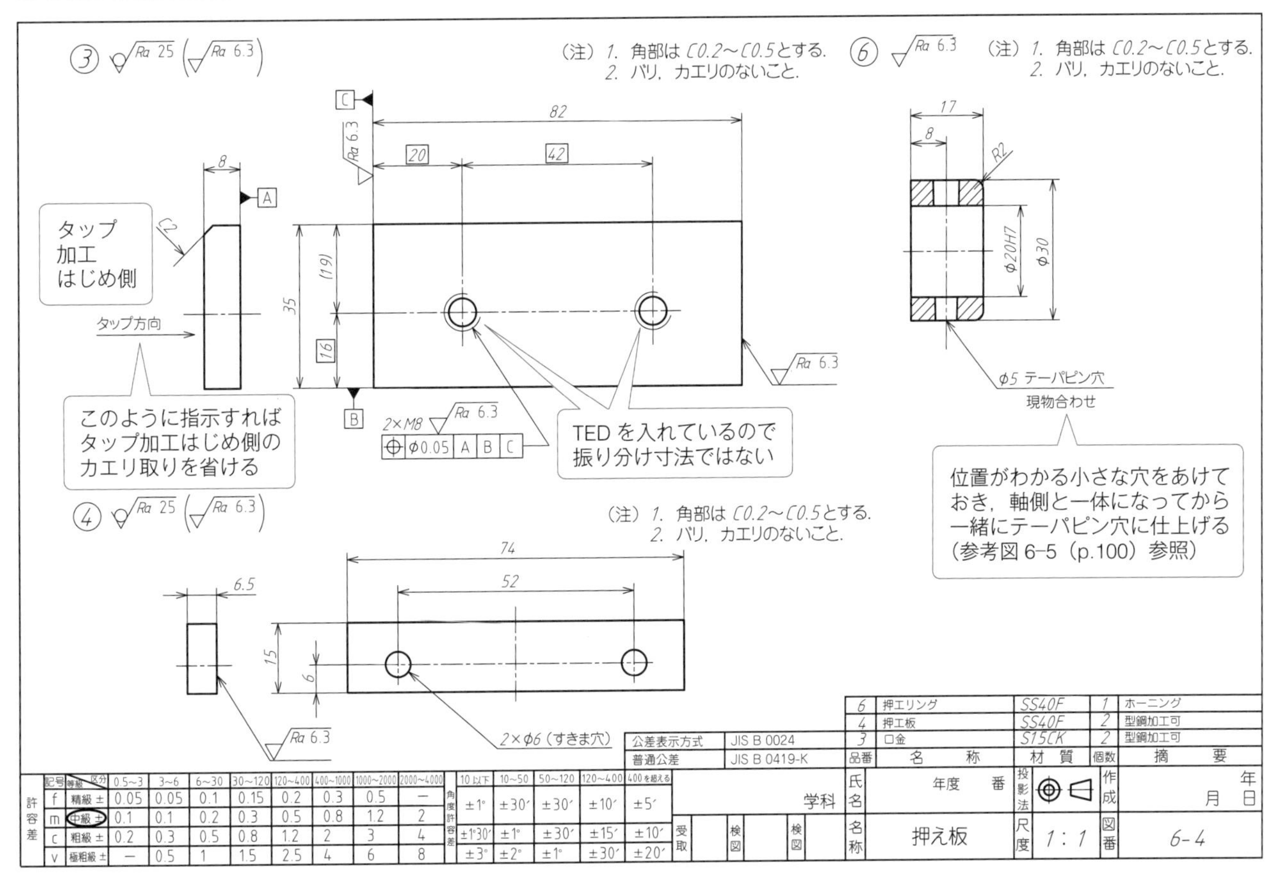

6.1 小型バイス

6.1.3 部品図⑤，⑪

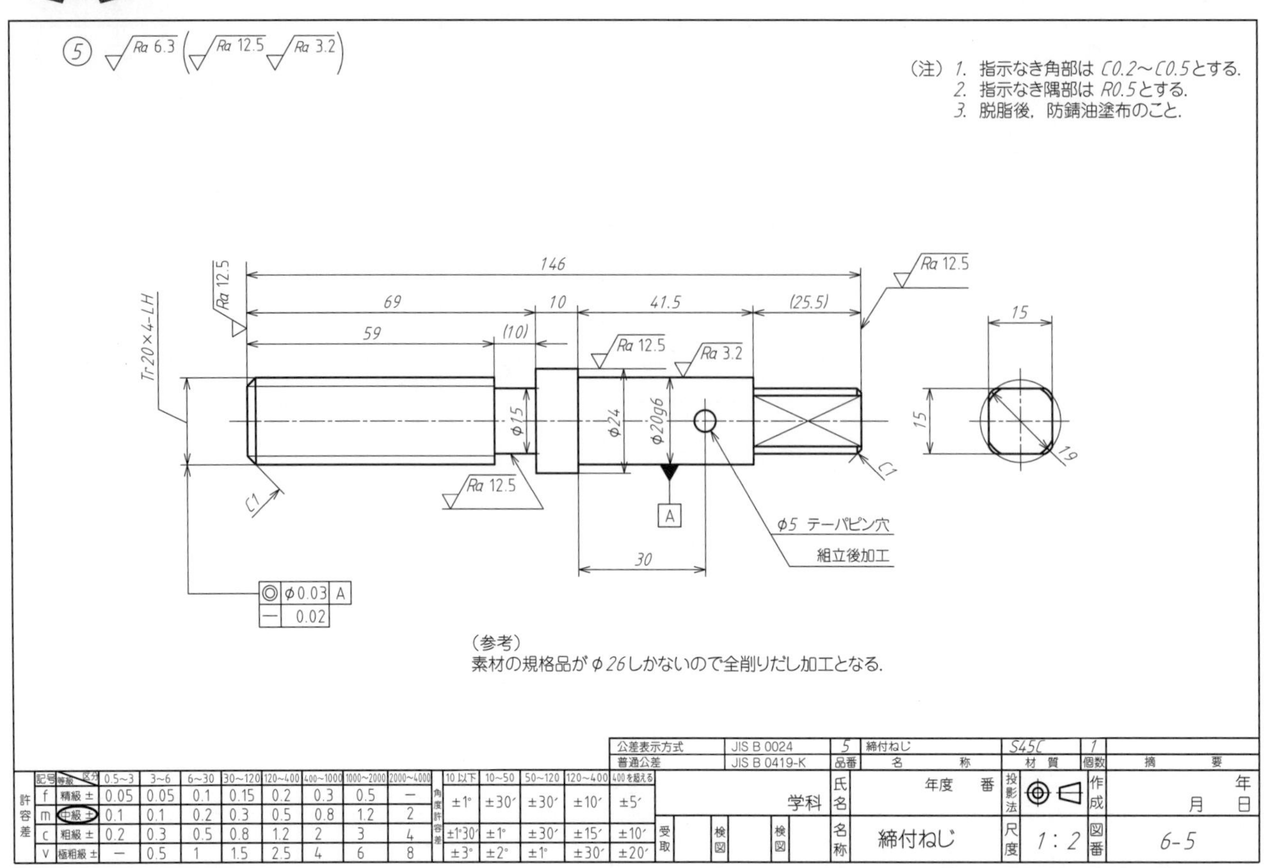

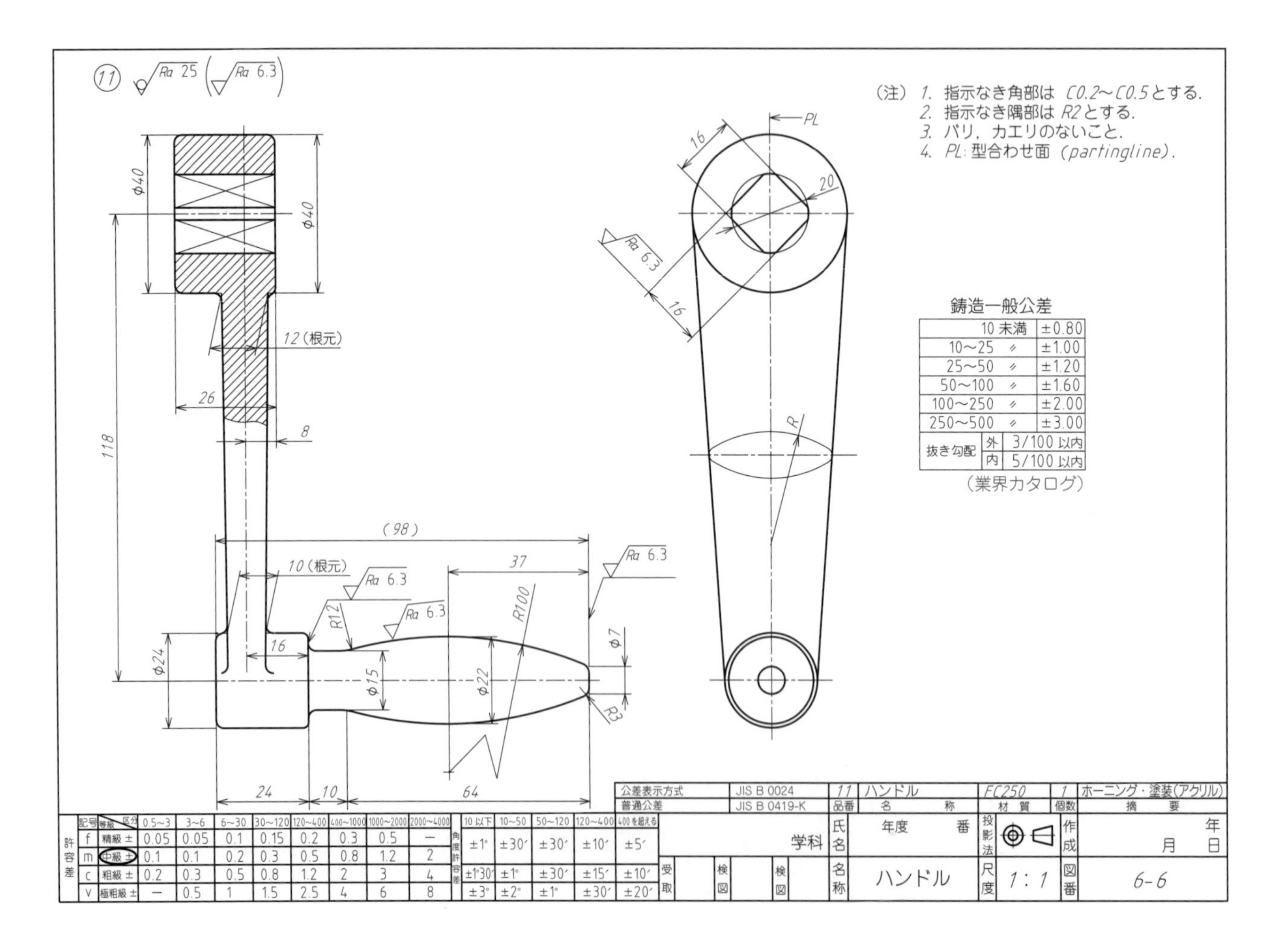

6.2 減速機

6.2.1 部分組立図と部品図①

ウォームは通常ウォームホイールとの組合せであるが，ここで示すのはウォームと平歯車の組合せを用いている軽負荷用の減速機の図例である．

シェルモールドやへら絞り（p.137），歯切り，多段付軸加工などでつくられた部品の組合せの部分組立図と部品図を示す．

手動減速機の部分組立図

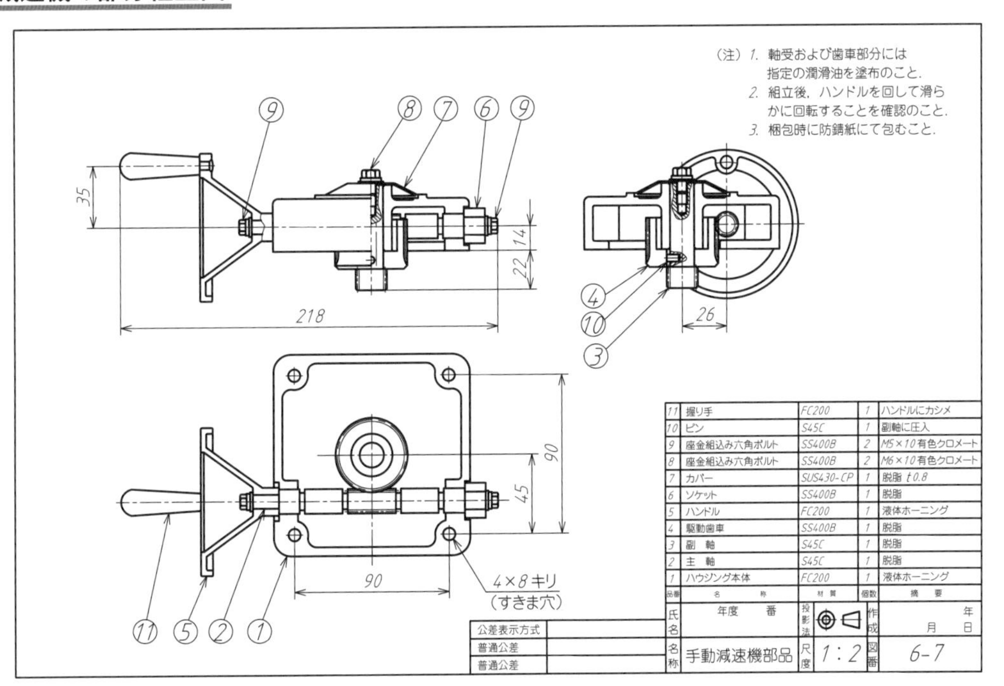

手動減速機の部品図

シェルモールド鋳造による製造例を示す．シェルモールドについては p.137 で説明する．

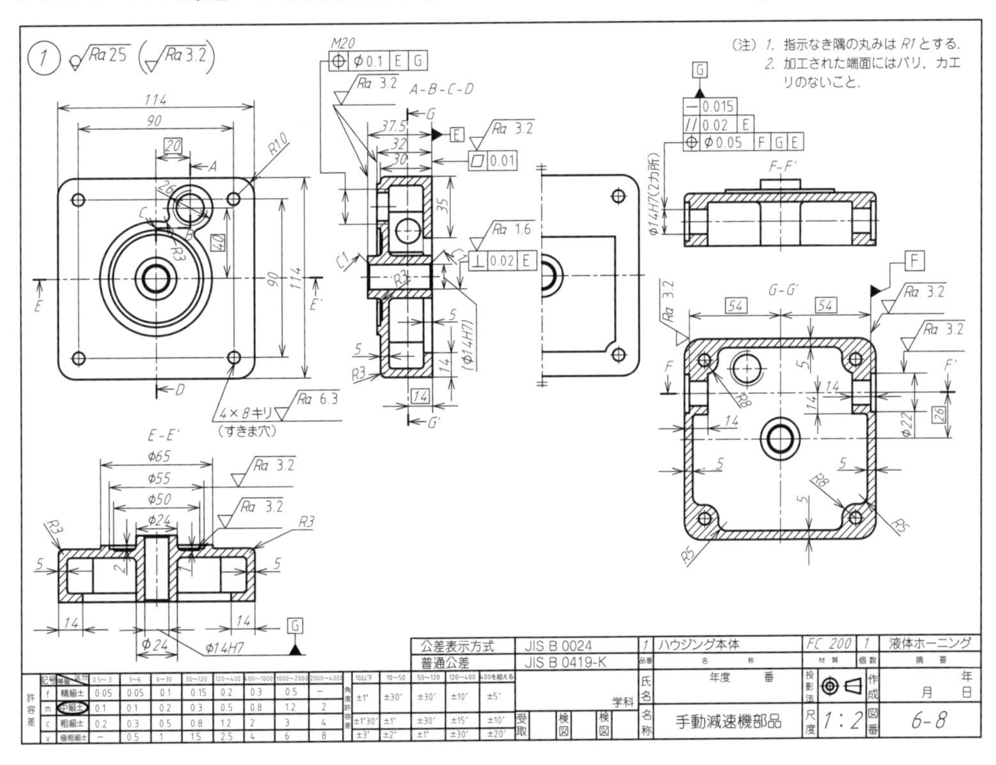

6.2 減速機

6.2.2 部品図②～⑦，⑩，⑪

ユニットを構成する部品の，歯切り加工・多段付軸・へら絞りの加工図を示す．

手動減速機の部品図

軽負荷なので，ウォーム歯形ではなく，一般の平歯車歯形を利用した例．バックラッシュを少なくできる．

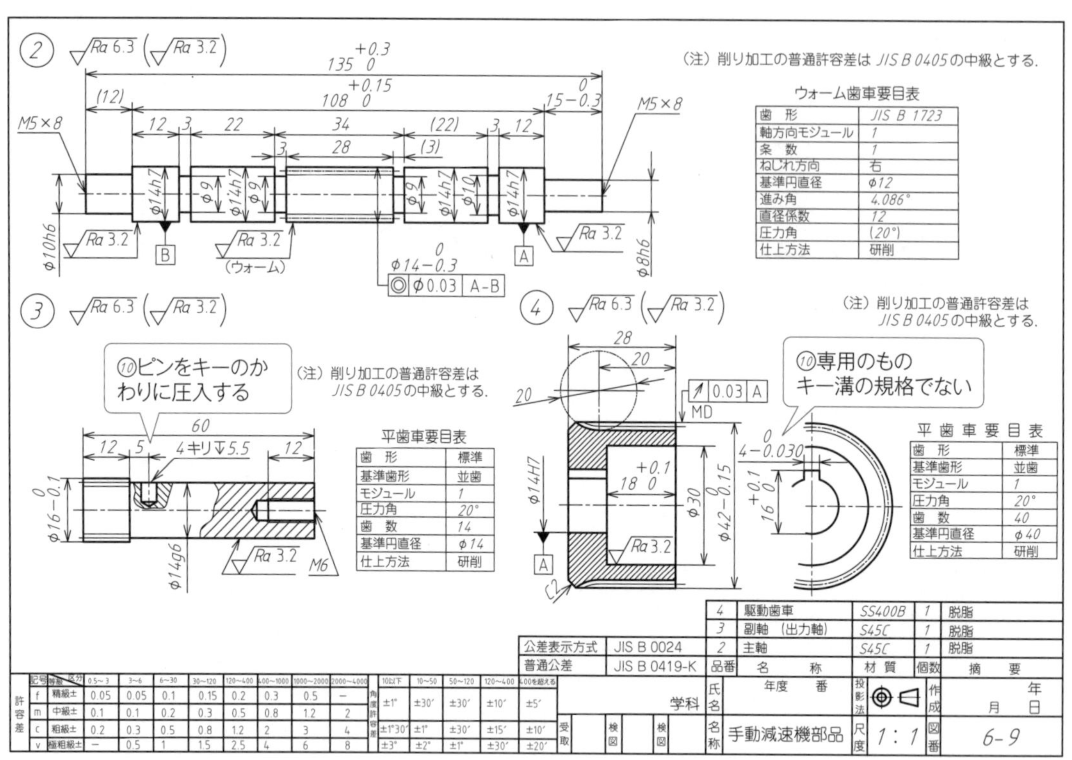

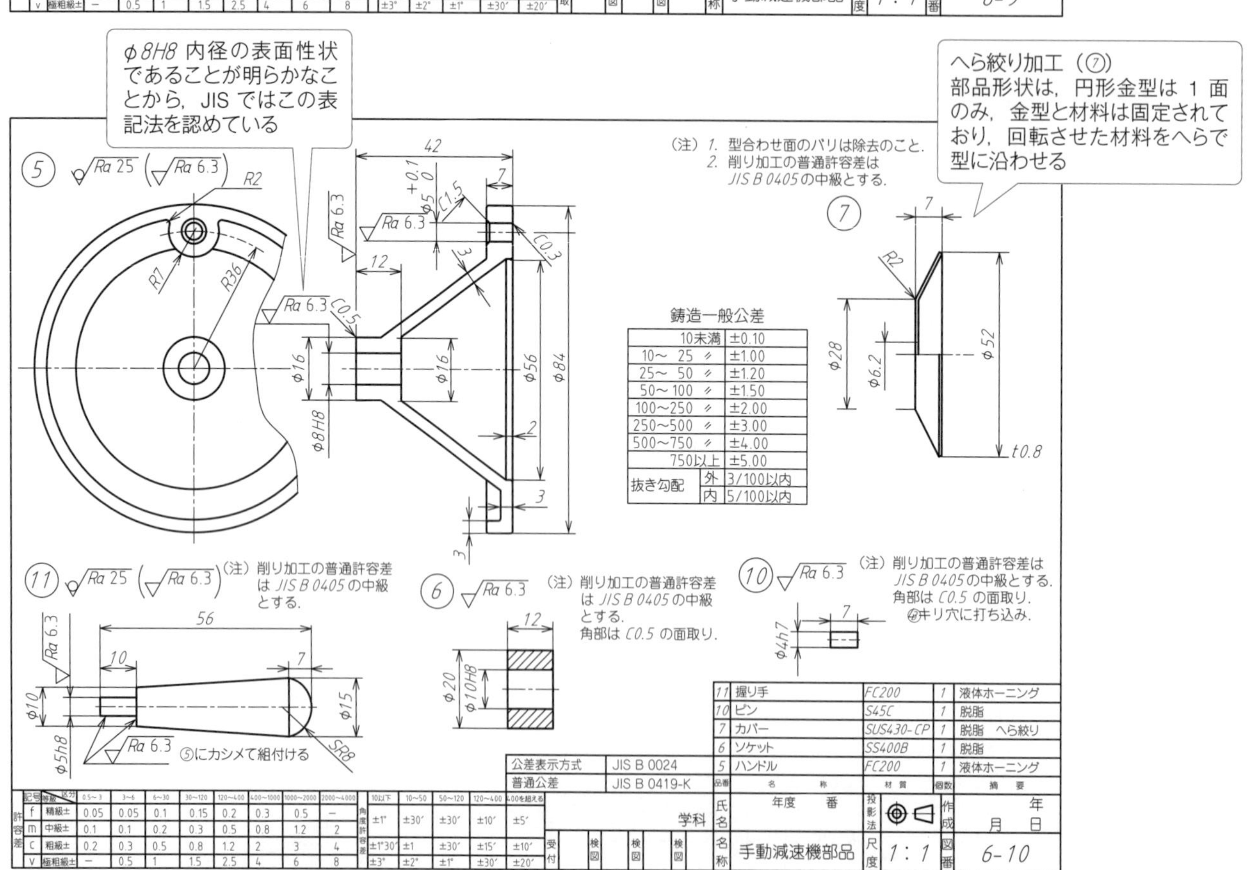

6.3 板金打抜き溶接部品

6.3.1 ガイドプーリ，小型送風機

板金溶接部品には，通常表面性状は入れない．

ガイドプーリ

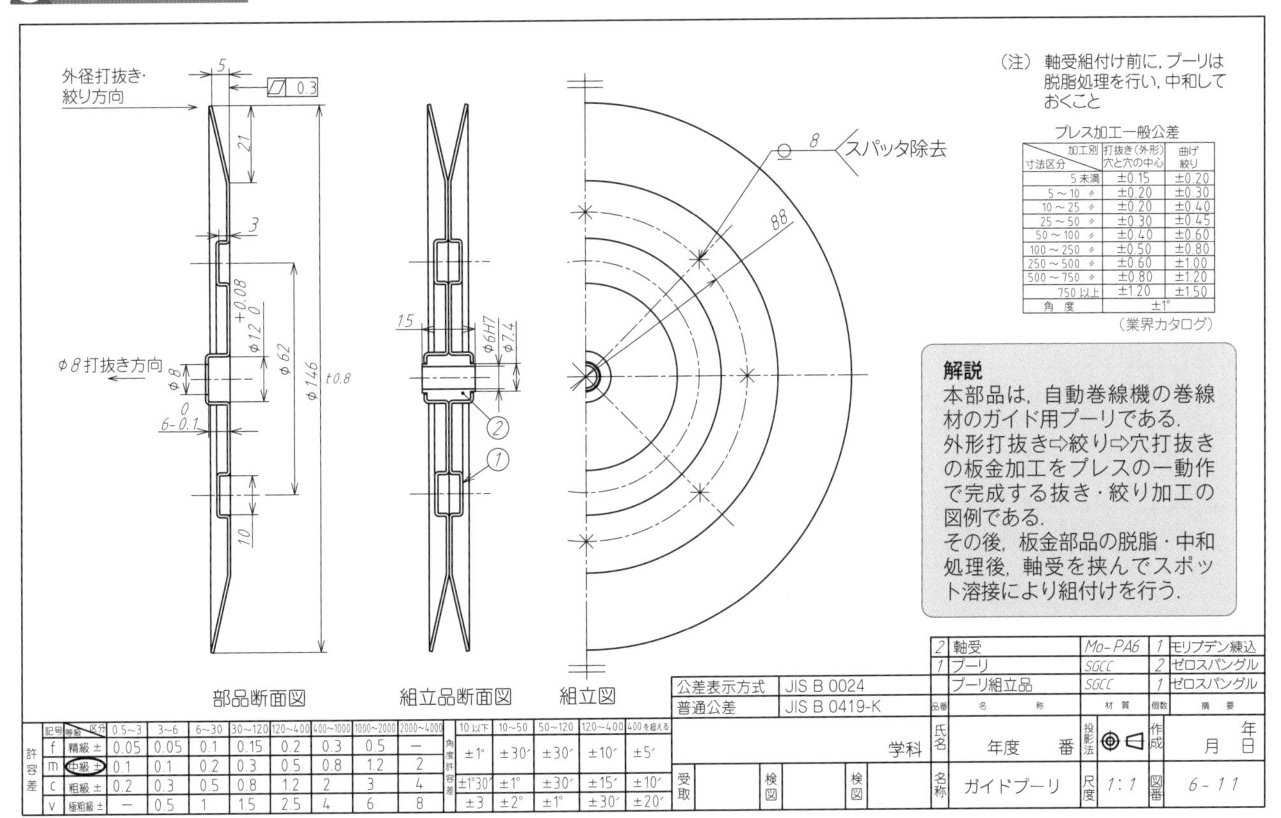

小型送風機（組立図）

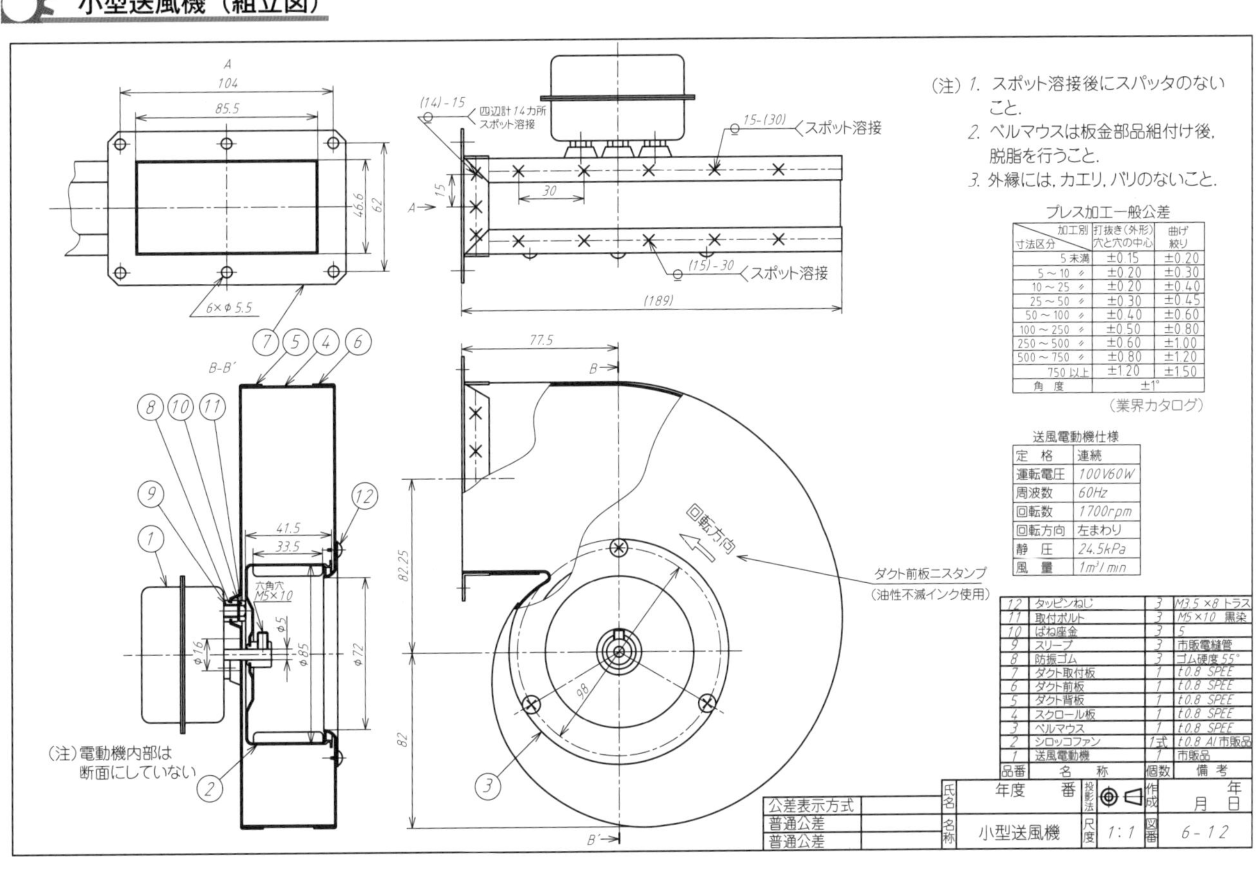

6.4 小型ロータリ排気ポンプ

6.4.1 総組立図

小型ロータリ排気ポンプは，冷凍機や冷暖房に使用されていたフロンガスを回収圧力容器に充填するために用いられる現場用の専用真空ポンプ（圧縮機）である．➡は流体の流れを示す．

機構の潤滑は，回収されるフロンガス中に含まれる潤滑油を利用している．

②と⑲により，回収されたフロンガス中に含まれる潤滑油が外部へ排出されるのを低減する．

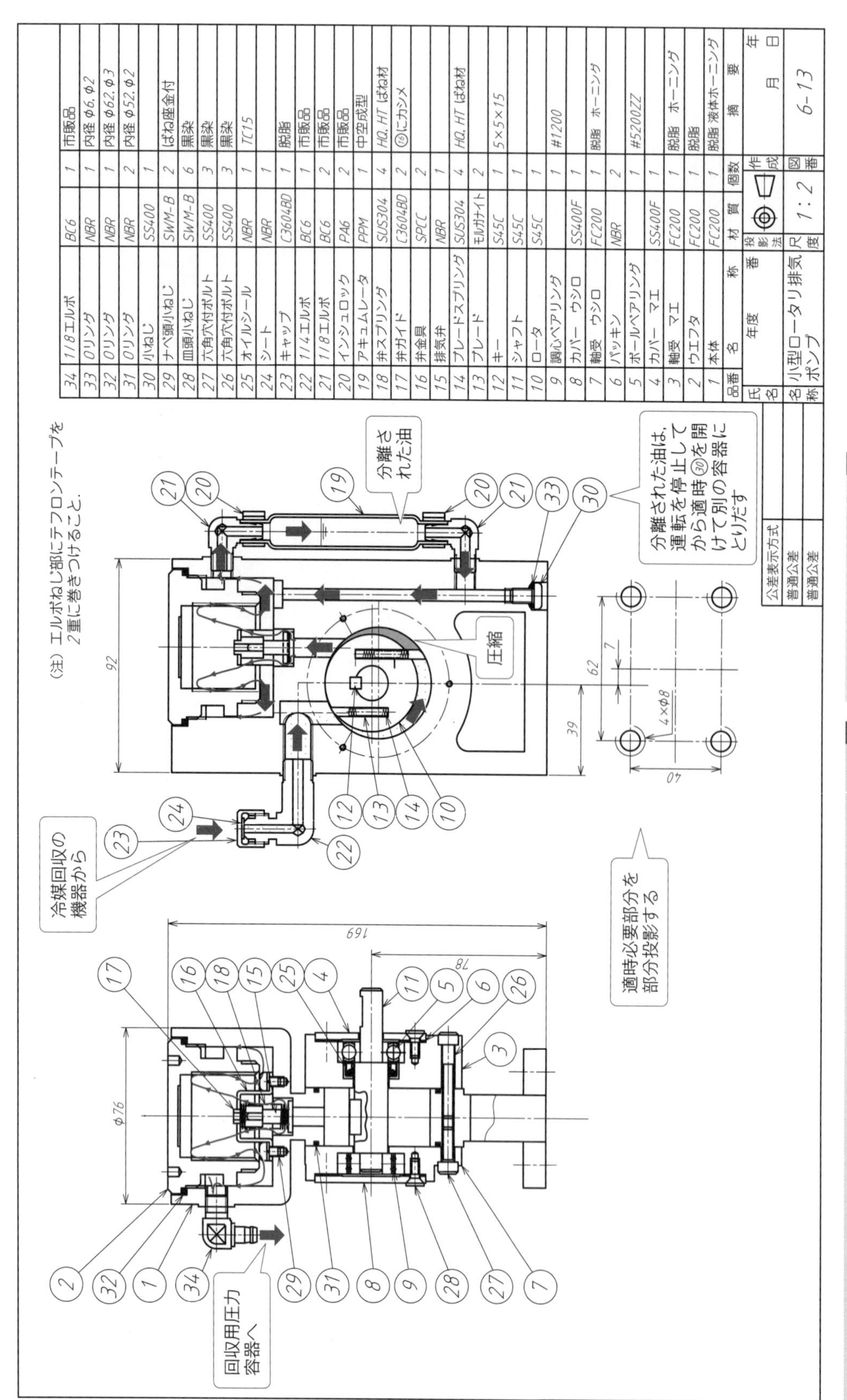

POINT

作図のポイント

組立図の場合，まず回転中心となるロータから描きはじめ，本体，左右の軸受部分，上蓋とちょうど円を広げていくように作図を進めていくとよい．

NOTE

冷媒回収の基本的な処理の流れ

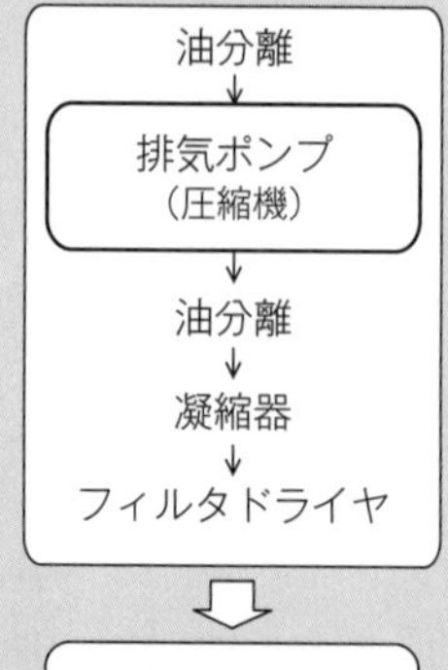

本図は，カーエアコンの冷媒回収用のものである．

6.4 小型ロータリ排気ポンプ

6.4.2 部品図①

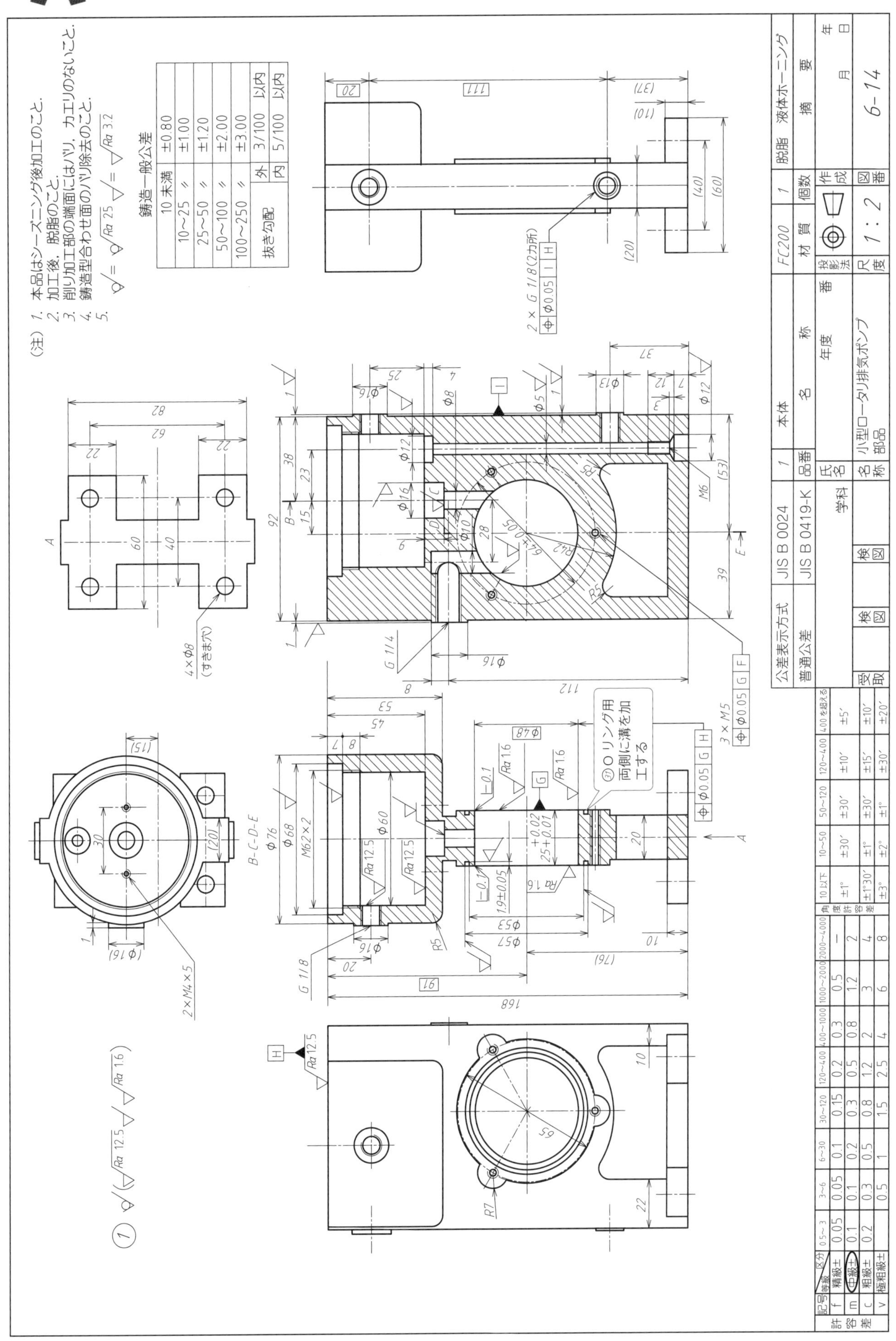

6.4 小型ロータリ排気ポンプ

6.4.3 部品図②，③，⑲

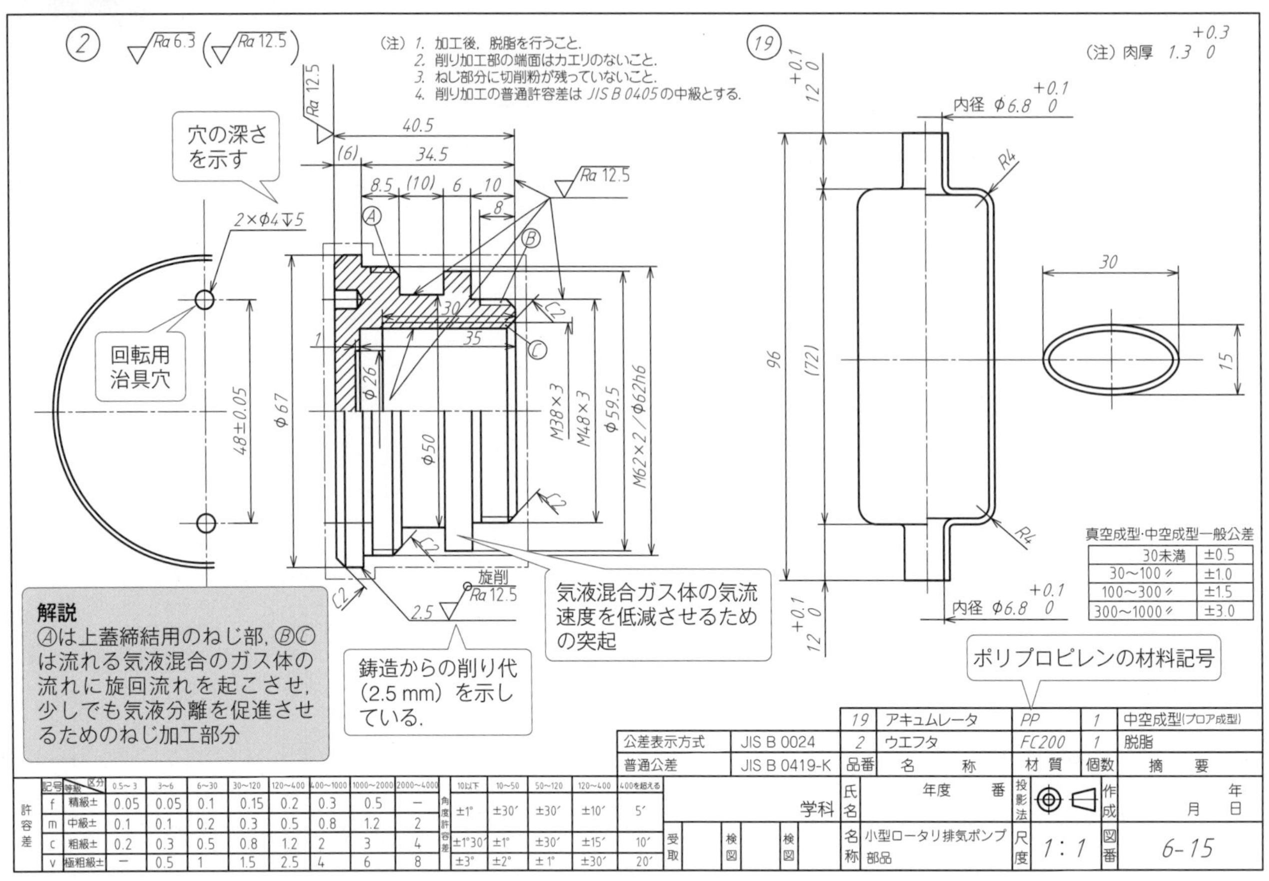

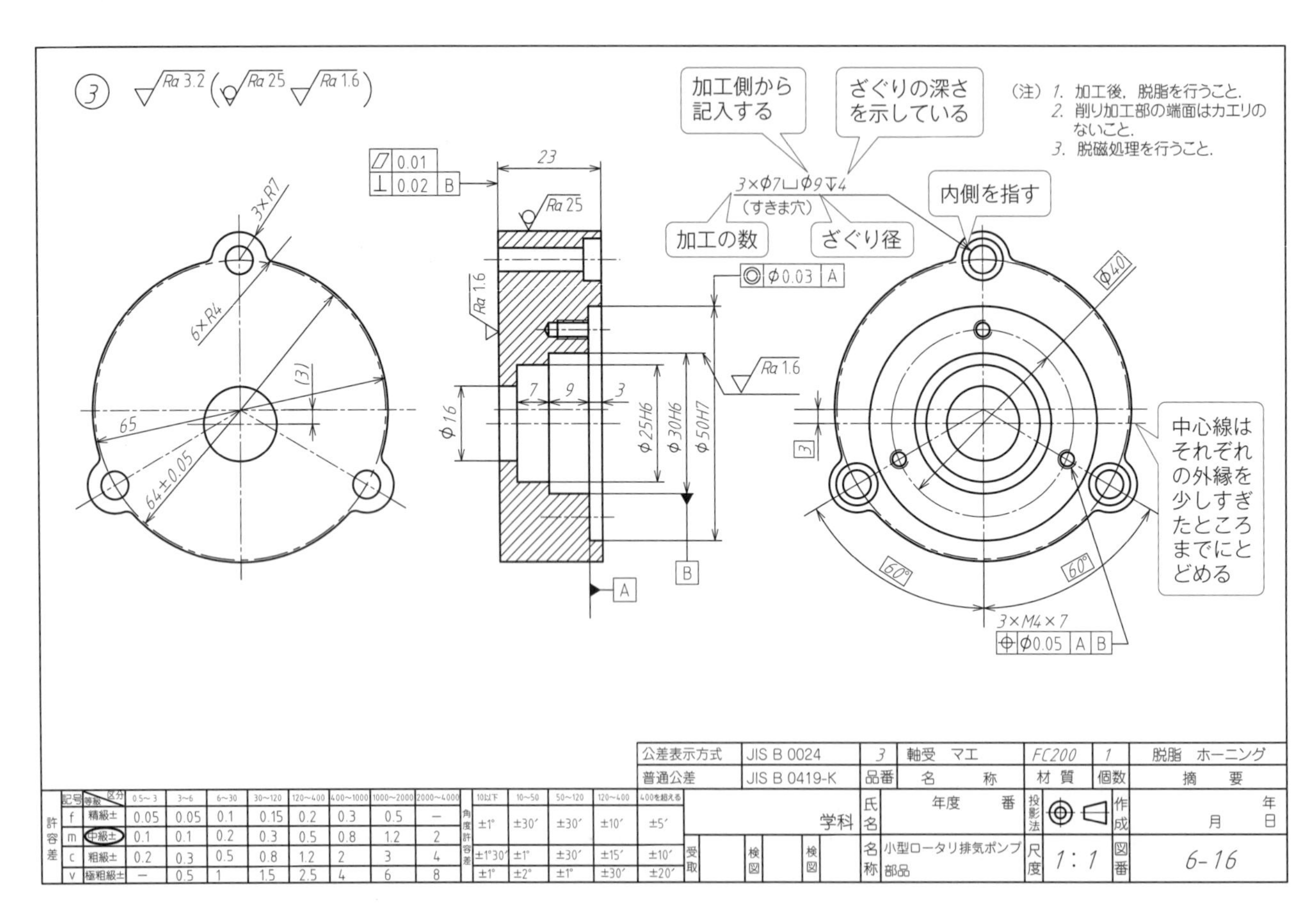

6.4 小型ロータリ排気ポンプ

6.4.4 部品図④，⑥，⑧，⑫，⑬，⑮～⑰

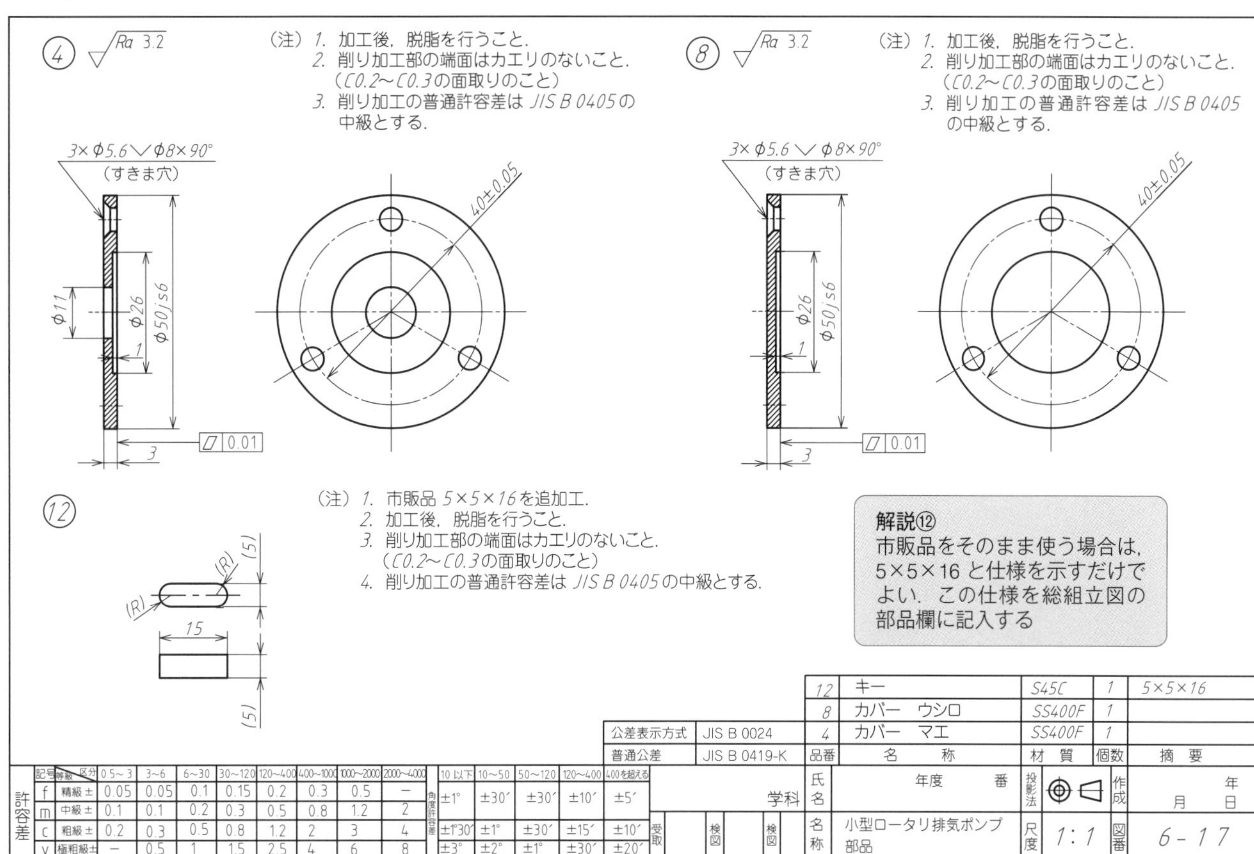

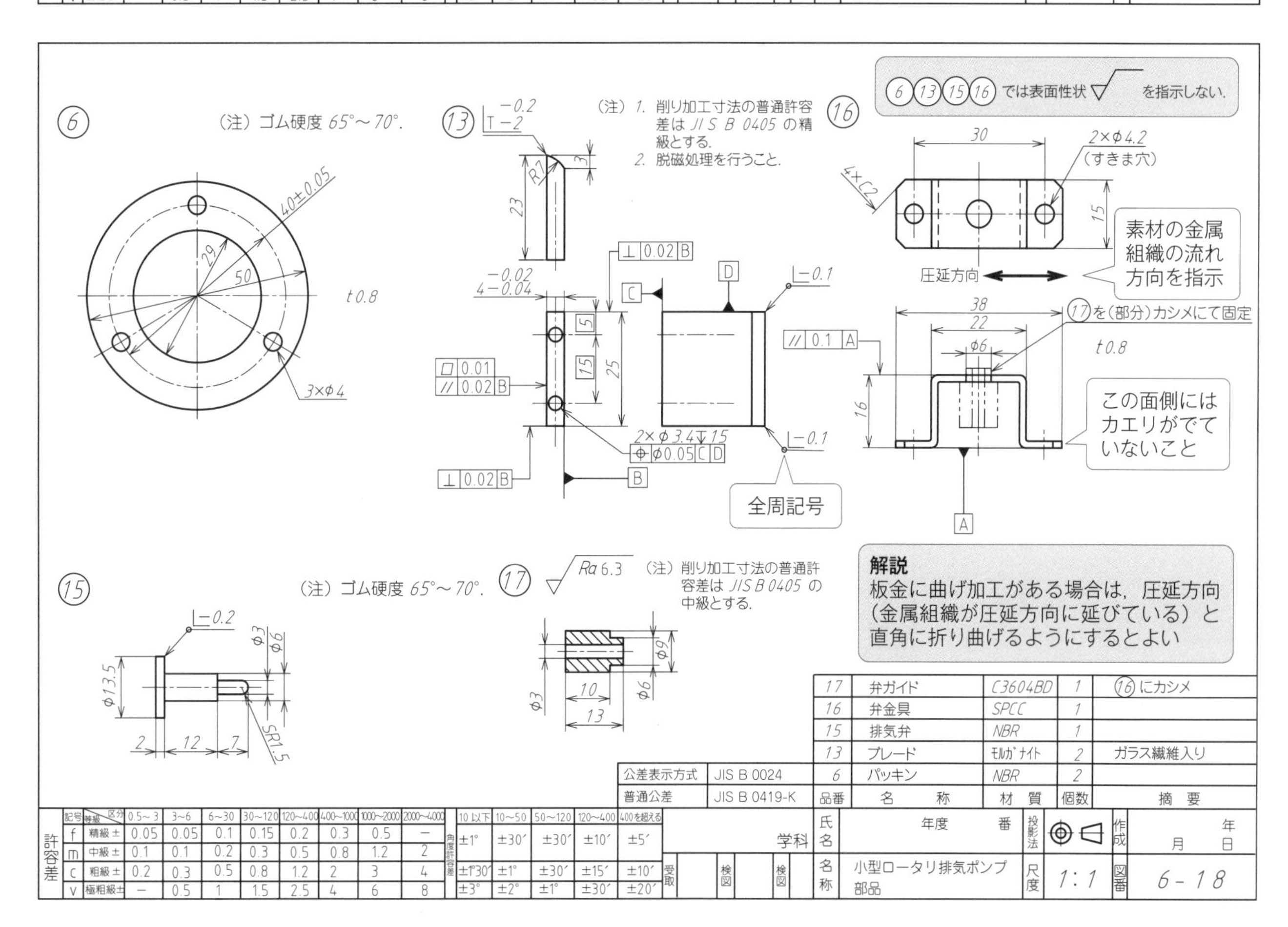

6.4　小型ロータリ排気ポンプ

6.4.5　部品図⑦，⑩，⑪

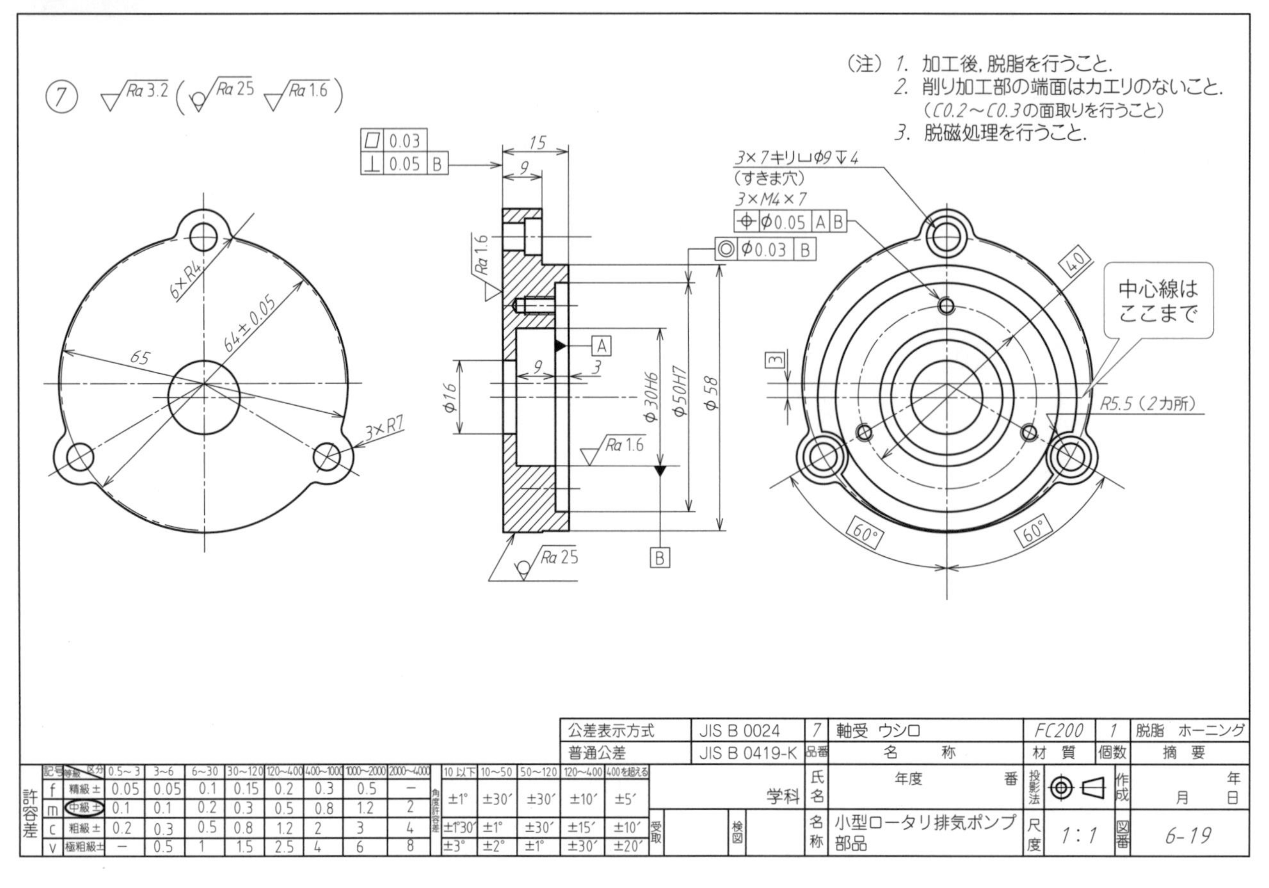

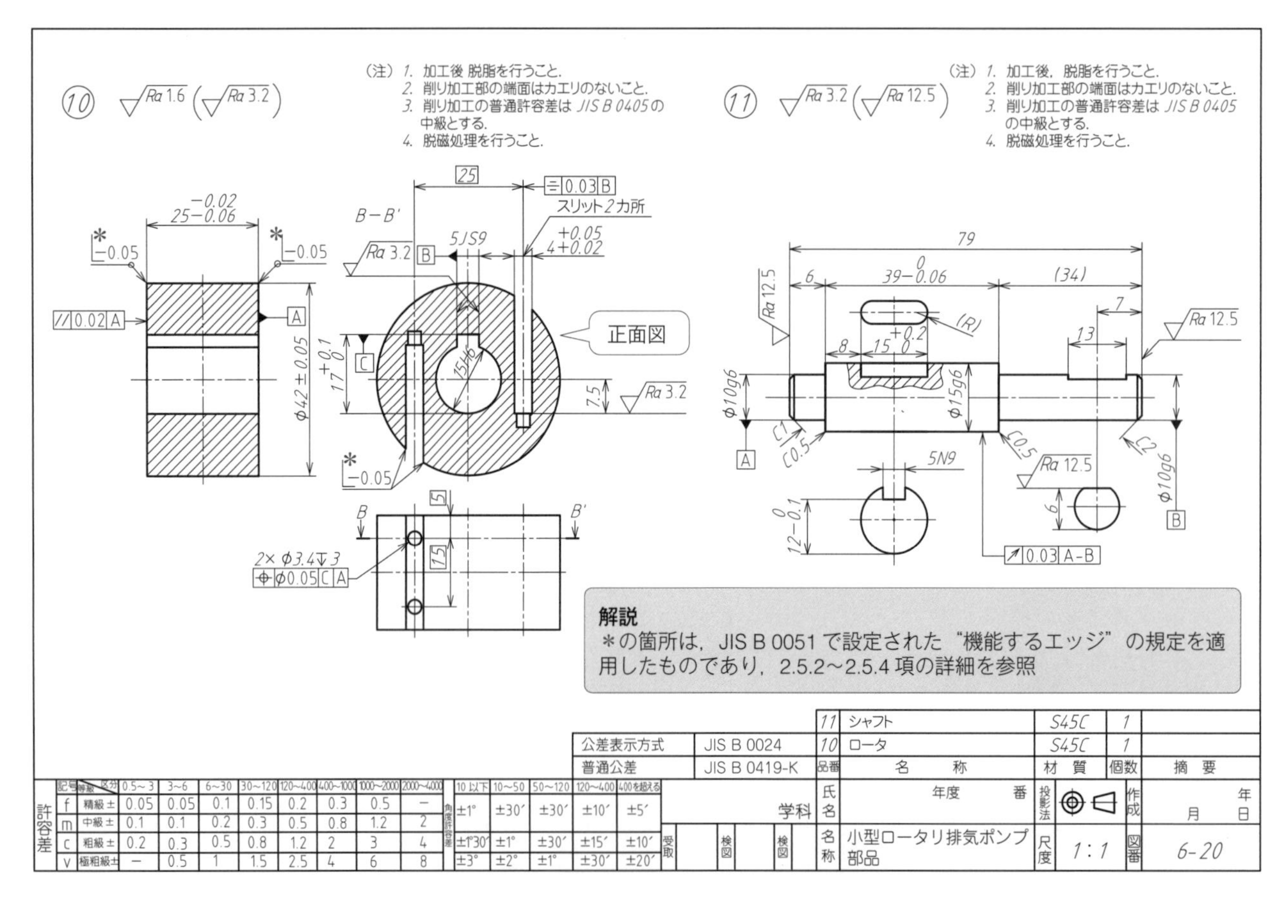

解説
＊の箇所は，JIS B 0051 で設定された“機能するエッジ”の規定を適用したものであり，2.5.2～2.5.4 項の詳細を参照

6.4 小型ロータリ排気ポンプ

6.4.2 部品図①

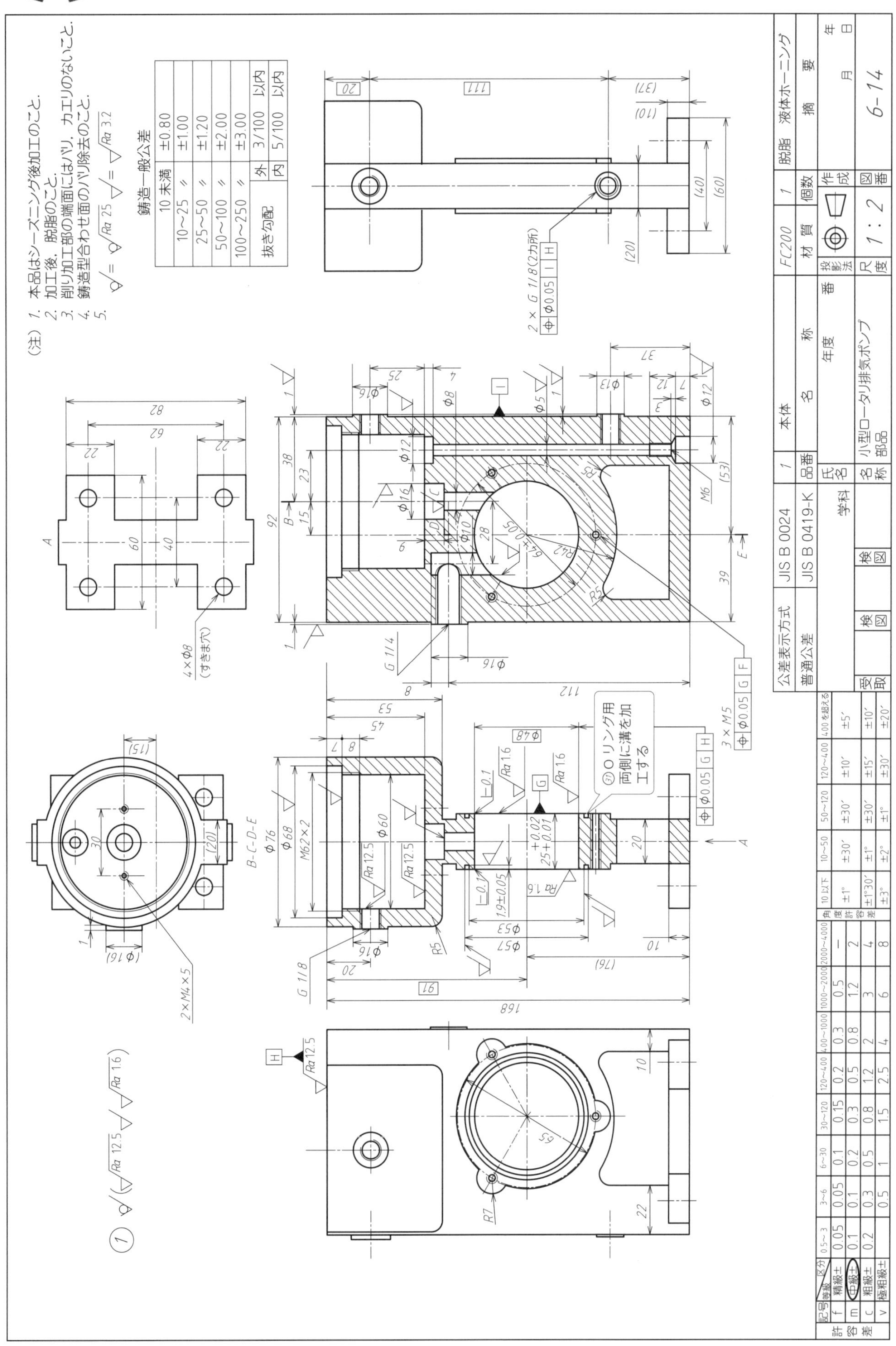

6.4 小型ロータリ排気ポンプ

6.4.3 部品図②，③，⑲

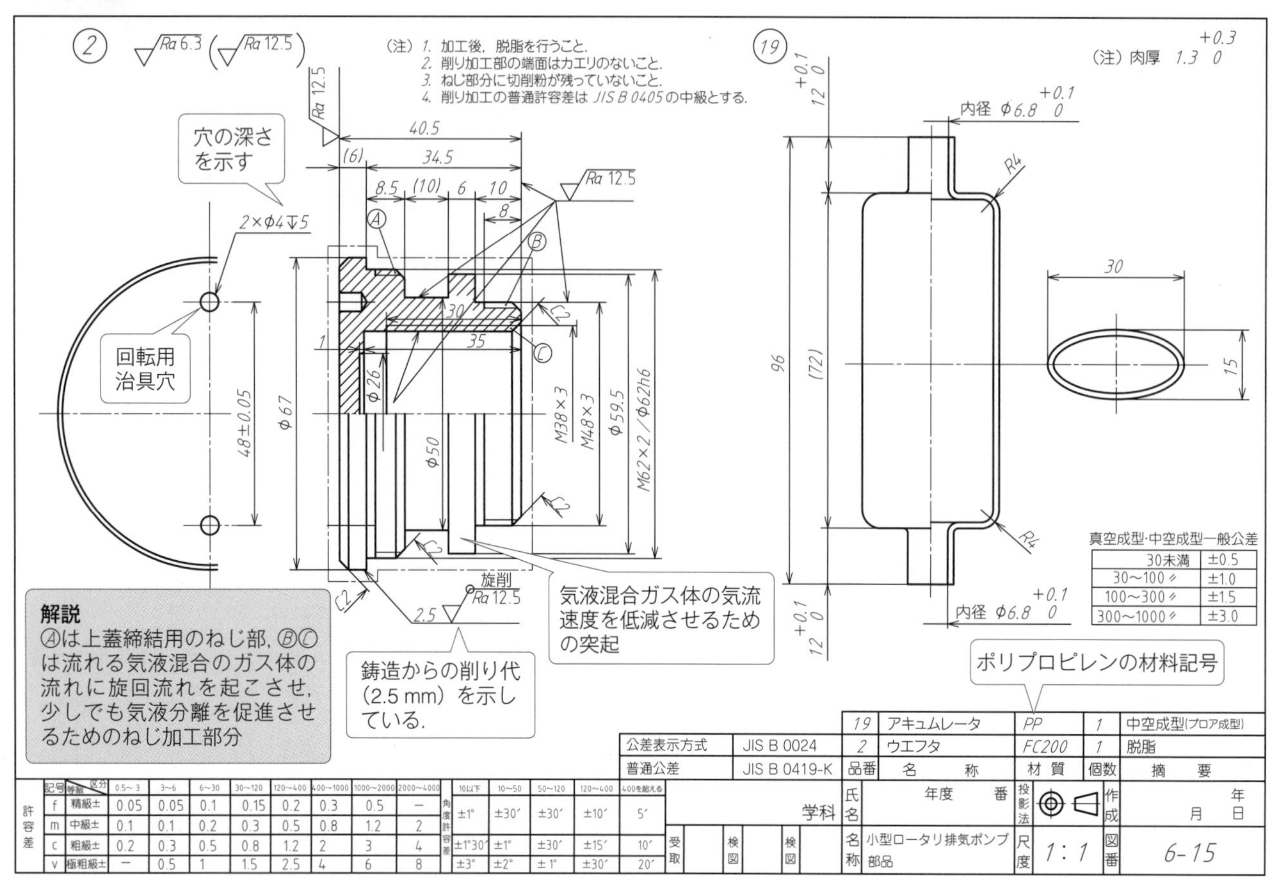

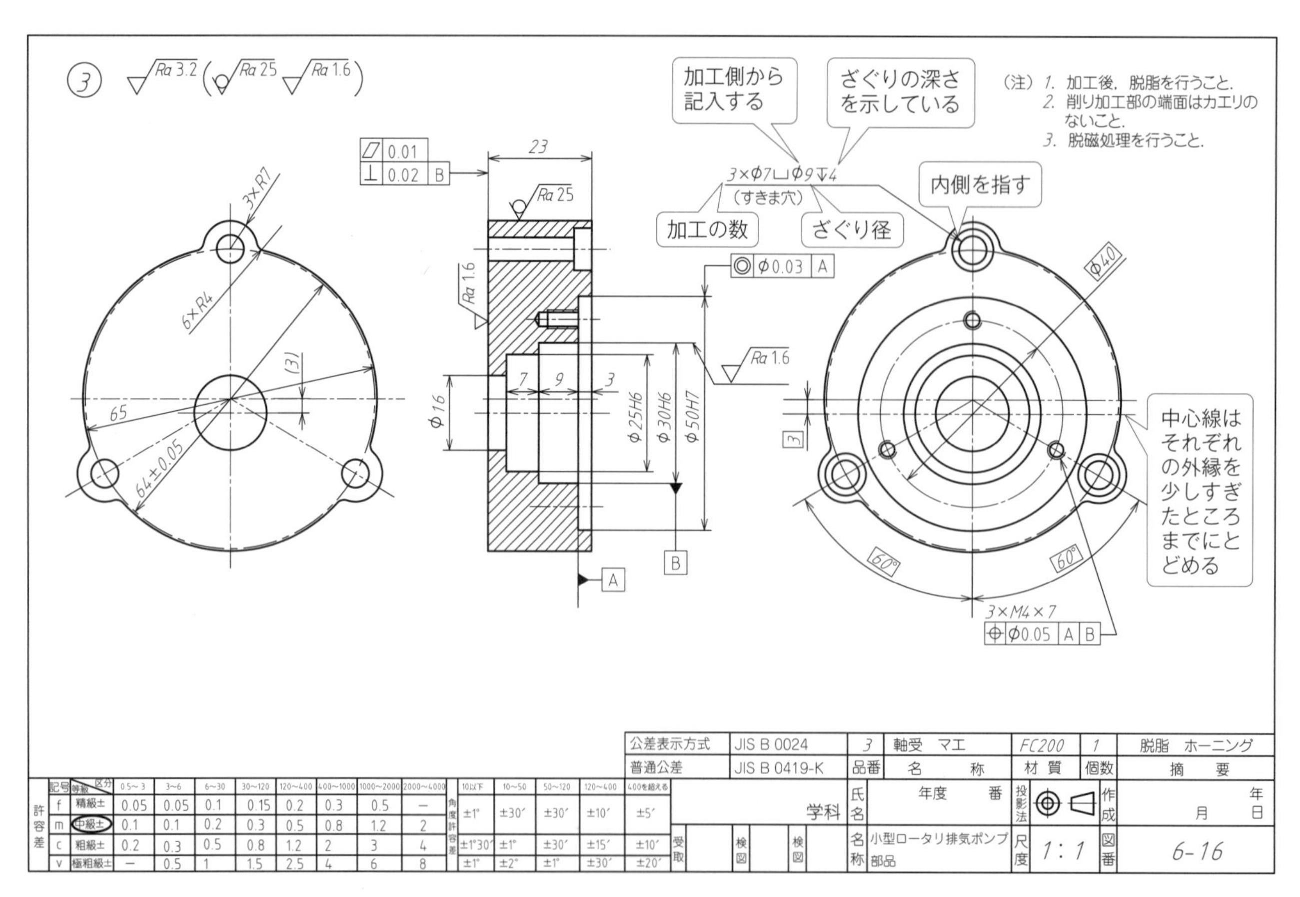

6.4 小型ロータリ排気ポンプ

6.4.6 部品図⑭，⑱，㉓，㉔

(注) 1. 熱処理の指示は必ず行うこと．
2. 脱脂および脱磁処理を行うこと．

⑭

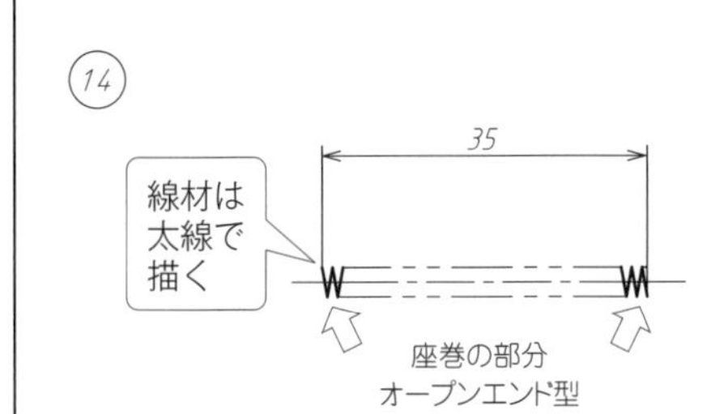

要 目 表

材料の直径	φ0.5
コイル平均径	φ2.7
コイル外径	φ3.2
総巻数	31
有効巻数	29
巻方向	左
自由高さ	35
熱処理	HQ, HT
セッティング	要

⑭，⑱は一般に用いられている中間部分を省略した図面である

これを記入しておかないとばね性のないものになる

⑱

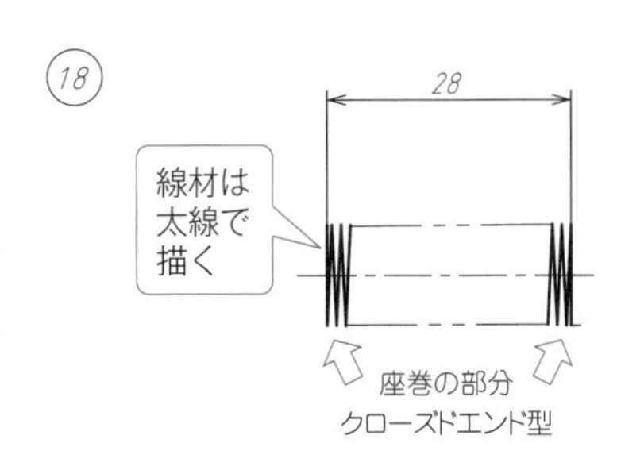

要 目 表

材料の直径	φ0.5
コイル平均径	φ10.5
コイル外径	φ11
総巻数	25
有効巻数	23
巻方向	左
自由高さ	28
熱処理	HQ, HT
セッティング	要

(注) 1. 熱処理の指示は必ず行うこと．
2. 脱脂処理を行うこと．

線材加工一般公差

25 未満	±0.5
25～50 〃	±0.8
50～100 〃	±1.0
100～300 〃	±2.0
300 以上	±3.0
角 度	±1.0°

(業界カタログ)

㉓ Ra 6.3

(注) 1. 加工は JIS B 0405 普通公差中級とする．
2. 樹脂製品に組み込まれる場合は，巻線加工時の油脂を必ず除去すること．

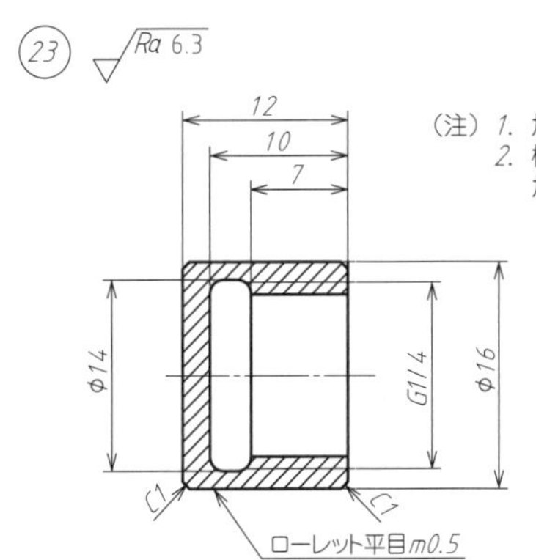

NOTE

ローレット目の解説 JIS B 0951-1992

滑り止めや樹脂製品などに同時成型される部品の抜け防止のために使用されている．
ローレット目の種類は次の 2 種類がある．

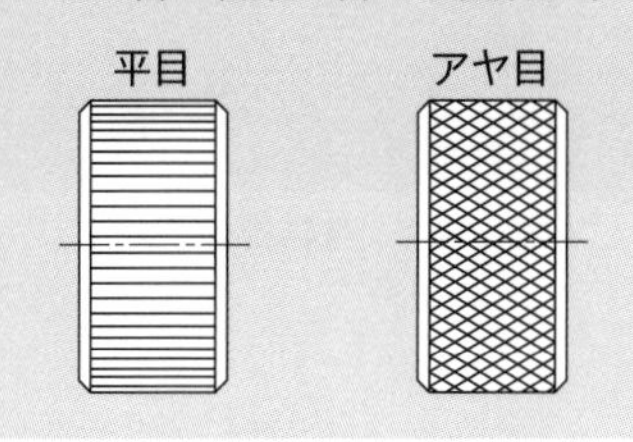

㉔

(注) ゴム硬度 60°～75°．

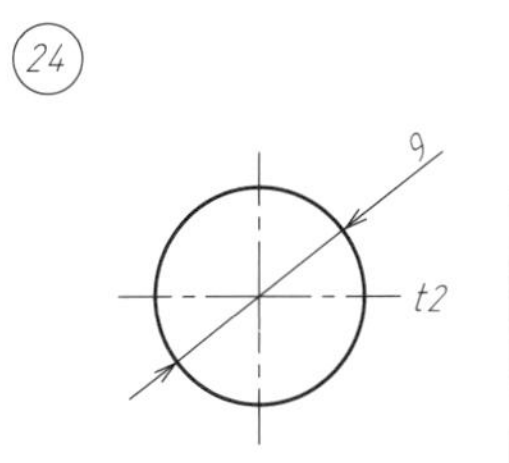

必要な場合には，経時変化が生じないように耐油性である旨を明記しておくこと．
可塑剤（ゴムの軟化剤）の影響がないことを明示すること

品番	名 称	材 質	個数	摘 要
24	シート	NBR	1	耐油性合成ゴム
23	キャップ	C3604BD	1	脱脂
18	弁スプリング	SUS304	1	HQ, HT ばね材
14	ブレードスプリング	SUS304	4	HQ, HT ばね材

学科	氏名	年度 番	投影法		作成	年 月 日
	名称	小型ロータリ排気ポンプ 部品	尺度	1：1	図番	6-21

公差表示方式	JIS B 0024
普通公差	JIS B 0419K

受取 検図 検図

6.5　ターニングマシン（旋盤）

6.5.1　ターニングマシンの説明

ターニングマシンは，CNC（Computerized Numerical Control）旋盤ともよばれる．

たとえば，図1のような学校の機械工場に並んでいる手動式の型（普通旋盤）は，最近の企業の工場ではあまり見られない．企業で「旋盤」といえば，コンピュータ制御の「ターニングマシン」を指す（図2）．主な構造は，図3のように加工物（ワークとよぶ）をチャックで保持する主軸と，通常，8，10，12，15角形の「ターレット」とよぶ回転できる台に，「ミリングヘッド（MH)」とよぶ交換可能な刃物台（刃物を固定型あるいは回転可能型にするなどいろいろな組合せが可能）がついている．主軸とターレットの数（1個か2個）および配置によって，いろいろなタイプがある．また，ワークに対して，正面から刃物をあてるタイプをフェースミリングヘッド（FMH)，横からあてるタイプをクロスミリングヘッド（CMH）とよぶ．

ワークの投入，もち替え，完成品排出は，ガントリーローダとよばれる機台の天井を走るロボットの腕によって行われる（図4）．ターレット台自体の移動や刃物自体の回転によって，図1で可能な旋盤加工以外に，キー溝加工，平面・曲面加工や主軸と異なる方向の穴加工，ねじ加工なども可能で，複数台を連結した自動運転もできる．

次節では，図3よりチャックを外した主軸部（head stock & spindle）とFMHの部分組立図，および主な部品図を紹介する．

図1　普通旋盤

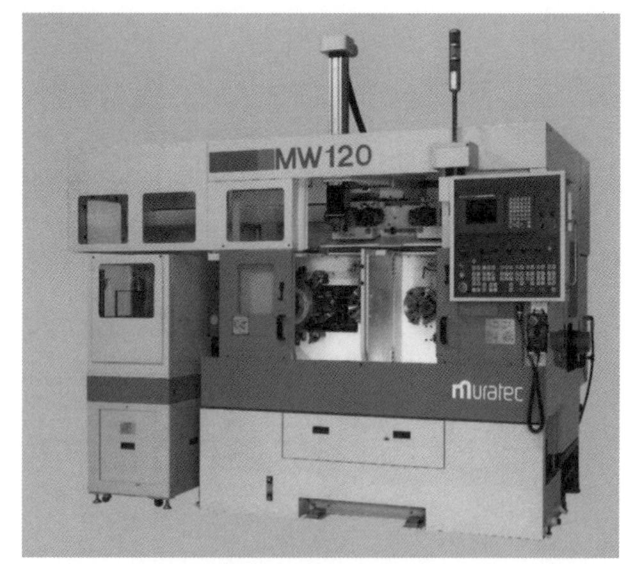

図2　ターニングマシン

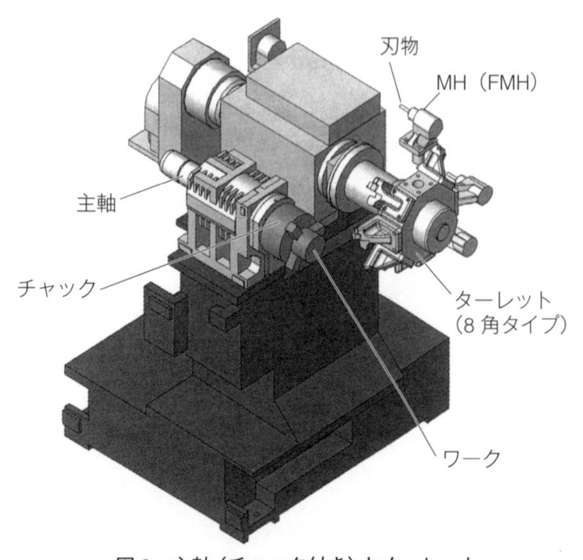

図3　主軸（チャック付き）とターレット

図4　ガントリーローダ

6.6 ターニングマシンの主軸

6.6.1 部分組立図

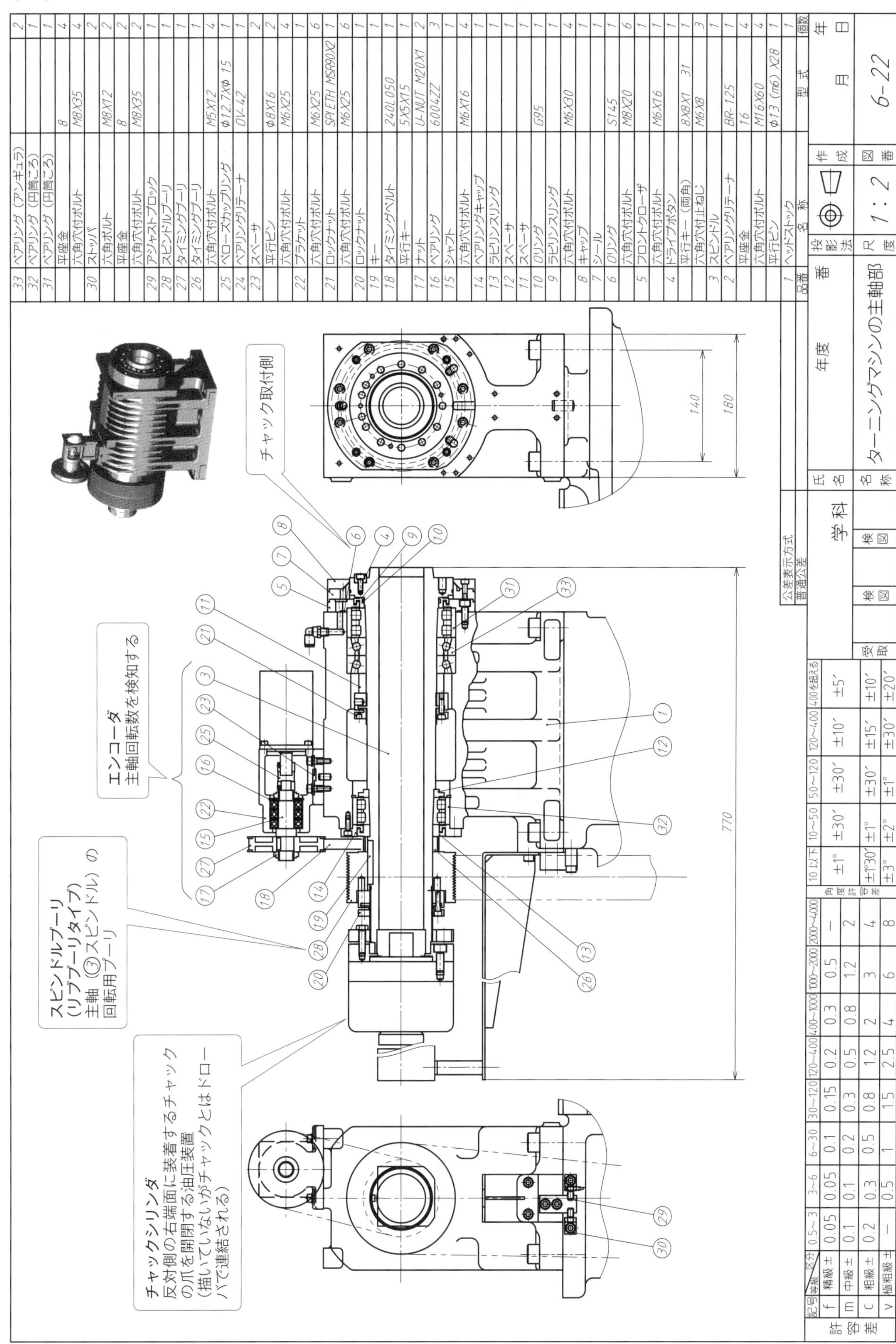

6.6 ターニングマシンの主軸

6.6.2 部品図①（加工前）

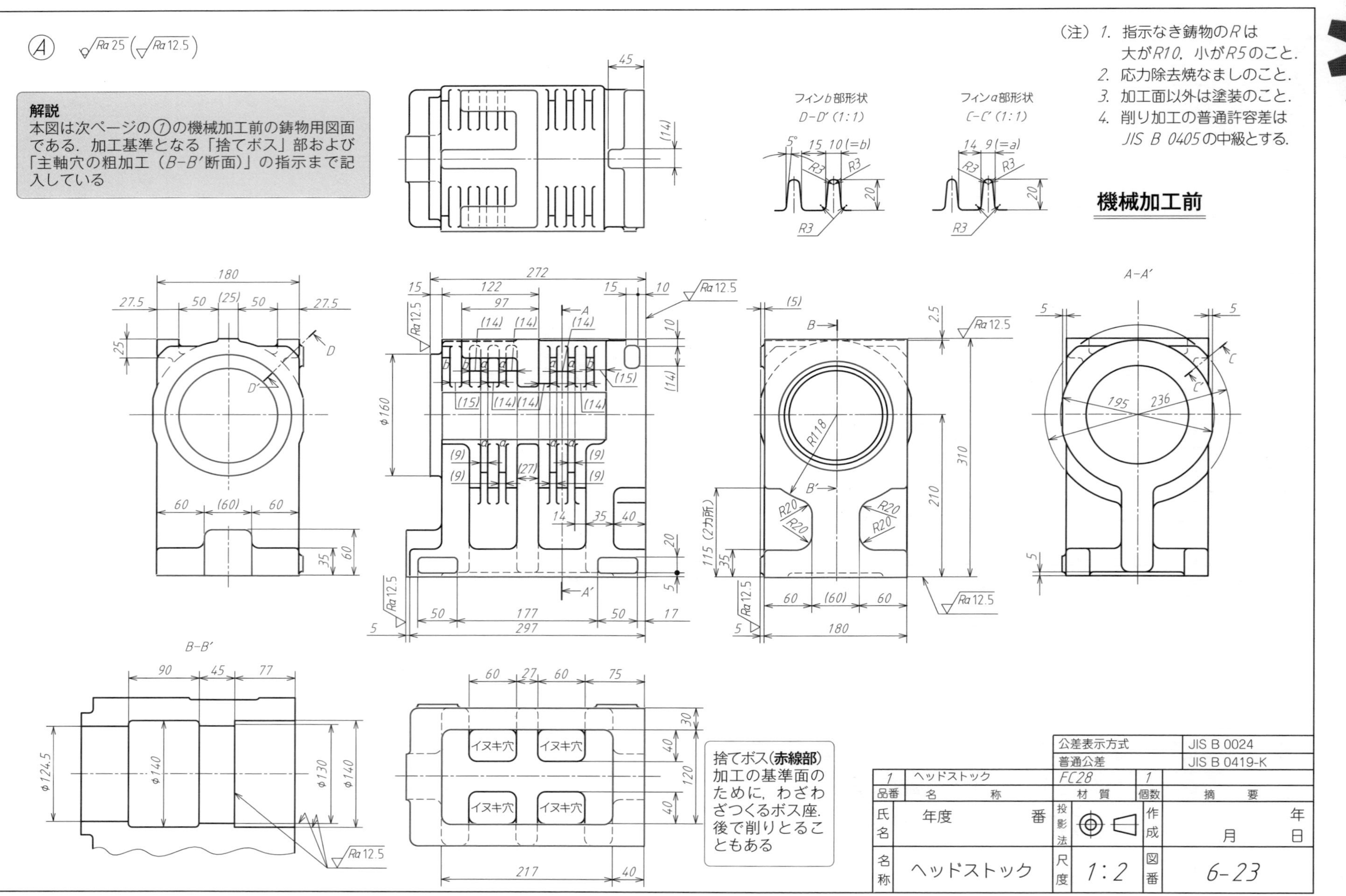

6.6 ターニングマシンの主軸

6.6.3 部品図①（加工後）

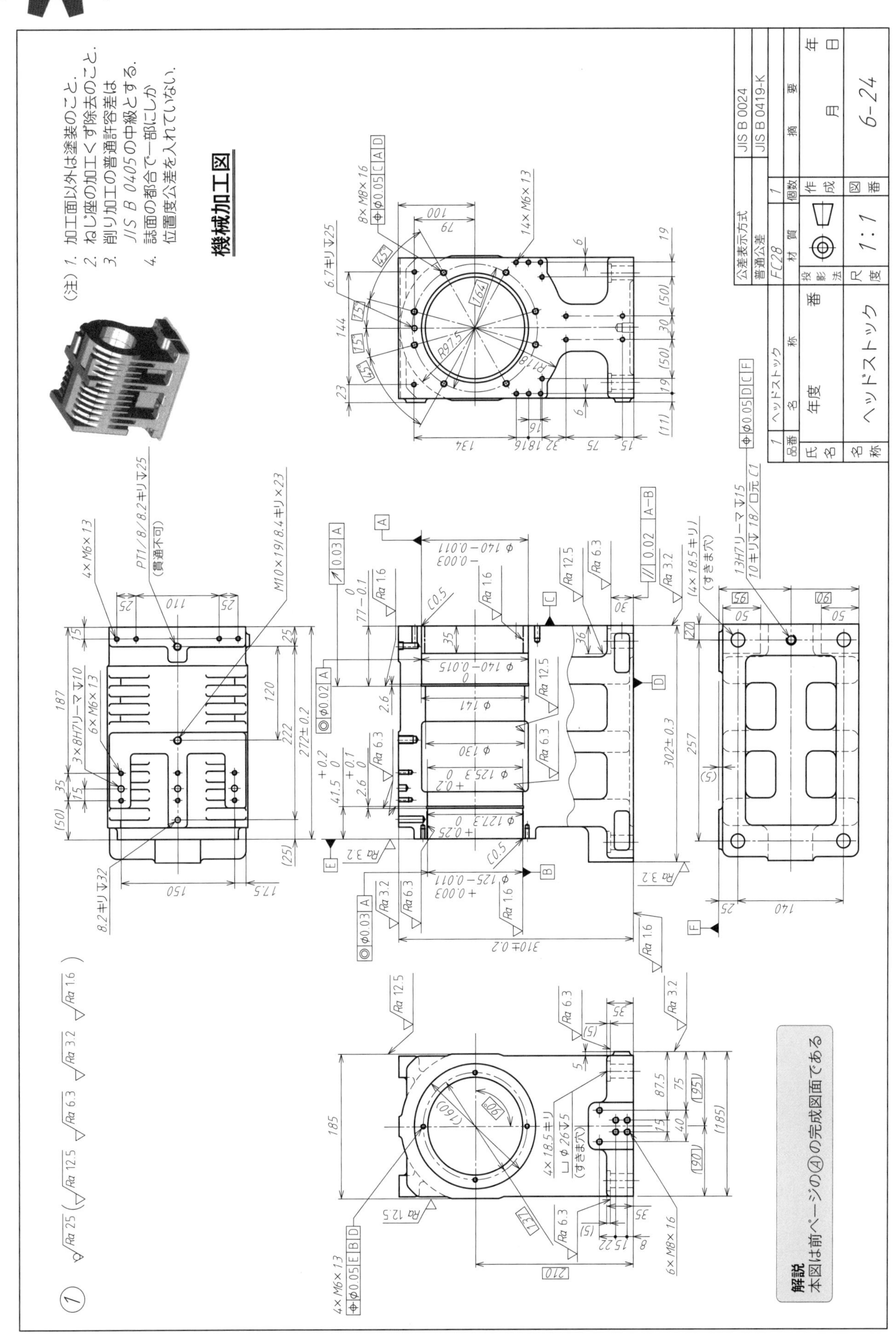

6.6 ターニングマシンの主軸

6.6.4 部品図③

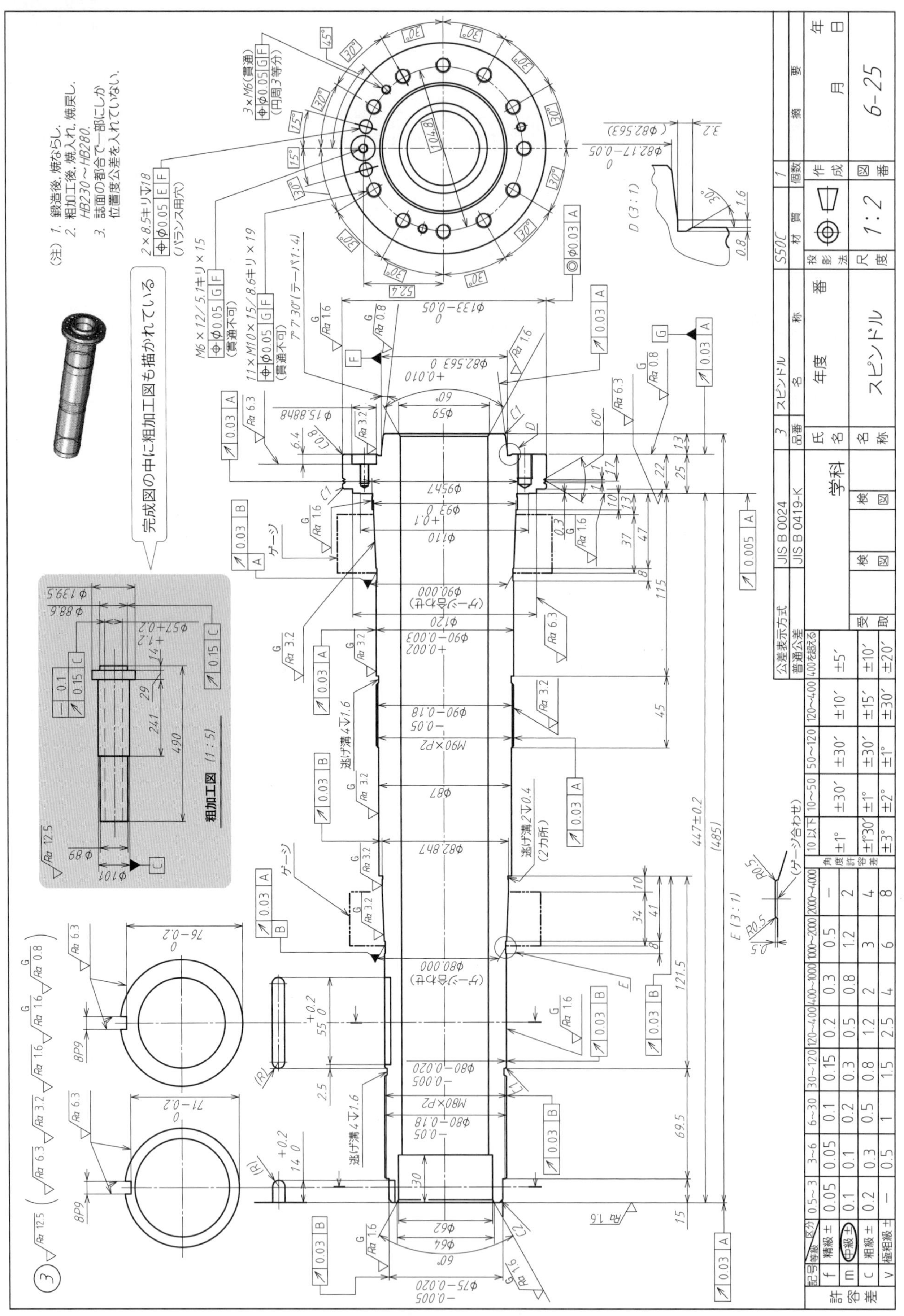

6.6　ターニングマシンの主軸

6.6.5　部品図⑤

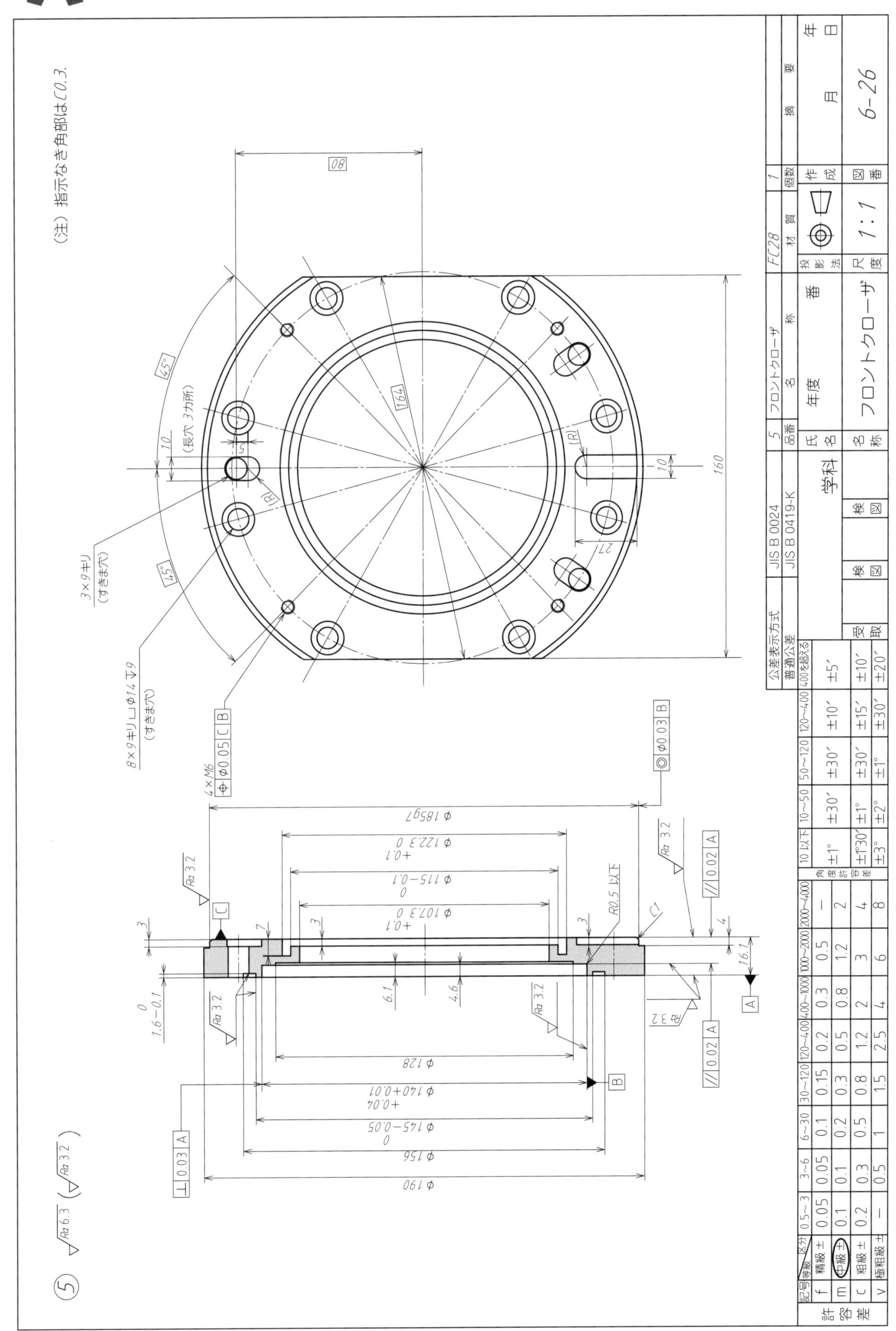

第6章　製品に見る本格的な図例

6.6 ターニングマシンの主軸

6.6.6 部品図㉘

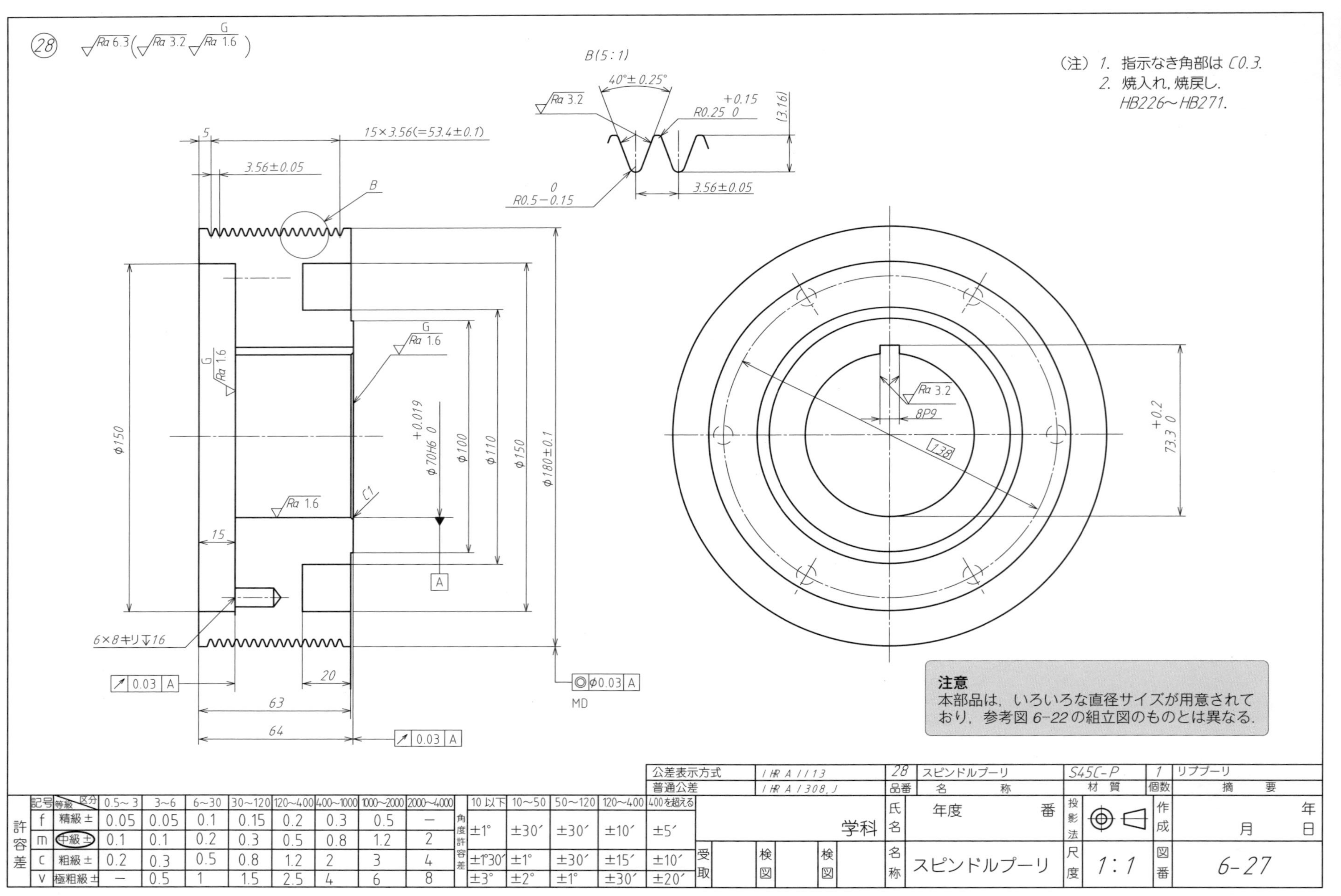

6.7 ターニングマシンの交換刃物台（フェースミリングヘッド）

6.7.1 部分組立図

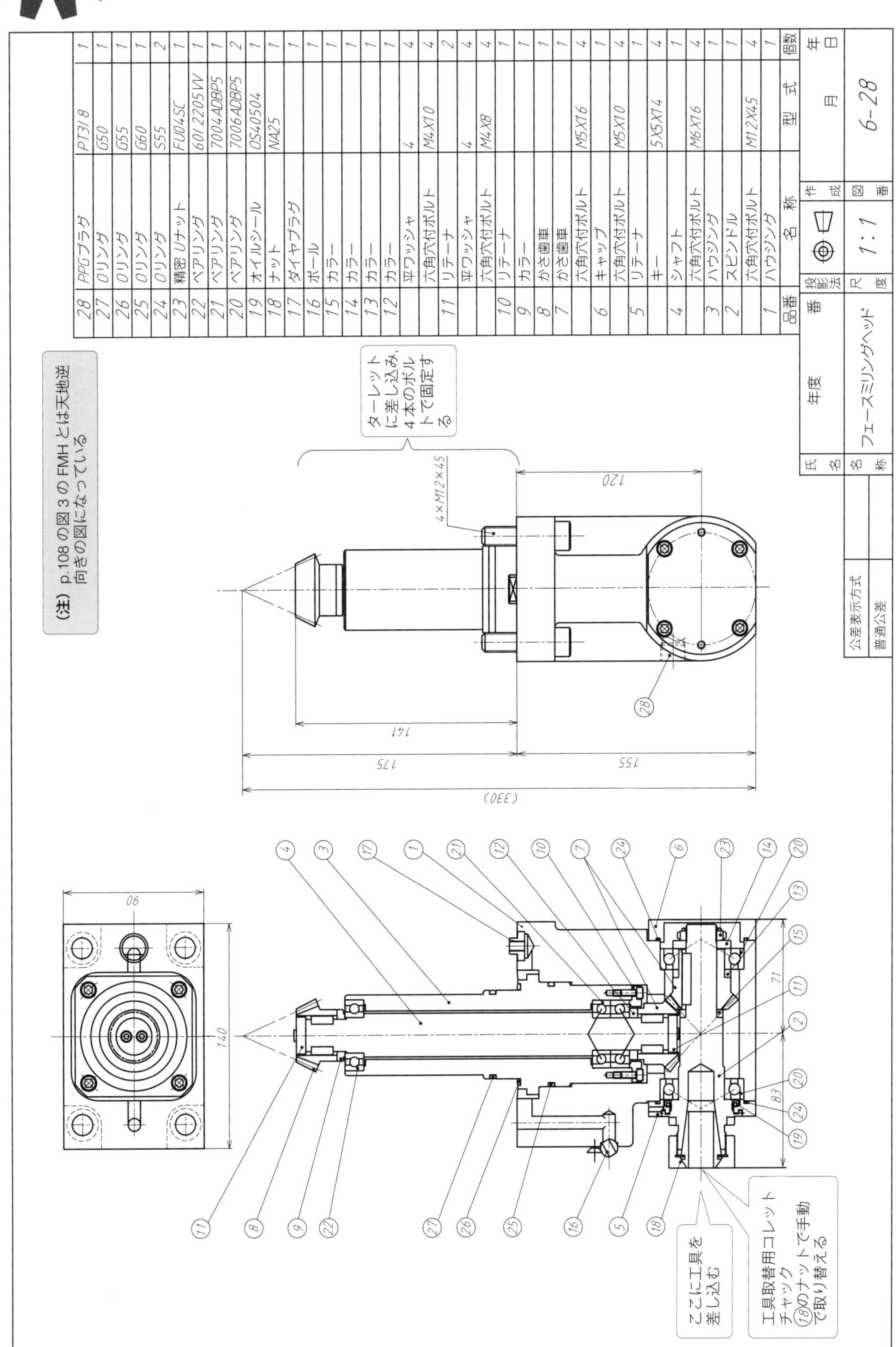

6.7 ターニングマシンの交換刃物台（フェースミリングヘッド）

6.7.2 部品図①

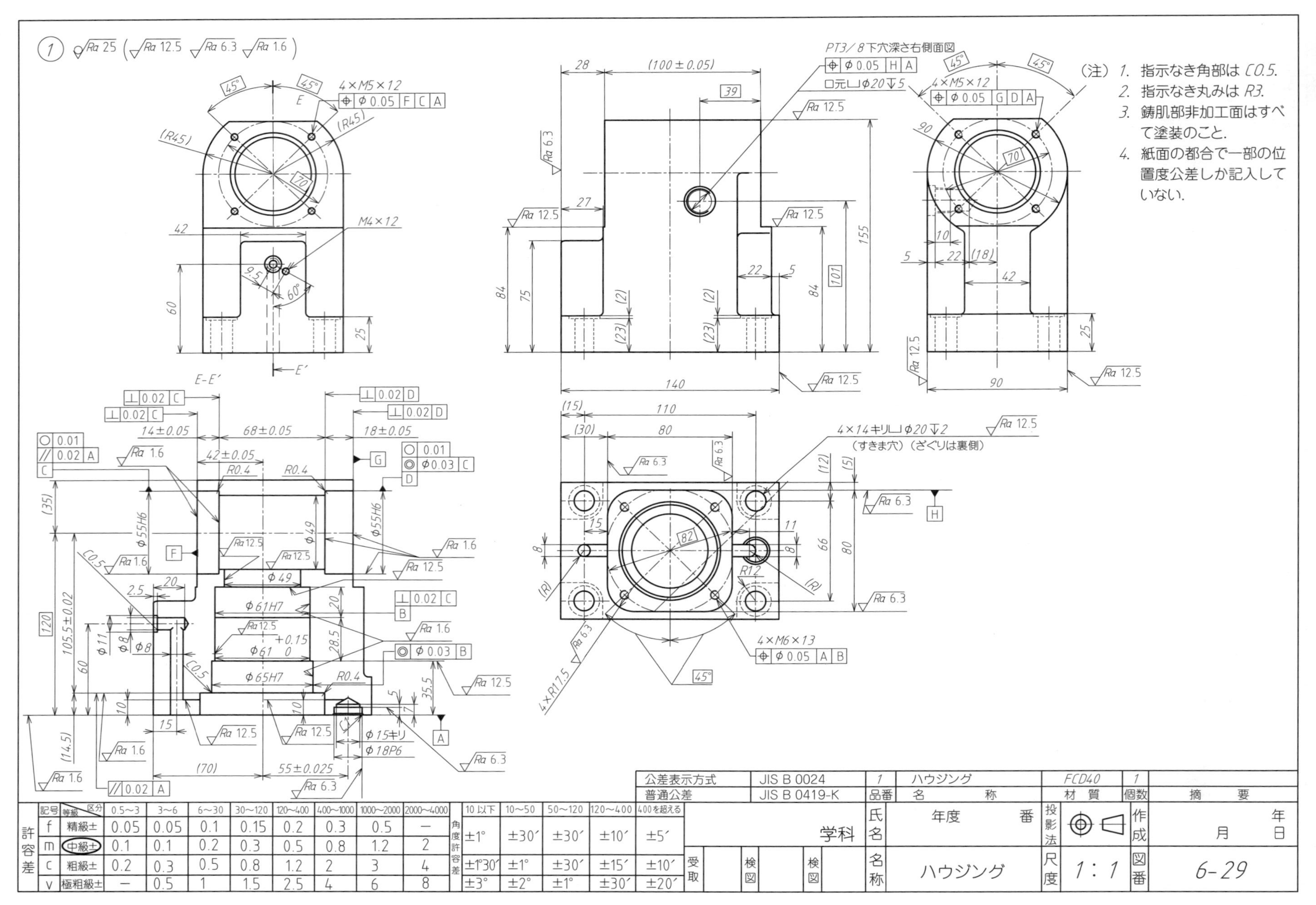

6.7 ターニングマシンの交換刃物台（フェースミリングヘッド）

6.7.3 部品図②

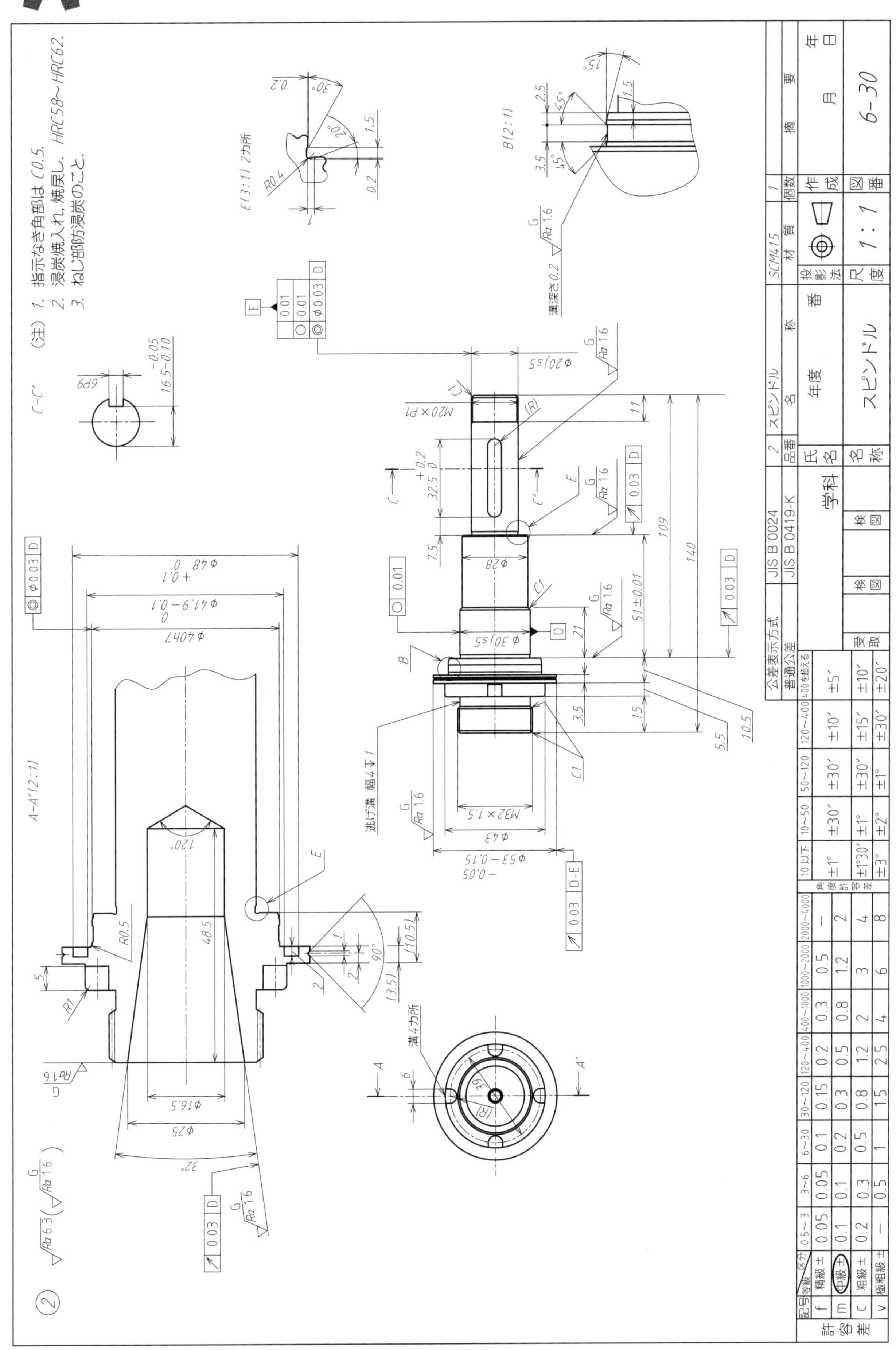

6.7.4 部品図③

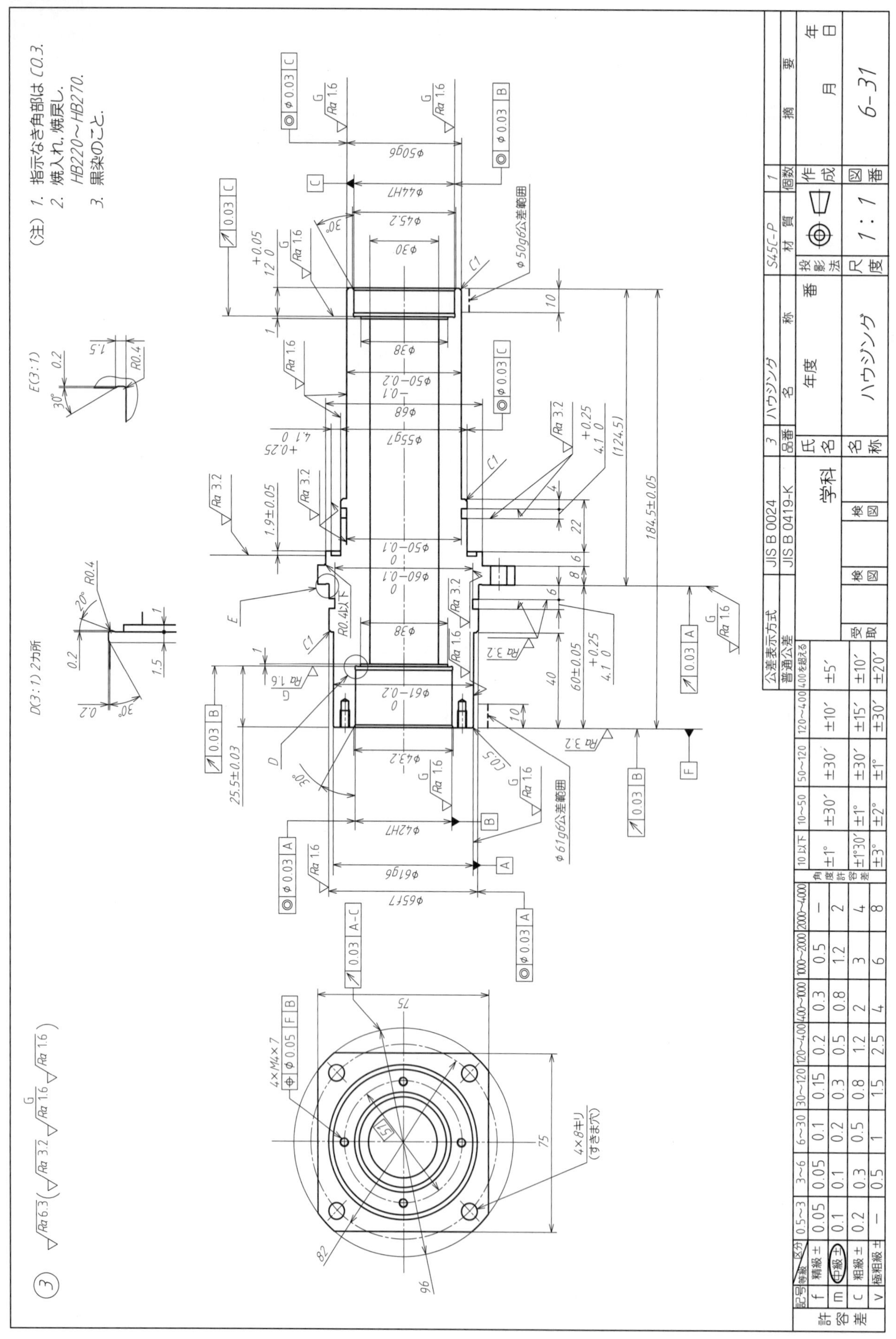

(注) 1. 指示なき角部は C0.3.
2. 焼入れ, 焼戻し,
HB220~HB270.
3. 黒染のこと.
E(3:1)
D(3:1) 2カ所
4×M4×7
4×8キリ
(すきま穴)
φ50g6公差範囲
φ61g6公差範囲
184.5±0.05
60±0.05
25.5±0.03
公差表示方式 JIS B 0024
普通公差 JIS B 0419-K
ハウジング
S45C-P
1:1
6-31

6.7 ターニングマシンの交換刃物台（フェースミリングヘッド）

6.7.5 部品図④

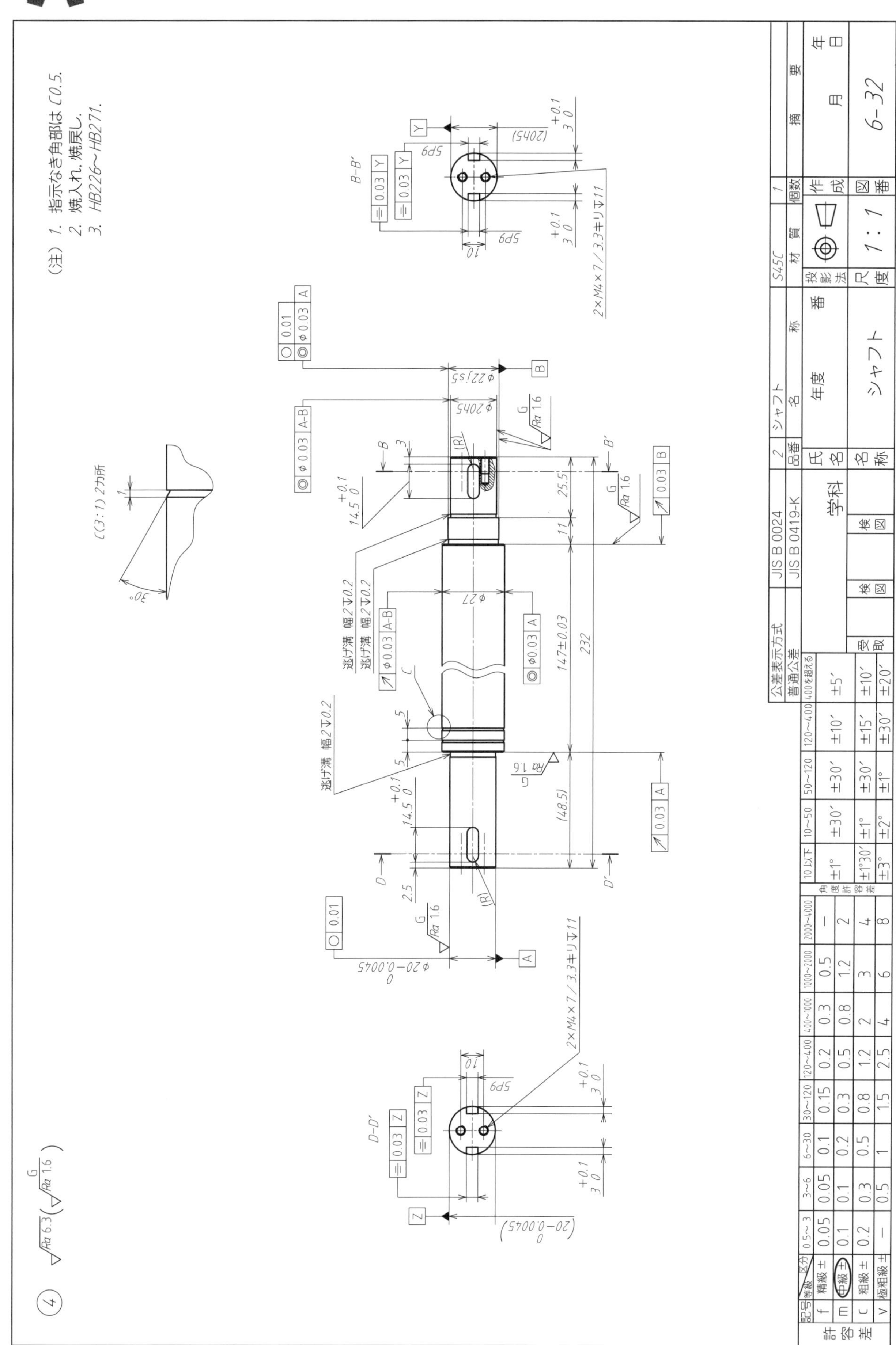

記号	等級	0.5〜3	3〜6	6〜30	30〜120	120〜400	400〜1000	1000〜2000	2000〜4000
f	精級±	0.05	0.05	0.1	0.15	0.2	0.3	0.5	−
m	中級±	0.1	0.1	0.2	0.3	0.5	0.8	1.2	2
c	粗級±	0.2	0.3	0.5	0.8	1.2	2	3	4
v	極粗級±	−	0.5	1	1.5	2.5	4	6	8

角度許容差	10以下	10〜50	50〜120	120〜400	400を超える
	±1°	±30′	±30′	±10′	±5′
	±1°30′	±1°	±30′	±15′	±10′
	±3°	±2°	±1°	±30′	±20′

公差表示方式	JIS B 0024	2	シャフト	S45C	1	
普通公差	JIS B 0419-K	品番	名称	材質	個数	摘要
学科		氏名	年度 番	投影法	作成	年 月 日
受取	検図	名称	シャフト	尺度 1:1	図番	6-32

6.7 ターニングマシンの交換刃物台（フェースミリングヘッド）

6.7.6 部品図⑦

⑦ $\sqrt{Ra\ 6.3}$ ($\overset{G}{\sqrt{Ra\ 1.6}}$)

（注）
1. 指示なき角部 C0.5.
2. 浸炭焼入れ，焼戻し，HRC55～HRC60.
3. ＃1と＃2を φ38の上に刻印し，セットで保管のこと．

グリーソンまがりばかさ歯車要目表

	#1
モジュール	2.5
圧力角	20°
歯　数	18
軸　角	90°
ねじれ角	35°
ねじれ方向	右
基準円直径	45
歯たけ	4.72
歯末のたけ	2.125
歯元のたけ	2.595
円すい距離	31.82
ピッチ円すい角	45°
基準円すい角	40.337
歯先円すい角	49.662
歯厚 測定位置	外部歯先円部
歯厚 円弧歯厚	4.0844
仕上粗さ	Ra 3.2
精　度	JIS 2級
円周方向 バックラッシュ（参考）	0.10～0.15

グリーソンまがりばかさ歯車要目表

	#2
モジュール	2.5
圧力角	20°
歯　数	18
軸　角	90°
ねじれ角	35°
ねじれ方向	左
基準円直径	45
歯たけ	4.72
歯末のたけ	2.125
歯元のたけ	2.595
円すい距離	31.82
ピッチ円すい角	45°
基準円すい角	40.337
歯先円すい角	49.662
歯厚 測定位置	外端歯先円部
歯厚 円弧歯厚	3.7694
仕上粗さ	Ra 3.2
精　度	JIS 2級
円周方向 バックラッシュ（参考）	0.10～0.15

E(3:1)

許容差

記号	等級＼区分	0.5～3	3～6	6～30	30～120	120～400	400～1000	1000～2000	2000～4000	角度許容差	10以下	10～50	50～120	120～400	400を超える
f	精級±	0.05	0.05	0.1	0.15	0.2	0.3	0.5	—		±1°	±30′	±30′	±10′	±5′
m	中級±	0.1	0.1	0.2	0.3	0.5	0.8	1.2	2		±1°	±30′	±30′	±10′	±5′
c	粗級±	0.2	0.3	0.5	0.8	1.2	2	3	4		±1°30′	±1°	±30′	±15′	±10′
v	極粗級±	—	0.5	1	1.5	2.5	4	6	8		±3°	±2°	±1°	±30′	±20′

公差表示方式	JIS B 0024	品番 7	名称 かさ歯車	材質 SCM415	個数 1	摘要
普通公差	JIS B 0419-K					
学科	氏名	年度　番	投影法		作成	年　月　日
受取 / 検図 / 検図	名称	かさ歯車	尺度	1 : 1	図番	6-33

A 製品開発から利用者へ渡るまでのプロセスと考え方

A.1 立案から販売までのプロセス

製品開発では，自分の担当以外のプロセスの状況も把握し，他部署と連携しなければならない．そのためのコミュニケーション手段の一つが図面である．設計者は，図面によって会話をしているという意識をもち，正確な図面を描くことが大切である．

近年は 3DCAD によるワークフローが主流だが，基本的なプロセスや心構えは，手描き製図，2DCAD，3DCAD によって変わることはない．

着手してからは，構想から販売までを一つのチームが担当することが多い（チーム開発）．その際，構想以降の工程は同時進行的に行われる．

立案　立案の動機には，市場調査による新製品開発，新規受注製品，既製品のモデルチェンジ・不具合改善，他社対抗開発などがある．

着手　立案を検討し，着手するか否かを決める．

構想　立案製品の条件をまとめた仕様書と，構想設計の図面を作成する．

この段階の図面はフリーハンドによるラフスケッチで十分だが，イメージが伝わりやすい立体図が望ましい．

設計　機械工学，電気・電子工学，化学工学，情報工学などの幅広い知識を駆使し，安全性，使いやすさ，各部品のリサイクルなどを考えて，仕様書を満足する設計計算を行う．同時に，製品全体の計画図も作成する．

製図　計算の結果と計画図を用いて，JIS 製図規格に従い，目次の「製図の手順」の流れに沿って，設計図面を製図する．

部分組立図や総組立図に問題があれば，あらためて設計のプロセスに戻り，設計計算と各種の修正を行う．この往復は問題が解消されるまで繰り返す．

試作　設計図面と仕様書に基づいて，製品の試作とチェックを行う．不具合が発生したり，仕様書を満足していない場合は，設計・製図のプロセスに戻り，再び試作する．

試作品の完成後，原価管理部門で原価計算を，資材部門で材料と市販部品の購入を行う．

製造　図面によって正確に部品が製造され，組立と試運転が実施される．試運転で仕様書を満足すれば生産を開始し，完成品は商品倉庫において管理される．

販売　一般消費材の場合は，中間業者を通じて販売する．受注生産品の場合は，出荷検査，据付，調整，立会試験を経て発注先に引き渡す．

A 社の製品を B 社が購入・利用し，B 社の製品を C 社が購入・利用し，…，というように繰り返し，最終的に利用者（消費者）に製品が渡る．

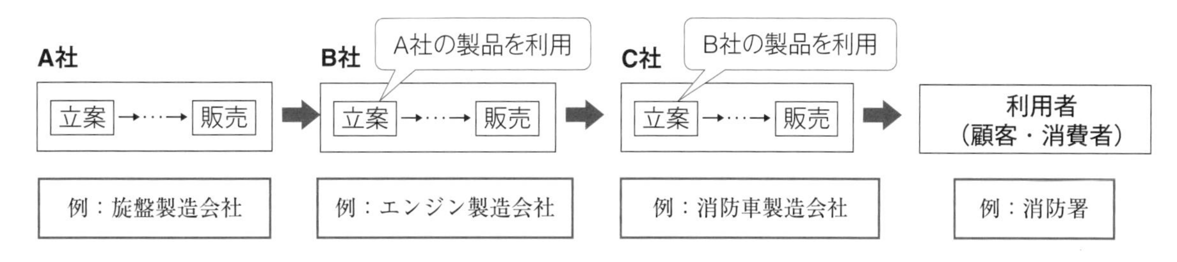

A　製品開発から利用者へ渡るまでのプロセスと考え方

A.2 立案から設計製図までに配慮しなければならないこと(1)

立案 着手 構想

要求された事項への具体化設計は，この段階からすでに始まっている

動機：受注，新製品開発，モデルチェンジ，不具合の改善，競合他社との対抗

●製品の分析手法
VA（value analysis），VE（value engineering）：製品や部品の本質的機能を得るために最小原価を求める手法（最小コストで最大の効果を得る）．本質的機能には，使用上の機能だけではなく，顧客の要求する外観・魅力などが含まれ，次式で評価する．

$$V（部品やユニットの価値）= \frac{F（機能）}{C（コスト）}$$

設計

設計製作する製品の仕様書立案

特長，性能，大きさ，形，装備，製造数，売価など

構想設計（ポンチ絵：いわゆるマンガ）

フリーハンドによる立体図案（構想図）の作成

機構の一部の構想

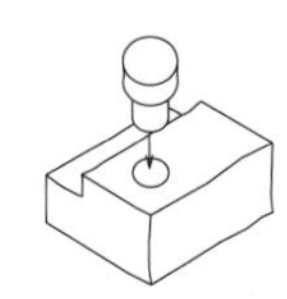

等角図で描くのが基本．斜眼紙を利用してもよい．また，表示画面にタッチペンで直接入力して作成していく場合もある

またはレイアウト

何枚も描いて，どれにするか決める

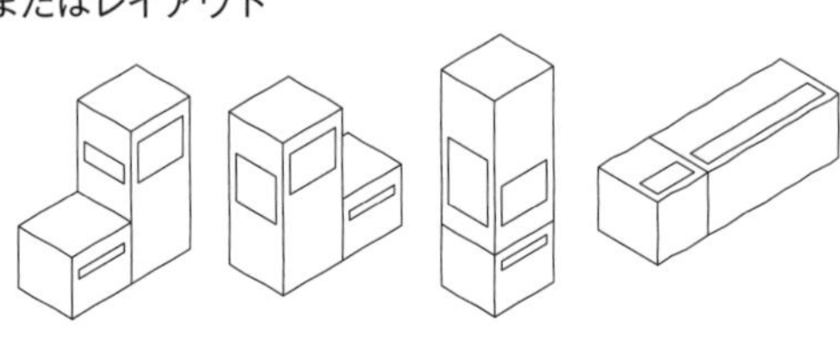

企画決定

① デザインスケッチ作成

絞られた案について，提案する図案（着色図）を作成する．

② ワーキングモデル作成

③ 製品安全性の問題発生の予測

とくに最近注目されている手法：FTA（fault tree analysis：故障の木解析）
FMEA（failure mode and effect analysis：故障モードと影響解析）

FTA：製品に重大な機能障害をもたらすおそれのある懸念事象の原因となる事象を列挙し，故障発生の経路と根源となる原因を追究する技法．部品の故障，操作ミスなどの影響に関しても解析することもできる．

例：プリント基板放熱不良 の FTA 解析

- プリント基板(PWB)の放熱不良
  - PWBの取付方向不適
    - PWBの放熱不足
      - PWBを水平配列から垂直配列
      - PWB配列の最適間隔見直し
      - PWBの基盤自体に放熱用細溝を設ける
    - 機能混在で部品の熱発散不足
      - 機能別に分散する
      - 機能別間に遮熱版追加
  - 発熱部品の配置不良
    - 機能混在で部品の熱発散不足
      - 発熱部品(抵抗，パワーTRトランスなど)弱熱部品(TR，IC，コンデンサなど)の配置不適
        - 発熱部品上側弱熱部品下側に配置
        - 導電パターン幅を拡大
        - 抵抗とPWB間にすきまをとる
  - ICとLSIの配置不適
    - LSIが部品の中央に配置されてまわりの個々の部品温度にばらつき
      - 垂直にしたPWBの下側にLSIを配置
  - IC取付方向が不適
    - 自然通風 ・ICは縦長に取付 強制通風 ・ICは横長に取付
  - ボードイン端子(PWB上の端子)での接続不良
    - 外力が直接加わらない構造に変更
      - 配線をPWBに固定
    - ランド径を(はんだする部分)大きく，またはハトメ採用
      - 端子温度上昇45deg以上でははんだ面積拡大

FMEA：製品に使用されている部品が故障した場合，製品の機能にどのような影響を及ぼしていくかを評価して，致命的なもの，危険度の高い故障に至る原因を見つけ出していく技法

例：（非常用発電機）学校の屋外プールの（給水）ポンプ排水

No	対象部品	予測故障モード	推定要因	故障の影響	重要度ランク 影響度	発生頻度	致命度	対策内容	類似トラブル
1.1	駆動プーリ(ADC12)	腐食による破損	粒界腐食 応力腐食 電解腐食	運転できない欠陥に至る	8	4	10	駆動プーリの材質をADC12より炭素鋼板(SPCC)プレス加工として，亜鉛めっき仕上げしたものに変更	塩素雰囲気での使用，Fe含有の素材に見られる

企業により解析の項目は異なる

ウエイトは企業独自の評価点

A 製品開発から利用者へ渡るまでのプロセスと考え方

A.2 立案から設計製図までに配慮しなければならないこと(2)

設計

検討図（実寸による詳細な検討図）

設計段階で，性能・信頼性・コスト・売れ筋かどうかの約90%が決まるといわれている

別途に検討図で見積もり試算を行う．

① 総組立図，部分組立図を JIS 規格に従い，構成の関係を理解できるように描いていく．

② 製品安全性の事前評価として，FTA，FMEA の実施結果を確認する．

③ 検討図とワーキングモデルによる設計・生産構想の審議を重ねる．

検討図が決まると製図（製作図）に入る

① 製作図に対して考慮すべきこと

ⓐ 安全設計の徹底

・安全性の確保を最優先し，常に他社以上の基準で，最高かつ最新の水準をめざす．

・FTA，FMEA による製品安全性の事前評価の結果に従い，設計対策を施す．

・誤った使用や生産ミスは起こってしまうものという前提に立ち，fail safe（故障が発生しても，動作をただちに安全側において停止して，事故の広がりを防止する）思想を徹底する．

例：送風がない限り絶対運転しない冷暖房機（inter-rock をとるという）．誤挿入できない継手構造．虫の侵入防止．100 V 機に 200 V を印加されても火災に至らない．ぶら下がりやすきまが好きな子供に対する配慮（finger check という）．

ⓑ 商品の評価を左右する，人と商品の接点である操作部（control parts）の良し悪し（操作のしやすさ）の考慮

・ゆったり握れて軽い動作　例：つまみを大きく．がたつきがなくスムーズな動き

・のぞき込まずによく見える　例：文字，記号はクッキリ，ハッキリ，コントラストよく

・動きに合わせた自然な方向　例：つまみの操作方向と目盛の指針は同方向に動く

・シンプルな構造と配置　例：操作部の数は極力少なく，動作順に配置．緊急停止ボタンは大きく

・楽な姿勢での操作　例：操作姿勢は，屈んだり伸び上がらず，すぐ目につく目線上にある

・人と機械の触れ合い　例：角端面や外観表面が滑らか．清掃しやすい構造

ⓒ 組立性，使用素材，サービス性，リサイクル対応，廃棄時点の安全性，PL 対応

・製造物責任（PL，product liability）は，常に問われる．

・製品欠陥，つまり「常識的に考えて，製品に生命・身体・財産への危険を引き起こすような不具合があること」の対象としては，次の項目がある．

製品欠陥
- 設計上：設計段階で安全性が十分考えられていなかった場合．
- 製造上：設計した仕様どおりに製作されていなかった場合．
- 表示上：事故防止のために必要な取扱い上の注意や警告の表示を怠った場合．

製図

② 試作と DR（design review：設計審査，製品品格のつくり込み）について

・進度の段階(例:製造打合せ～技術審議～量産審議～出荷承認)に合わせて量産試作と DR を重ねる．

・審議のつど，FTA，FMEA の解析結果の経過確認を合わせて行う．

A 製品開発から利用者へ渡るまでのプロセスと考え方

A.2 立案から設計製図までに配慮しなければならないこと(3)

製図

製図は，これまで説明してきたことをふまえて図面づくりがなされている．

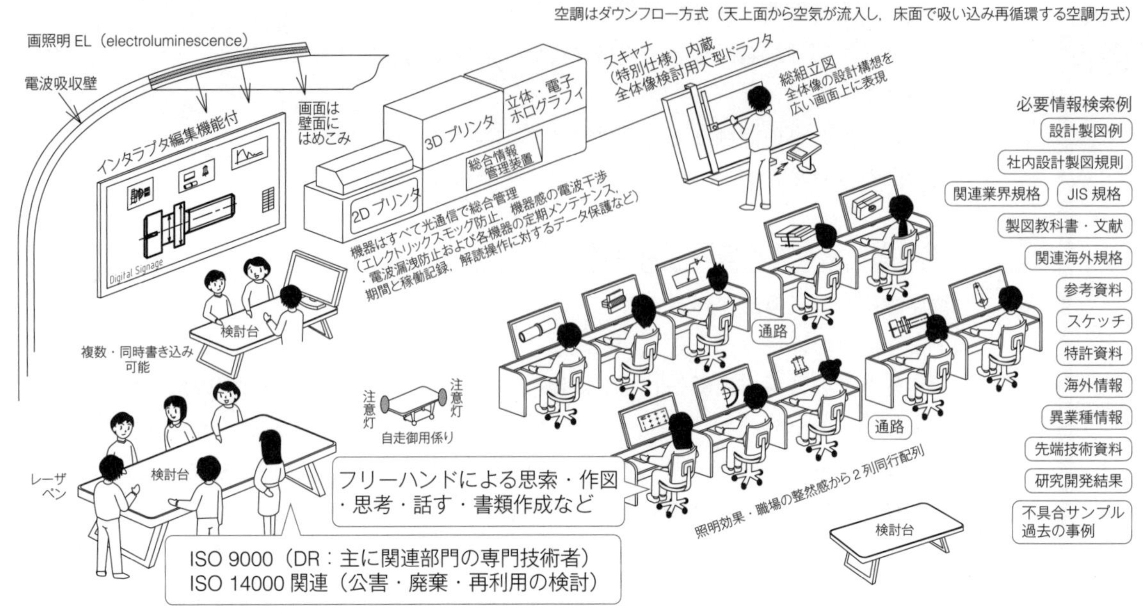

上の絵は，AI-検討台のまわりに技術者が集まり，図面を囲んでワイヤイガヤガヤと自由に意見を出し合う，いわゆる，“ワイガヤ”会議の良さを IT 技術にとりいれ，自由に割込める wedge in の考えを反映した設計室例を示している．

他部門にも必要

総組立図 ｜ 部分組立図 ｜ 部品図 ｜ 部品構成表 ｜ 製品仕様書 ⇨ あわせて商品企画部門へ製品仕様書を発行して，カタログなどの作成の資料とする

総組立図を基に部品図・部分組立図が描かれる．ここでほかの品種と絶対重複しないように管理番号をとる．管理番号は，部品コードまたは部品番号とよばれる．

例：*99A-10851R-600*
機種番号　部品番号　変更番号
＜ 企業により表し方は異なる

図面発行

① 検図：原寸，原型比較，図内比較，組合せ，加工および表記，限界寸法，規格との比較など．

② 図面発行：製造移管先・図面受領責任者・発行部数などの確認．

・これらの製図作業があらかじめ設定された日程計画に従って行う．製図作業には，時間，人，物，金に制限があることを常に頭においておく．

・実際には，設計審査（これでよいのか），日程計画（いつまでに），進度管理（進み具合），設計予算（図面完成までの概算費用）などの管理も加わる．

③ **製造移管～技術審議～量産審議～出荷承認**を経て，技術部門より製造部門に移管される．

製造
↓
販売

製造部門へ
資材部門へ
原価管理部門へ
⇨ 部品製造 ⇨ 組立・試運転 ⇨ 梱包・運搬 ➡ 商品倉庫 ⇨ 販売会社 ⇨ 大型ディーラ／大型量販店／小売業者／小型店舗／商　社

材料手配
市販品購入
副資材購入

部品加工・組立・出荷検査

一般家庭や個人が使用するもので，**一般消費材**といわれるもの

梱包・運搬 ⬇ 問屋・商社 ⇩ 顧客先据付 ⇨ 運転立会試験 ⇨ 引渡し

産業機械と称されるもの
この機械を使って一般消費材や次の産業機械をつくる．
この企業では，p.124 の構想からの工程が必ず繰り返されることになる．

据付・調整
「搬入する」という

顧客立会による性能審査．取扱い説明

「検収があがる」という

A 製品開発から利用者へ渡るまでのプロセスと考え方

A.3 図面を描く人が心がけること

心がけの基本姿勢

・ものづくりの基本は，あくまで「現場」「現物」「現象」.
・図面の一本一本の線には重みがある.

図面は製造依頼書の源

どんなに簡単な図面であっても，「図面は，読み手である製造担当者に補足説明なしに渡す**製造依頼書**（注文書）である」と認識しなければならない．まったく面識のない人や，外国人が製造担当者のこともある.

品質，コスト，売上げの 90%が，設計段階で決まる

図面を見た受注者の誤解や見落としなどにより生じた不具合品（オシャカ）は，すべて発注者である描き手の責任である．このため，p.123 の「チーム開発」が浸透している.

設計者の意図が十分反映された図面を常にめざす

描き手だけがわかるような図面はメモ書きでしかない．読み手が誤解やミスをしない，理解しやすく製作意欲が湧くような図面を描くこと.

安全設計

・開発設計段階で，関係法令や法律，公的規格・各国安全規格を満足させる.
・異常使用や経時的な劣化などによって通常起こりうる危険を可能な限り予知し，それを未然に防ぐ.
・たとえ誤使用があっても事故が発生しないような製品をつくる.
・他社の類似製品が多くある場合，自社だけが安全性設計を怠ると，市場では見向きもされなくなると心得る.

サービス性のよい設計（修理しやすい構造）

・大型製品は，セットの向きを変えずに前面から作業できる構造にする.
・危険な可動部は露出させない．高電圧部や高温部には表示がある.
・特殊な工具を使わずに部品の脱着ができる.
・点検しやすい部品の配列と一覧できる配置にする.
・点検する部分は手元に引き出せる構造にする.
・取り付け方向が明白な部品構造にする.

わかりやすい取扱説明書（PL：製造物責任としても重要）

・絶対安全や，絶対有効というような言葉を使ってはならない.
・「そのようなことは当たり前」ということは通用しない．誤った使い方をすればどうなるかなど，以下の点をふまえて製品に対する注意書や表示内容で十分説明する.
①法律や政府・都道府県条例などの基準がある場合には，それらに合致していること.
②説明の内容が正確かつ使用者に十分理解しやすいこと.
③説明要旨が明瞭であること.
④抽象的な言葉の使用を避けること.
⑤危険の種類と程度について正しく示しておくこと.
⑥商品の耐用年数と注意ラベルなどの耐用年数を一致させること.
⑦誤解を招くおそれのない写真や図を用いること.
⑧使用上の注意または警告であることをはっきり明示すること.
⑨商品の据え付け，保守点検，修理に関する危険性を明示しておくこと.
⑩必要かつ十分な警告をすれば，どのような危険性の高い商品でも製造，販売してもよいわけではないことに留意すること.

ミスの分類

設計・生産過程や市場で発生し，品質問題を引き起こすミスは，二つに大別される.

1) ぼんやりミス：事前に見つけだせず，新製品の設計当初から問題が生じる場合. 技術者の技術力の問題に起因する.
2) うっかりミス：最初は問題が起こらなかったが，生産途中の変動に起因して問題が生じる場合．設計，生産に関与するあらゆる部門に関与する管理力に起因する.

うっかりミス発生の要因 10 ヵ条

①作業指導不足による手順抜け，間違い.
②担当者交代時の連絡漏れ.
③測定器の変更.
④協力先の変更.
⑤設計の変更.
⑥取り決めのない，あいまいな作業によるもの.
⑦部品の変更.
⑧事象の見逃しによるもの.
⑨適正な作業工具でなかったことによるもの.
⑩補助材料（副資材）の間違いによるもの.

はんだ・両面テープ・配線材・接着剤・ゴム材料・洗剤などは，正規のものとの区別が見分けにくいので，うっかり間違って使用され，原因不明の問題が生じることがある.

B　機械設計に必要な市販品の JIS 番号

	品　目	JIS 番号
1	メートル並目ねじ	JIS B 0205-2001
2	メートル細目ねじ	JIS B 0205-2001
3	ねじ下穴径	JIS B 1004-2009
4	メートル台形ねじ Tr	JIS B 0216-2013
5	管用平行ねじ G	JIS B 0202-1999
6	管用テーパねじ R	JIS B 0203-1999
7	ユニファイ並目ねじ UNC	JIS B 0206-1973
8	ユニファイ細目ねじ UNF	JIS B 0208-1973
9	六角ボルト	JIS B 1180-2014
10	六角穴付きボルト	JIS B 1176-2015
11	座金組込み六角ボルト	JIS B 1187-2006
12	ボルト穴径，ざぐり径，深ざぐり径	JIS B 1001-1985 JIS B 4236-2009
13	植込みボルト	JIS B 1173-2015
14	六角ナット	JIS B 1181-2014
15	溝付き六角ナット	JIS B 1170-2011
16	ちょうナット	JIS B 1185-2010
17	溶接ナット	JIS B 1196-2010
18	十字穴付きなべ小ねじ	JIS B 1111-2017
19	トラス小ねじ	JIS B 1111-2017
20	バインド小ねじ	JIS B 1111-2017
21	十字穴付き皿小ねじ	JIS B 1111-2017
22	座金組込み十字穴付き小ねじ	JIS B 1188-2017
23	すりわり付きなべ小ねじ	JIS B 1101-2017
24	すりわり付き小ねじ	JIS B 1101-2017
25	ねじの先端形状・寸法	JIS B 1003-2014
26	十字穴付きタッピンねじ	JIS B 1122-2015
27	ドリルねじ	JIS B 1124-2015
28	六角穴付き止めねじ	JIS B 1177-2007
29	すりわり付き止めねじ	JIS B 1117-2010
30	平座金	JIS B 1256-2008
31	ばね座金	JIS B 1251-2008
32	歯付き座金	JIS B 1251-2008
33	平行キー	JIS B 1301-2009
34	こう配キー	JIS B 1301-2009
35	半月キー	JIS B 1301-2009
36	角形スプライン	JIS B 1601-1996
37	C 形止め輪（軸用，穴用）	JIS B 2804-2010
38	E 形止め輪	JIS B 2804-2010
39	平行ピン	JIS B 1354-2012
40	スプリングピン	JIS B 2808-2013
41	テーパピン	JIS B 1352-2006
42	割りピン	JIS B 1351-1987
43	O リング	JIS B 2401-2012
44	オイルシール	JIS B 2402-2013
45	V パッキン	JIS B 2403-2009
46	転がり軸受（座金，止め金）	JIS B 1554-2016
47	転がり軸受（ロックナット）	JIS B 1554-2016
48	滑り軸受用ブシュ	JIS B 1582-2017
49	センタ穴	JIS B 4304-2018
50	ローレット目	JIS B 0951-1962
51	一般用 V プーリ	JIS B 1854-1987
52	一般用 V ベルト	JIS K 6323-2008
53	歯付プーリ	JIS B 1856-1993
54	一般用歯付ベルト	JIS B 1856-2018
55	一般用円弧歯形歯付ベルト，プーリ	JIS B 1857-2015
56	フランジ形たわみ軸継手	JIS B 1452-1991
57	フランジ形固定軸継手	JIS B 1451-1991
58	ボールねじ	JIS B 1192-2018
59	ボールスプライン	JIS B 1193-2013

（注意）
「追補」が同じ JIS 番号に追加されているものは，一番新しい年号に統一した．

C 製品の幾何特性

C.1 GPS とは（1）

ISO では，デジタル化を錦の御旗に，「あいまいさの排除（非あいまい性の原則ともいう）」をめざし，設計要求・図示方法・測定分野の高度標準化活動を行っている．その概念は，

- ・事象から数学的に定義でき，
- ・解釈にあいまいさがなく，
- ・測定が一義的に行われ，
- ・測定の不確実さを加味し，
- ・合否判定を行う，

というものであり，JIS もこれに追随しようとしている（JIS ハンドブック 59 製図 2010 参考「製図関連規格の最近の国際動向と JIS」p.2147 より）．

具体的には，「製品の幾何特性仕様（GPS）— Geometrical Product Specification」という表題が冠されたものは，「あいまい性の排除」が摘要されることを表している．

「GPS」が冠された JIS 規格の文書には必ず，下表の GPS マトリックスモデルがあり，当該 JIS がこの表のどの項目に該当するものかが示されている．

GPS マトリックスモデルは，JIS B 0661-2020 で改正された．旧マトリックスモデルは ISO/TR 14638-1995 で導入されたものである．次ページの具体例（b）は 2019 年発行なので旧版の幾何特性が適用されているが，チェーンリンクは，改正された（A）～（G）が採用されていて，新旧スタイルが並べられていることに注目してほしい．

GPS マトリックスモデル（JIS B 0661-2020）

	チェーンリンク						
	A	B	C	D	E	F	G
幾何特性	記号および指示法	形体に対する要求事項	形体の特性	適合および不適合	測　定	測定機器	校　正
サイズ							
距　離							
形　状							
姿　勢							
位　置							
振　れ							
表面性状（輪郭曲線）							
表面性状（3 次元）							
表面欠陥							

C　製品の幾何特性

C.2 GPS とは（2）

前ページの GPS マトリックスモデルの表の 1 行目にある「チェーンリンク」は，その下の欄の「形体の幾何特性」を示す A ～ C の記号である．形体の幾何特性は要するに，

・どのように定義し，
・それをどのように図面に指示し，
・どのような測定器で測定し，
・その測定器をどのように較正し，
・測定した部品の合否判定をどのように行うか，

であり，縦の 9 項目について，マトリックス形式でその規格の位置付けを具体的にしようとしている．

「GPS」が冠された JIS 規格文書（JIS 原本）の後ろの付属書には必ずこのマトリックス表があり，当該 JIS がこのマトリックス表のどの項目に該当しているか，■ で明示されている．具体例を下表に示す．

GPS マトリックスモデルの具体例

(a) JIS B 0420−3-2020 の場合：製品の幾何特性仕様（GPS）寸法表示方式—第 3 部：角度に関わるサイズ

	チェーンリンク						
	A	B	C	D	E	F	G
サイズ	■	■	■				
距　離							
形　状							
姿　勢							
位　置							
振　れ							
表面性状（輪郭曲線）							
表面性状（3 次元）							
表面欠陥							

(b) JIS B 0024-2019 の場合：製品の幾何特性仕様（GPS）−基本原則−GPS 指示に関わる概念，原則及び規則

	GPS 共通規格							
	リンク番号	A	B	C	D	E	F	G
GPS 原理規格	サイズ	■	■	■	■	■	■	■
	距　離	■	■	■	■	■	■	■
	半　径	■	■	■	■	■	■	■
	角　度	■	■	■	■	■	■	■
	データムに無関係な線の形状	■	■	■	■	■	■	■
	データムに関係する線の形状	■	■	■	■	■	■	■
	データムに無関係な面の形状	■	■	■	■	■	■	■
	データムに関係する面の形状	■	■	■	■	■	■	■
	姿　勢	■	■	■	■	■	■	■
	位　置	■	■	■	■	■	■	■
	円周振れ	■	■	■	■	■	■	■
	全振れ	■	■	■	■	■	■	■
	データム	■	■	■	■	■	■	■
	粗さ曲線	■	■	■	■	■	■	■
	うねり曲線	■	■	■	■	■	■	■
	断面曲線	■	■	■	■	■	■	■
	3 次元表面性状	■	■	■	■	■	■	■
	表面欠陥	■	■	■	■	■	■	■
	エッジ	■	■	■	■	■	■	■

（注）　本 JIS 番号は，図面の GPS 指定演算子欄の一番上に記すもの．

D 材料表

D.1 鉄鋼

一般機械に常用される主な金属材料と市販品寸法（鉄鋼材料）

区分	名称	材料記号	JIS 規格	寸法(mm)
鉄鋼棒材(丸棒)	一般構造用圧延鋼材	SS400B	G 3101	50, 55, 60, 65, 70, 75, 80, 85～300
	みがき棒鋼(径の許容差 h9)	SGD400-D9	G 3123	5, 6, 8, 10, 12, 14, 15, 16, 18～70
	みがき棒鋼(径の許容差 h8)	SGD400-D8	G 3123	12, 16, 20, 22, 25, 30, 40
	機械構造用炭素鋼鋼材	S45C	G 4051	22, 25, 28, 32, 36, 38, 42, 44～330
	みがき棒鋼(径の許容差 h9)	S45C-D9	G 4051	6, 8, 10, 12, 14, 16, 18, 20, 25～50
	炭素工具鋼鋼材(およそ h8)	SK95-D	G 4401	4, 5, 6, 8, 10, 12
	炭素工具鋼鋼材	SK85	G 4401	14, 16, 19, 22, 25, 28, 30, 32～70
	ニッケルクロム鋼鋼材	SNC415	G 4053	13, 16, 20, 22, 25, 28, 30, 32～90
	クロムモリブデン鋼鋼材	SCM440	G 4053	16, 19, 22, 25, 30, 38, 46, 55～110
	ステンレス鋼棒(18-8 鋼)	SUS303-B	G 4303	13, 16, 25, 28, 32, 36, 38, 40, 42
	ステンレス鋼棒(18-8 鋼)	SUS304-B	G 4303	13, 16, 25, 28, 32, 36, 38, 40, 42
	ステンレス鋼棒(18Cr 鋼)	SUS430	G 4303	13, 16, 25, 28, 32, 36, 38, 40, 42
	ステンレス鋼棒(中C-13Cr 鋼)	SUS420J2-B	G 4303	13, 16, 22, 25, 36
鉄鋼棒材四・六角	みがき棒鋼(六角材対辺 h12)	SGD400-6D12(注)	G 3123	6, 8, 10, 12, 13, 17, 19, 22, 24～32
	みがき棒鋼	SGD400-4D10	G 3123	6, 8, 10, 12, 14, 16, 19, 22, 25～50
	みがき棒鋼	S45C-6D12	G 3123	13, 17, 22, 26
鉄鋼線材	普通鉄線	SWM-B	G 3532	2, 3, 4
	硬鋼線 B 種	SW-B	G 3521	3, 3.2, 4, 5, 6
	ピアノ線 A 種	SWP-A	G 3522	0.2, 0.4, 0.5, 0.6, 0.7, 0.8, 0.9, 1～4
	ステンレス鋼線(18-8 鋼)	SUS304-W1/2	G 4309	4, 6
	ステンレス鋼線(中C-13Cr 鋼)	SUS403-W1/2	G 4309	3, 5, 6, 8.2, 10
鋼板	冷間圧延鋼板	SPCC	G 3141	0.6, 0.8, 1, 1.2, 1.6, 2, 2.3, 2.6, 3.2
	冷間圧延酸洗鋼板	SPHC-P	G 3131	1.6, 2.3, 3.2, 4, 4.5, 5, 6
	熱間圧延鋼板	SS400P	G 3193	4.5, 5, 6, 9, 12, 16, 20, 22, 25, 28～40
	みがき特殊帯鋼	SK95M	G 3311	0.1, 0.2, 0.3, 0.4, 0.5, 0.6, 0.8, 1～8
	みがき特殊帯鋼	SK85M	G 3311	0.4 × 19, 0.6 × 19
	熱間圧延ステンレス鋼板	SUS304-HP	G 4304	4, 5, 6
	冷間圧延ステンレス鋼板(オーステナイト系)	SUS304-CP	G 4305	0.1, 0.2, 0.3, 0.4, 0.6, 1, 1.2, 1.5～3
	冷間圧延ステンレス鋼板(フェライト系)	SUS430-CP	G 4305	0.3, 0.5, 0.8, 1, 1.2, 1.5, 2, 2.5, 3
平鋼	熱間圧延平鋼	SS400P	G 3194	3 × 19, 3 × 25, 4.5 × 19, ～25 × 50
	みがき平鋼(厚さ h12)	SS400F-D12	—	3 × 12, 3 × 16, 3 × 19, ～12 × 65
	みがき平鋼(厚さ h12)	S45CF-D12	—	10 × 35, 15 × 20, 25 × 35, 30 × 50
形鋼	熱間圧延形鋼	SS400A(L)	G 3192	25 × 3, 30 × 3, 40 × 5, 50 × 4
	熱間圧延形鋼	SS400A(C)	G 3192	75 × 40 × 5, 100 × 50 × 5～200 × 90 × 8
	熱間圧延形鋼	SS400A(H)	G 3192	100 × 50 × 5/7～250 × 250 × 9/14
	一般構造用軽量形鋼	SSC400(C)	G 3350	60 × 30 × 10 × 1.6～200 × 75 × 20 × 3.2
鋼管	一般構造用炭素鋼鋼管	STK400-E-H	G 3444	φ21.7 × 2t, 27.2 × 2～267.4 × 9
	機械構造用炭素鋼鋼管	STKM13A-E-C	G 3445	8.2 × 1.6, 10 × 1, 10 × 2.3～34 × 2.3
	機械構造用炭素鋼鋼管	STKM13A-S-C	G 3445	16 × 3.5, 17.3 × 3.2, 20.2 × 4～132 × 9
	機械構造用炭素鋼鋼管	STKM13A-S-H	G 3445	30 × 5, 34 × 5.5, 38.1 × 7～127 × 7
	配管用炭素鋼鋼管	SGP	G 3452	13.8 × 12.3(8A)～60.5 × 3.8(50A)
	圧力配管用炭素鋼鋼管	STPG370	G 3454	27.2 × 2.9, 27.2 × 3.9～114.3 × 8.6
	一般構造用角形鋼管	STKR400	G 3466	13 × 13 × 1.2～150 × 150 × 4.5
	配管用ステンレス鋼管	SUS304TP-S-C	G 3459	12 × 1.5, 15 × 1.15, 16 × 1

(注) *1.* -とD(Drawing)の間に示す6は六角材，4は角材でJISのものではない.
2. 本表は業界カタログより抜粋.

NOTE

薄板鋼板

SPCC（冷間圧延鋼板 1 種）のほかに SPCD（絞り用），SPCE（深絞り用），SECC（電気亜鉛めっき鋼板），SGCC（溶融亜鉛めっき鋼板），制振鋼板（樹脂を両側から鋼板で挟んだ構造），表面処理鋼板（亜鉛–鉄めっき，亜鉛–リン酸皮膜，アルミめっき，鉛–スズめっき，塗装鋼板），磁気シールド鋼板などがある.

ステンレス鋼板

代表的なステンレスは SUS304，業界ではサス・サン・マル・ヨンとよぶが，市場では 18-8 ステンレス鋼とよばれている. SUS430 は 304 に比べて安価であり，防錆力は劣るが，溶接性はよい. SUS420J2 は熱処理硬化用（高周波焼入れで HRC50 以下）のステンレス鋼である.

軽量形鋼

角パイプ状の一般構造用角形鋼管（リップチャンネル），コの字形軽量形鋼（C(シー)ケイチャン）などがある.

形鋼

等辺山形鋼（L(エル)チャン），溝形鋼（C(シー)チャン），I 形鋼（I(アイ)ビーム）が一般に使われている.

鋼管

エア配管用の配管用炭素鋼鋼管（SGP：通称ガス管，使用圧力 1 MPa 以下，常温使用），油圧配管用の圧力配管用炭素鋼鋼管（STPG：通称スケジュール管，10 MPa 以下）があり，管の呼び方に A（mm 呼称），B（インチ呼称）がある．また，高圧用，高温用，低温用がある.

D 材料表

D.2 非鉄金属，鋳鉄，プラスチック

一般機械に常用される主な金属材料と市販品寸法（非鉄，鋳鉄）

区分	名称		合金系統	材料記号	JIS 記号	寸法（mm）
非鉄	アルミニウムおよびアルミニウム合金	板	純アルミ系	A1100P-H24	H 4000	1，1.5，2，3
			Al-Cu-Mg 系	A2017P-T4	H 4000	1，1.5，2，3
			Al-Mg 系	A5052P-H34	H 4000	0.5，1，1.5，2，3
		棒	純アルミ系	A1050BD-F	H 4040	φ22，55
			Al-Cu-Mg 系	A2017BE-T4	H 4040	φ6，12，16，20，28，35，42，50～100
			Al-Mg 系	A5052BD-F	H 4040	φ28，50，70
			Al-Mg 系	A5052BE-H112	H 4040	φ100
		継目無管	純アルミ系	A1100TD-H18	H 4080	φ2 × 1.8 t
			Al-Cu-Mg 系	A2017TE-T4	H 4080	φ14 × 2.5 t
			Al-Mg 系	A5052TD-H18	H 4080	φ28 × 2 t，30 × 4
	無酸素銅継目無管			C1020T-1/2H	H 3300	φ5 × 1 t，6 × 1，8 × 0.8～12 × 1
	黄銅板			C2801P-1/2H	H 3100	0.3，0.4，0.5，0.8，1，1.5，2，3，5
	銅ブスバー			C1100BB-H	H 3140	2 t × 12
	快削黄銅棒			C3604BD	H 3250	φ8，10，15，18，22，25，30，36～50
				C3604BD（六角）	H 3250	14，17，19，32
				C3604BD-F（矩形）	H 3250	25 × 40
	黄銅線			C2600W-1/2H	H 3260	φ2，3，4，5，6，8
鋳鉄鋳物	ネズミ鋳鉄品			FC150	G 5501	
				FC200	G 5501	
				FC250	G 5501	
	球状黒鉛鋳鉄品			FCD450	G 5502	
非鉄・鋳物	青銅鋳物			CAC406	H 5120	
	リン青銅鋳物			CAC502A	H 5120	
	アルミニウム合金鋳物			AC2B-F	H 5202	
	アルミニウム合金ダイカスト			ADC12	H 5302	
	亜鉛合金ダイカスト			ZDC1	H 5301	

（注） アルミニウム合金：製品形状を示す JIS 記号がある．例：P（板，条），BE（押出し棒），BD（引抜き棒），TE（押出し継目無し棒），TD（引抜き継目無し棒）．また，調質記号がある．例：F（製造されたままのもの），H（加工硬化の程度），T4（均一な固溶体化処理），T5（人工的な硬化処理）など．

一般機械に使用する主なプラスチック材料（成型用ではなく機械加工用として使用するもの）

樹脂の種類	一般総称名	記号	JIS に示す材料	参考
ポリアミド樹脂（ナイロン樹脂）	ナイロン 6	PA6	ポリアミド	板，棒
	ナイロン 66	PA66		
スチレン樹脂	ABS	ABS	アクリロニトリル／ブタジエン／スチレン	板，棒
エポキシ樹脂	紙エポキシ ガラスエポキシ	EP-F 例（EP1F） GE-F 例（GE4F）	エポキシ基材 エポキシ基材	積層板 積層板
フェノール樹脂 （布入） （チップ入） （積層板）	ベークライト	PF*	フェノールホルムアルデヒド	棒，管，板（PF-N） 成型材（PF-G） 紙基材積層板（PF-P）
ポリアセタール樹脂	ジュラコン デルリン	POM	ポリアセタール	板，棒
ポリカーボネイト樹脂		PC	ポリカーボネイト	板，棒
塩化ビニル樹脂	軟質塩化ビニル 硬質塩化ビニル	S-PVC* H-PVC*	ポリ塩化ビニル	板，棒 板，棒
アクリル樹脂	アクリル メタクリル樹脂	PMMA	ポリメタクリル酸メチル	板，棒
フッ化樹脂	テフロン 4 フッ化エチレン	PTFE	ポリテトラフルオロエチレン	板，棒
不飽和ポリエステル（繊維入）	繊維強化プラスチック	FRP		任意形状製作可能
ウレタン樹脂（スパンデックスポリウレタン）	ポリウレタン	PUR	ポリウレタン	塗料・接着剤・断熱材 緩衝材・膜・板・棒
ケイ素樹脂	シリコン（シリコーン）	SI	シリカケトン	任意形状製作可能

（注） ＊印のものは，環境負荷物質として全廃の方向にあることに注意すること．
参考の板・棒・管はその形状で入手可能の意味．
プラスチックの記号については，JIS K 6899 に説明されている．

E　樹脂成型品の製図上でのポイント

E.1 プラスチック成型品（1）

樹脂成型品は金属に比べて,「錆びない」,「いろいろな形状の成型が容易」,「軽量」,「経済的」などの長所が多く，また，機械的にも化学的にも強度が増えているので，多方面で利用されている．反面，樹脂製品は金属とは異なる配慮が必要となる．製図をするにあたり最低限必要な関連用語を覚えておくことが必須である．

素材面での留意点

樹脂成型品の製図にあたっては，以下について十二分に考慮することが必要である．

① 耐熱性：経年変化；温度の変化にともなう熱疲れによる脆性破壊（ひび割れ，破損など）

② 耐薬品性：ソルベントクラック（溶剤，両面テープやほかの素材との接触面で発生する化学反応による亀裂）などによる退色，変色，素材の溶解や膨潤など

③ 耐候性：経年変化；紫外線（紫外線劣化），温度，湿度，あるいはオゾンによる劣化（オゾンクラック）

④ 耐疲強さ：耐クリープ性；繰返し負荷疲れやクリープ減少にともなう亀裂や破壊（ストレスクラック）

⑤ 包装仕様・保管時の注意（イオンによる劣化・退色），輸送時などでの製品表面の退色や破損

⑥ リサイクル（廃棄・再使用）時の配慮

樹脂製図の 8 原則

① 成型する製品全体の肉厚を均一にする．

肉厚は 6 mm 程度が安全圏，それ以上ではボイド（p.134 のコーナ（R）参照）の発生などの成型不良が起こる．また，肉厚 3 ～ 4 mm あたりを境に成型時の冷却時間の変曲点がある．さらに，肉厚が急に変化するところは冷却速度不均一による残留ひずみが発生するので，機能上，肉厚になるところは，肉ぬすみをして肉厚の均一化をはかる．

一般的な成型品平均厚さは 1.5 ～ 3.5 mm 程度，ゲート（樹脂の充填口）付近は幾分厚めにして，ゲートを離れるにつれてなだらかに平均厚さとする．

② 製品はできる限り対称形状とする．

対称形状にすれば，金型内の流れが等しくなり成型品の変形を防げる．

③ リブ構造

リブの位置や形状によっては，変形やヒケの原因となる．リブの厚みを基材の 1/2 ～ 1/3 程度にすれば，ヒケは目立ちにくい．

④ 断面が L 字型/コの字型成型品での内そり変形の対策

通称，内倒れといい，コア側の収縮率が大きくなるのが要因．

一般には，断面が L 字型/コの字型成型品の場合，内倒れ変形を起こすので，直角部の肉ぬすみや，断面に T 字の形状やコーナに三角リブ（リブ厚みは基材の 1/2 ～ 1/3 程度）を設けるなどの対処が必要である．

⑤ シャープコーナをつくらない．

使用時の応力集中を避け，残留ひずみを残さないために必要である．

一般には，ヒケやボイドに注意して基材厚みの 60% 以上の丸みをつけると称されているが，許容される大きさの丸み半径をつける．最小でも $R0.5$ は必要である．場合により $R0.2$ ～ $R0.3$ もある．

⑥ セルフタッピンねじ（通称タッピンねじ）のボスの径厚み

これが薄いと，締付けた時点でクラックで破損したらクリープ破壊したりするので，ボスの外径はねじ径の約 2.5 倍以上とする．逆に，大きすぎるとヒケやボイドを生じるので，それにも注意する．

⑦ 細長く深い穴の内径公差

コアピンの冷却不足で強度上の問題が生じるので，穴は貫通穴にするのが原則である．

⑧ 金属インサートがある場合

ウエルドやばりなどの強度不足の要因となり，クリープ破壊の懸念が生じる．

また，インサート部品は完全に水分・除塵・脱脂を徹底しておく必要がある．

(注)金属インサートの場合，超音波で圧入する方法もある．なお，エジェクタピン（製品の突出しピン）跡は製品平面より 0 ～ 0.5 mm 凹とする．深いとばりやカエリなどが生じやすい．

射出成型の金型

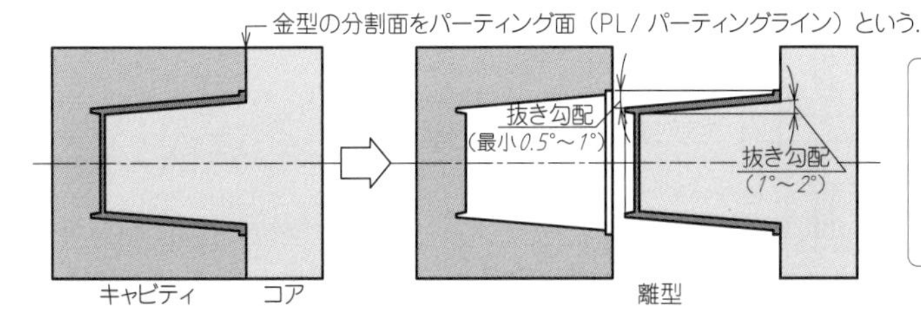

コア・キャビティともに，できるだけ大きな抜き勾配がよい．一般には 1°～2°，最小でも 0.5° 必要．コア側よりキャビティ側の抜き勾配に注意を要する．
ガラス繊維強化樹脂では，抜き勾配だけでなくコーナ R（p.134 参照）は一般の ABS や AS 樹脂より抜き勾配は幾分大きくする．

資料編

E 樹脂成型品の製図上でのポイント

E.2 プラスチック成型品（2）

リブ（rib）

リブの「先端寸法」「高さ」「抜き勾配」は数値を統一しておいたほうがよい．

「先端寸法」「根元寸法」の指示では，リブの高さが変わるごとに切削工具の勾配をそのつど訂正する必要が生じる．

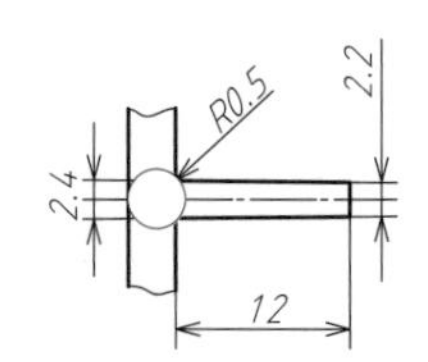

(a) 抜き勾配を先端と根元で指定

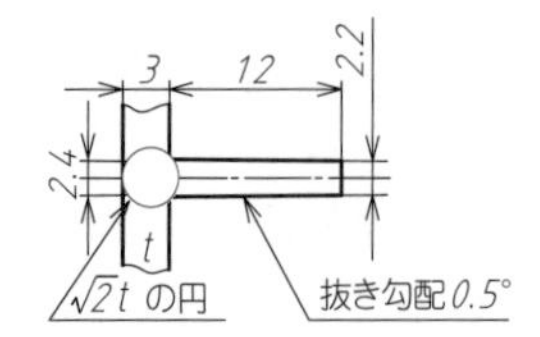

(b) 抜き勾配を先端と勾配で指定

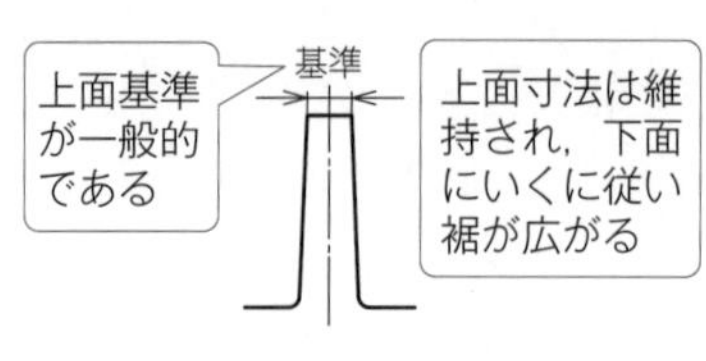

(c) 上面を基準に勾配をつける

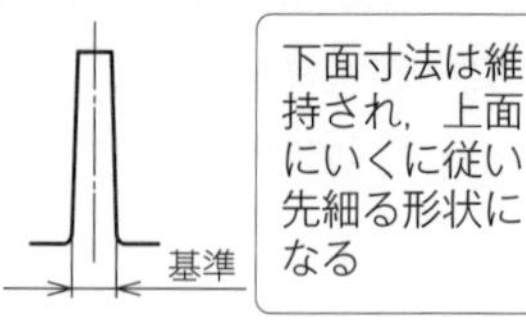

(d) 下面を基準に勾配をつける

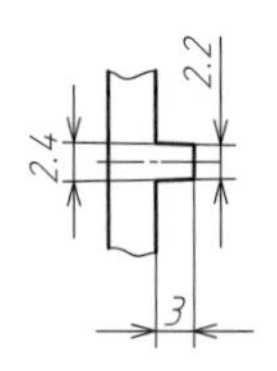

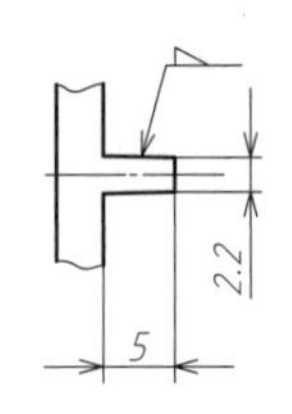

留意点
- **背の高いリブを少数設けるより，低いリブを多数設けるほうがよい．**
- **リブの方向は金型内部での樹脂の流動する方向になるほうが望ましい．**
- リブの根元には必ず *R* を設けること．しかし，*R* が大きすぎると，裏面にヒケを生じる．
- リブに直接ほかの部品を取り付けるようなことは避ける．
- L 字形状は内側に反る傾向があり，直角にならないのでリブでの補強が必要．

コーナ・アール（*R*）

成型品のコーナ部は使用時に応力集中が懸念されることに加え，残留ひずみも少なくない．

R 部は可能な限り R をとって鋭角なコーナを避けることが必要である．

最低限必要な目安を右図に示す．

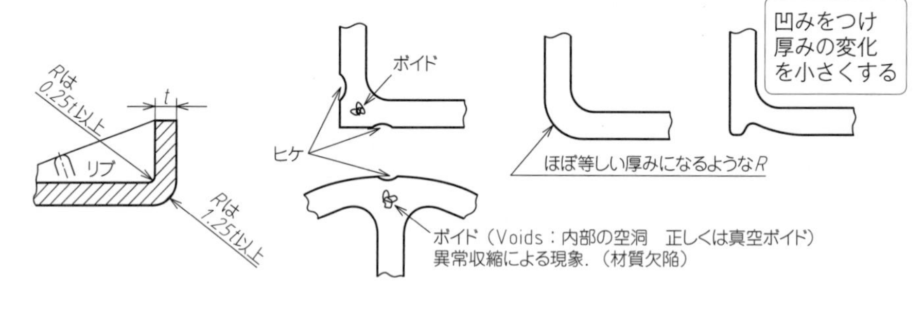

ボス（boss）

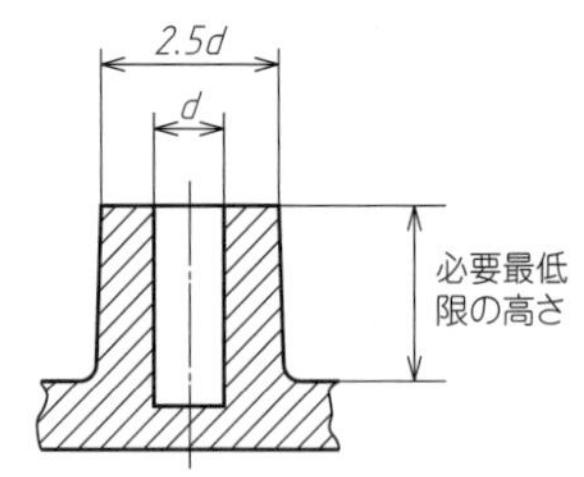

(a) ヒケやボイド防止のため穴を少し深くしている例

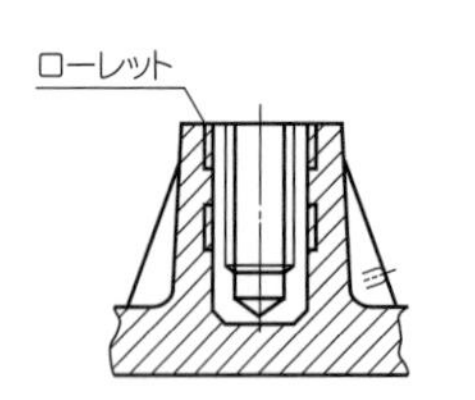

(b) 金属同時インサートの例
同時成型でなく超音波圧入する場合もある

留意点
同時インサートする金属は，脱脂・洗浄・乾燥・カエリは完全に処理されていることを図面に指示すること．
成型時にねじ部分に樹脂が溶け込んでないことに注意する．
樹脂とインサートする金属との境界には成型歪が発生しやすい．このために，金属側を予熱して金型にセットする．ローレットもピッチが大きく，溝の浅いものがよい．

構造上の留意点

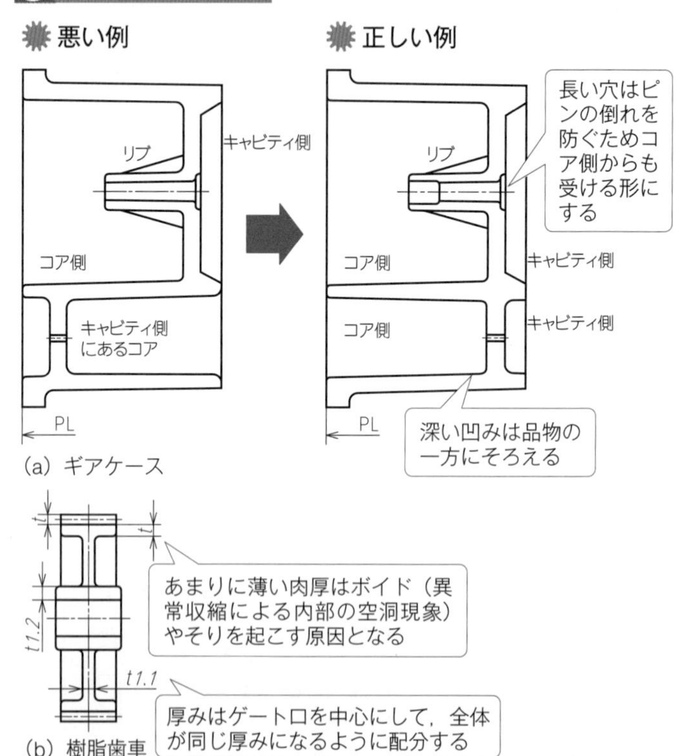

(a) ギアケース
(b) 樹脂歯車

F 歯車の補足説明

F.1 転位歯車

歯車は，歯数が少なくなると，歯切りするとき歯の根元が歯切り工具の刃でえぐられて細くなる．これを切り下げ（アンダーカット：natural undercut）という．図(a)に概要を示す．このアンダーカットを防ぐ方法として，転位がある．

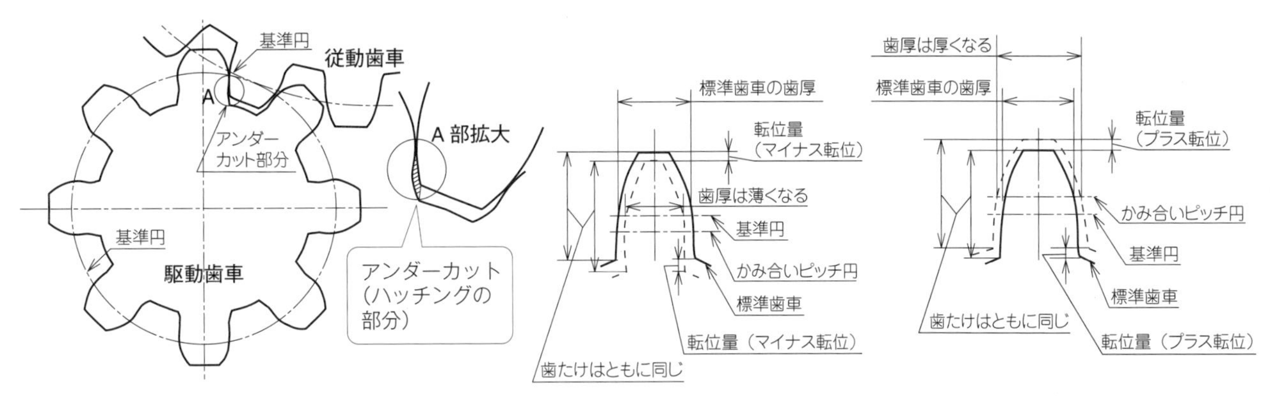

(a) 標準平歯車でのアンダーカット　(b) 転位量（マイナス転位）　(c) 転位量（プラス転位）

転位歯車には，プラス転位とマイナス転位がある．同じ歯たけで，歯厚を厚くしたり，薄くしたりできる．二つの歯車の中心距離を変えられないとき，小歯車側をプラス転位（歯が折れやすくなるのでアンダーカットを避ける），大歯車をマイナス転位にすることで，中心距離は同じにできる．図（b），（c）にその状態を示す．

ピッチ円直径には，基準円直径とかみ合いピッチ円直径がある．標準平歯車では基準円どうしが接触する位置でかみ合うので，基準円＝かみ合いピッチ円となる．標準歯車で歯数が少なくなるにつれて，歯元の曲線部分が基礎円より内側に入ってくるために，歯切り時，歯元部分が削れられる切り下げの状態になるので，転位（歯形を変える）して歯切りを行う．

このような創成用歯車（generating gear）を転位歯車（shifted gear）といい，歯車はかみ合いピッチ円でかみ合う．図（d），（e）に相違を示す．

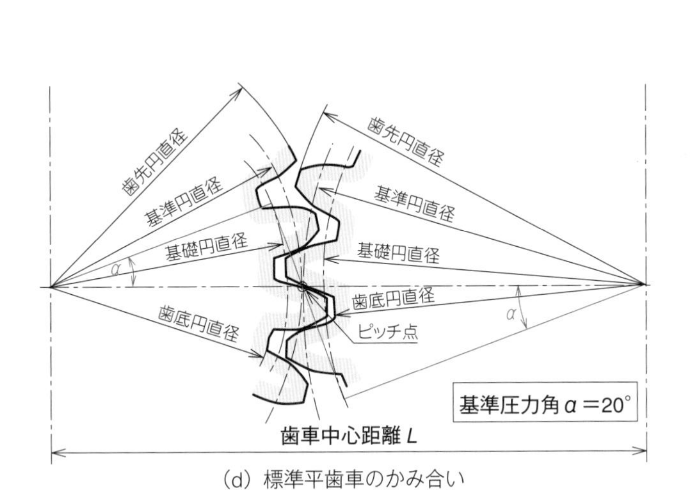

(d) 標準平歯車のかみ合い

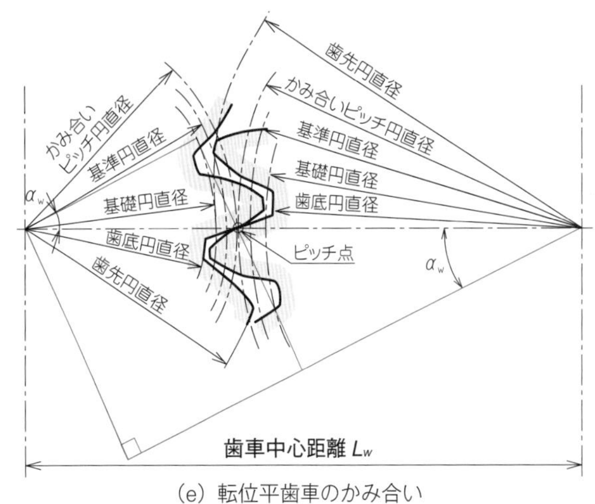

(e) 転位平歯車のかみ合い

インボリュート標準並歯車での最小歯数

圧力角 20°では，　最小理論歯数　17 枚（17 丁と教えられる場合もある）．
　　　　　　　　　最小実用限度　14 枚

転位歯車での最小歯数は，一般には 10 枚（歯数 9・8 枚では歯先円直径と歯たけを減らす）の歯数である．

転位歯車の特長

① 歯数が少ない場合に生じるアンダーカットを避けることができる．② 転位することで，所望の歯車間の中心距離が設定できる．③ 歯車比が大きい場合，歯数の少ない小歯車側をプラス転位として歯厚を厚くし，大歯車側をマイナス転位として歯厚を薄くすれば，相互の歯車の寿命を均等化できる．

G パイプの補足説明

G.1 配管の曲げ半径とクランプ代

パイプの標準曲げ半径と曲げ加工の際の，パイプを固定する必要長さとパイプのつかみ代（しろ）（クランプ，clamp）について説明する．

パイプの曲げ半径は必ず図面に指示する必要がある．また，クランプの必要長さに注意して作図しないと，必要な曲げ加工ができないことになる．

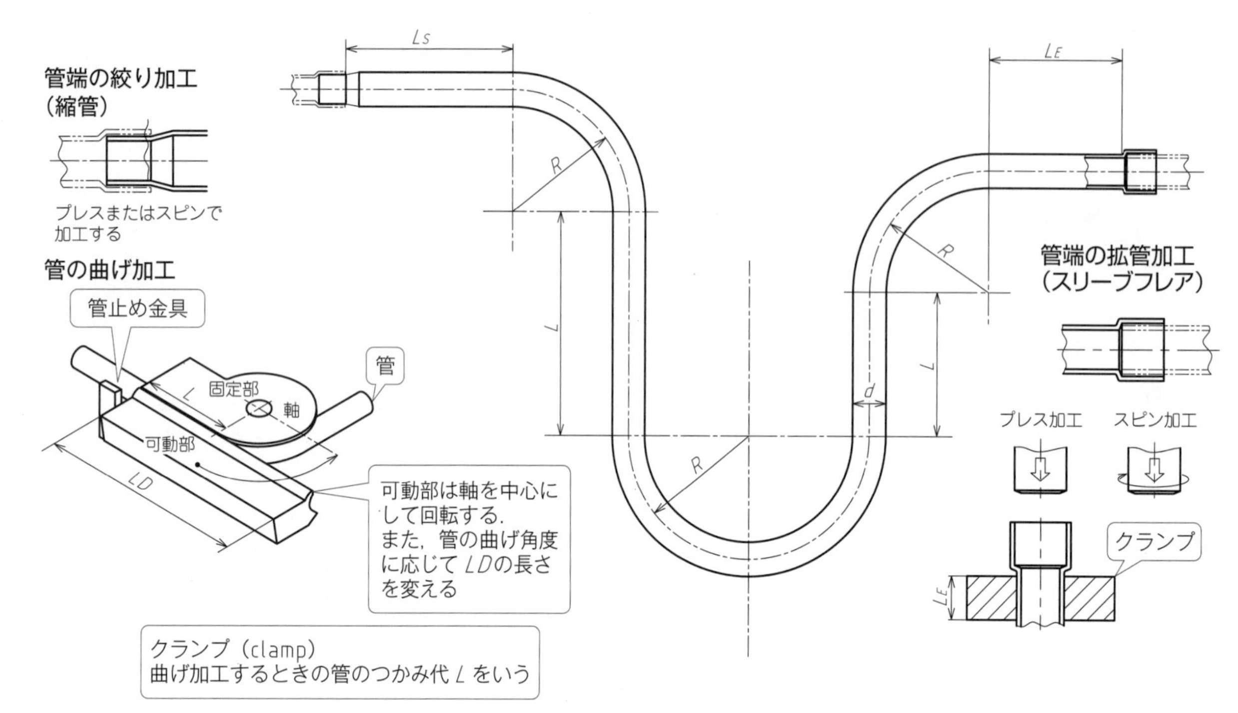

（偏平率 ±12%での基準）

管材質	管外径 呼び d	配管曲げ側 標準曲げ半径 R	配管曲げ側 最小クランプ代 L	スリーブフレア側 L_E プレス加工	スリーブフレア側 L_E スピン加工	縮管側 L_S プレス加工
銅管 DCut / アルミ管 Alt	6.4	15	20	30	20	31
	7.9	20	20	30	25	33
	9.5	25	25	30	30	33
	12.7	30	30	35	30	33
	15.9	35	35	40	30	33
	19.1	40	50	45	40	47
	22.2	50	70	60	40	48
	25.4	50	80	60	40	48
	31.8	60	90	100	45	48
	38.1	60	100	100	50	51
	44.5	80	115	100	100	
	50.8	100	120	110	100	
	63.5	100	155	110	100	
	76.2	120	160			
	88.9	140	190			
	101.9	160	220			
鋼管 STKM SGP STPG	3/8B	35	65			20
	1/2B	45	65			20
	3/4B	60	75			25
	1B	70	85			30
	1 1/4	70	85			35
	1 1/2	100	115			40
	2B	130	145			50
	2 1/2	150	175			60
	3B	180	175			70

H 加工法の補足説明

H.1 きさげ加工，へら絞り加工，シェルモールド鋳型，ヘミング加工

きさげ加工

きさげ加工（scrapering）は，定盤や工作機械の案内面など，とくに平面度が要求される面を仕上げるための作業である．この際に使われる手工具をスクレーパ（scraper）という．1 回あたりの加工深さは力の加減にもよるが，約 5 ～ 10 μm 程度である．刃先の材料は工具鋼や超硬合金が使われ，きさげ仕上げは，通常，すり合わせときさげを交互に繰り返すことで加工面の精度を上げていく．

すり合わせには，朱色の光明丹を油で溶いたものをうすく塗る．すると面の低いところに光丹鉛が付着するので，面の凹凸が判別できる．付着していない部分を「あたり」とよび，この部分を削りとる．きさげ加工により面にきわめて微細な凹凸模様ができるので，面の保油性がよくなる利点もある．

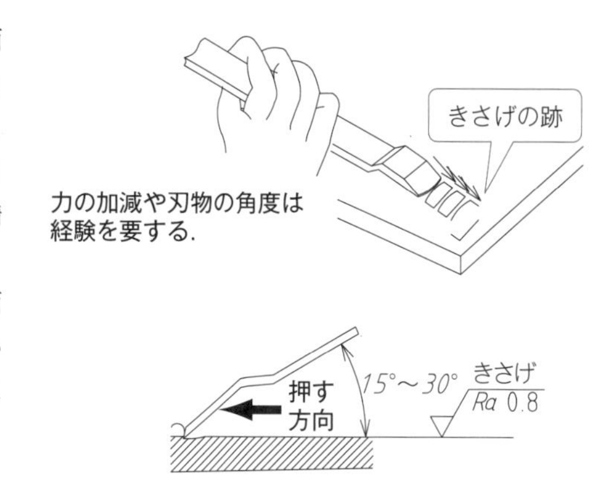

へら絞り加工

へら絞り加工（spinning）は，へら絞り旋盤（または汎用旋盤）の主軸台に取り付けられた成型型に，へらまたはローラにより薄板（鋼板・銅板・黄銅板・アルミ板など：一般に t 1.6 以下）を押付け，回転させながら絞り成型する作業である．

これにより，円すい形状の成型および容器の口の絞り成型などが比較的簡単にでき，金型費も安価ですむのが利点である．

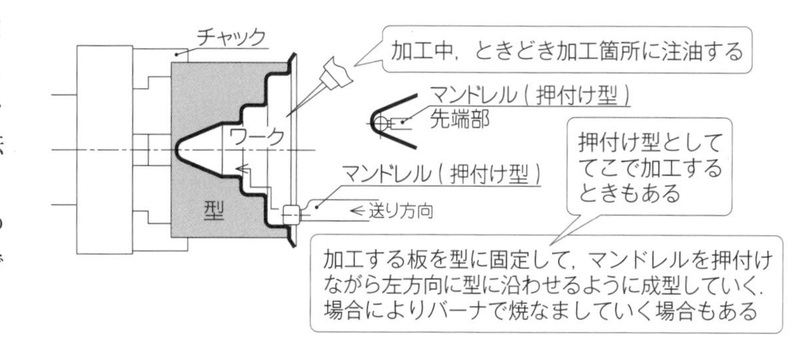

シェルモールド鋳型

シェルモールド鋳型（shell mold）とは，から（殻）状の鋳型に溶けた鉄・鋼やアルミニウム合金，マグネシウム合金などの非鉄金属を注ぎ込んで鋳物をつくる方法をいう．

一般的な鋳造（込め型）

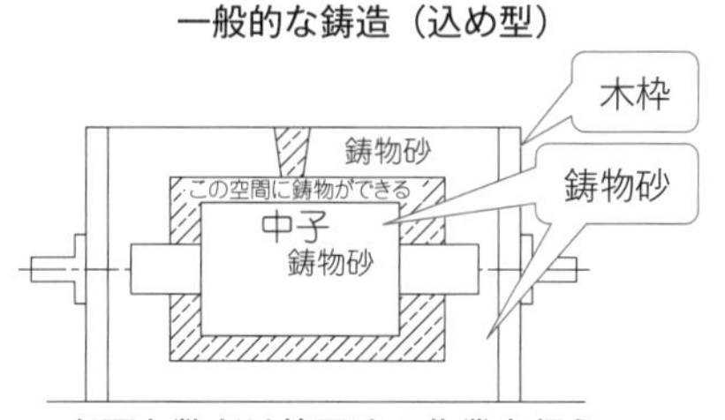

- 必要な数だけ枠固めの作業を行う．
- 鋳肌が鋳物砂によりザラザラ感がある．
- 鋳物砂の押し固め程度に技術を要する．

シェルモールド鋳造

鋳物砂を樹脂で固め，熱硬化させた鋳型

この空間に鋳物ができる

中子

締付金具

- 鋳型面が砂型に比べて鋳肌がきれい．
- 鋳物型・中子は焼成で扱いが簡単，量産化が可能．

ヘミング加工

ヘミング加工（hemming）は，縁曲げ加工ともよばれ，一般に t 1.2 以下の板金製品において，製品の縁強度や補強，あるいは鋭利な縁による切きずを防ぐための安全策として，曲げ返しを行う加工をいう．板の厚みを厚く見せる見ばえの点から行う場合もある．通常の工程として，第 1 工程で鋭角曲げ（90° より鋭角）を行い，第 2 工程でつぶし（密着）をして完成する．

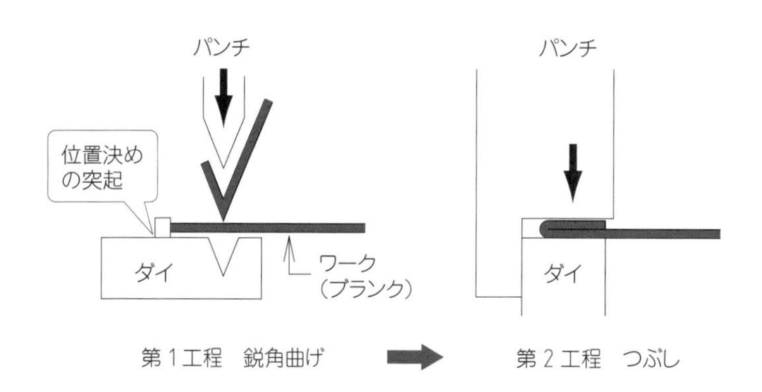

索　引

❋た　行

❋な　行

❋は　行

❋ま　行

❋や　行

❋ら・わ行

著者略歴

藤本元（ふじもと・はじめ）
1973年　慶應義塾大学大学院理工学研究科博士課程単位取得
現　在　同志社大学名誉教授
　　　　工学博士

御牧拓郎（みまき・たくろう）
1964年　同志社大学大学院工学研究科博士課程単位取得
現　在　同志社大学名誉教授
　　　　工学博士（京都大学）

松村恵理子（まつむら・えりこ）
1999年　同志社大学大学院工学研究科博士課程前期修了
同　年　トヨタ自動車（株）東富士研究所
2007年　博士（工学）（同志社大学）
現　在　同志社大学理工学部教授

植松育三（うえまつ・いくぞう）
1968年　同志社大学大学院工学研究科修士課程修了
同　年　村田機械（株）入社
　　　　元同志社大学理工学部，生命医科学部嘱託講師

髙谷芳明（たかたに・よしあき）
1958年　大阪工業大学工学部卒業
1994年　シャープ（株）電化システム研究所
　　　　元同志社大学工学部嘱託講師

山田真作（やまだ・しんさく）
1989年　同志社大学工学部卒業
現　在　（株）堀場製作所

鍋倉正和（なべくら・まさかず）
1975年　東北大学工学部精密工学研究科修士課程修了
同　年　三菱重工業（株）入社
現　在　正法工業（株）顧問

図面のポイントがわかる　実践！機械製図（第3版）

2008年10月30日　第1版第1刷発行
2011年 6 月20日　第2版第1刷発行
2022年 3 月10日　第2版第8刷発行
2022年11月 7 日　第3版第1刷発行
2024年 6 月21日　第3版第2刷発行

著者　　藤本元，御牧拓郎，松村恵理子，植松育三，髙谷芳明，山田真作，鍋倉正和

編集担当　加藤義之，太田陽喬（森北出版）
編集責任　富井　晃，宮地亮介（森北出版）
組版　　双文社印刷
印刷　　丸井工文社
製本　　　同

発行者　森北博巳
発行所　森北出版株式会社
　　　　〒102-0071　東京都千代田区富士見1-4-11
　　　　03-3265-8342（営業・宣伝マネジメント部）
　　　　https://www.morikita.co.jp/

ISBN978-4-627-66633-7